Erich Preuß

100 Legendäre Bahnhöfe

transpress

Einbandgestaltung: Dos Luis Santos
Titelbild: Blick in die Bahnsteighalle des Leipziger Hauptbahnhofs, der bei seiner Eröffnung der größte Bahnhof der Welt war.
Foto: DB AG/Roland Horn

Bildnachweis:
Die zur Illustration dieses Buches verwendeten Aufnahmen stammen – wenn nichts anderes vermerkt ist – vom Verfasser.

Eine Haftung des Autors oder des Verlages und seiner Beauftragten für Personen-, Sach- und Vermögensschäden ist ausgeschlossen.

ISBN 978-3-613-71389-5

1. Auflage 2010

Sie finden uns im Internet unter www.transpress.de

Le[illegible] Hartmut Lange
Inne[illegible]ltung: Jürgen Knopf
Repro: [illegible]en und Printprodukte, 74321 Bietigheim-Bissingen
Druck un[illegible]ndung: Bechtel-Druck GmbH, 73061 Ebersbach/Fils
Printed in [illegible]many

Vorwort

Den bereits erschienenen Büchern über legendäre Züge und legendäre Lokomotiven folgt dieses Buch über 100 legendäre Bahnhöfe. Doch sind Bahnhöfe im engeren Wortsinn mythisch oder sagenhaft? Das wohl nicht, vielmehr steht das Attribut legendär hier für Besonderheiten und Merkwürdigkeiten der Entstehung oder für die Geschichte jener Gebäude und Anlagen, die so typisch für die Eisenbahn sind.
Über die Geschichte, die Technik von Lokomotiven und ihre Anekdoten gibt es umfangreiche Literatur. Die Bahnhöfe, die der gewöhnliche Reisende als ein wichtiges Bauwerk der Eisenbahn wahrnimmt, werden von vielen Autoren vernachlässigt. Über Bahnhöfe schrieben meist nur Architekten, Kulturgeschichtler und Denkmalpfleger und dann auch mehr oder weniger unterhaltsam.
Wenn es in diesem Buch um die Bahnhöfe geht, dann steht nicht nur das Gebäude im Mittelpunkt, das die Reisenden vor der Abfahrt betreten oder nach der Ankunft wieder verlassen. Es kann auch die mitunter riesige bzw. verzweigte Gleisanlage sein, die einen Bahnhof zur Legende macht.
Die Kurzgeschichten zu diesen Bahnhöfen widmen sich mal den baugeschichtlichen, mal den technischen oder auch den politischen Hintergründen und Anlässen, weswegen der betreffende Bahnhof zu würdigen ist. Meine Auswahl der 100 Bahnhöfe und ihre Kategorisierung ist subjektiv. Daher wird vielleicht der eine oder andere Leser nicht zufrieden sein, weil er »seinen« Bahnhof vermisst. Wer also noch weitere Informationen oder Stationen sucht, dem sei das Sammelwerk »Archiv der deutschen Bahnhöfe« empfohlen, das seit 1996 in München erscheint. Dort werden die Bahnhöfe und ihre Geschichte sehr detailliert beschrieben. [9] Das vorliegende Buch verschafft einen Überblick, auch dem eisenbahntechnischen weniger versierten Leser. Bringt es neue Erkenntnisse, wird es zum Nachschlagen genutzt und ist es vergnüglich zu lesen, bin ich zufrieden.

Berlin, im Juni 2010 Erich Preuß

Inhalt

Bahnh

1.

Die Architektur - Zierstück oder Ungeheuer

HAUPT

Baden-Baden

Den Bahnhof unter diesen Namen gab es zweimal, weil der ehemalige Bahnhof Oos bzw. Baden-Oos 1977 an der Hauptbahn Mannheim – Basel in Baden-Baden umbenannt wurde. Der Ort Baden (am 1. Oktober 1903 in Baden-Baden umbenannt, seit 1931 Stadt) erhielt am 25. Juli 1845 durch eine Stichstrecke von Oos Anschluss an das Eisenbahnnetz. Davon waren nicht alle in dem damals bereits feinen Badeort begeistert, denn im »Badeblatt« schrieb am 5. Juni 1844 ein »Beobachter«: »Krethi und Plethi gehören nicht in ein Luxusbad! «

Ehe am 25. Juli 1845 die 4,2 Kilometer lange Strecke Oos – Baden mit der Kopfstation am Leinen-Brunnen eröffnet wurde, reisten jährlich etwa 30.000 Badegäste mit der Pferdekutsche an. Danach kamen die Züge neben einem Bahnhofsgebäude an, das von Friedrich Eisenlohr in Seitenlage und in Holzfachwerkbauweise entworfen worden war, aber keineswegs zur mondänen Welt von Baden passte.

Zwar hatte die Großherzogliche Staatsbahn bereits 1858 das Empfangsgebäude durch Flügelbauten rechts und links erweitert, und aus dem provisorischen Güterschuppen war ein Backsteinbau geworden. Auch waren die Bahnsteigdächer, Flügelbauten verlängert und die Wartesäle vergrößert worden, doch bedurfte es eines Orkans am 9. November 1870, der die hölzerne Einstieghalle umwarf, dass sich die Bahnverwaltung endlich 1880 zu einem repräsentativen Neubau entschloss. Die Pläne kamen von Oberbaurat Heinrich (1830 – 1891), der allerdings nicht einmal den Baubeginn erlebte, er war im Januar 1891 gestorben. Zur Einweihung am 18. März 1895 erschienen seine Nachfolger Baurat Ziegler und Eisenbahnarchitekt Holtzmann. Baden erhielt einen Neo-Renaissancebau mit vielen neobarocken Elementen, ganz aus weißem Murgtalsandstein, der über Deutschlands Grenzen, auch durch die Nachbildung für Modelleisenbahn, sehr bekannt wurde. Dieses Gebäude war für die Stilepoche des Eklektizismus typisch. Aufsehen erregten auch die elektrische Beleuchtung statt der bislang üblichen Gaskandelaber, das gediegene Material sowie die Heiz- und Wasseranlage neuester Systeme. Für Adelige war ein Fürstensaal eingerichtet, ein Drittel der Bausumme konnte in den Fassadenschmuck gesteckt worden.

Hinter dem Gebäude war eine 9 Meter breite und 40 Meter lange Hauptperronhalle aufgestellt worden, anschließend 42 Meter lange und 20 Meter breite Perronhallen. Ein Reiseführer lobte um 1900, die ganze Einrichtung sei »zweckmäßig und für die Reisenden bequem. « 1896 gab in ihm Großherzog Friedrich I. anlässlich seines 70. Geburtstages einen Empfang.

Noch kam in Baden die Prominenz aus aller Welt mit den Zügen an. Wenn ein Potentat an- und abreiste, wurden Orden verteilt. Der Bahnhofsvorsteher bekam auch jeweils einen ab, so dass der Eisenbahnkenner jener Zeit, Andreas Wilhelm Kraft, schreiben konnte: »Es gab in ganz Baden keinen Bahnhofsvorstand, dessen Brust dermaßen mit Orden aller möglichen europäischen und außereuropäischen Potentaten geschmückt war, wie jene des Bahnhofsvorstands der internationalen Bäderstadt an der Oos.«

1897 kam erstmals ein 1.-Klasse-Kurswagen aus Paris, 1900 bestand eine Verbindung nach Amsterdam, 1907 nach München und Straßburg, 1910 nach Berlin, Brüssel und Luzern, bis der Erste Weltkrieg begann und der Zugverkehr stark eingeschränkt werden musste. Die große Zeit der Eisenbahn war vorüber, der Kraftwagen behauptete sich. Weder die Stichbahn noch das Bahnhofsge-

Neorenaissance oder Neobarock? Baden-Badens Bahnhofsgebäude war ein charakteristischer Vertreter der Stilepoche an der Wende zum 20. Jahrhundert.

bäude wurden geschätzt. Erst recht nicht nach dem Zweiten Weltkrieg. Oberbürgermeister Ernst Schlapper hätte 1950 an dessen Stelle lieber einen Großparkplatz gesehen. Dem Gutachten des Professors Pirath, das den »Rückbau« empfahl, stand die Empörung des Professors Dr. A. Kuntzemüller, des badischen Eisenbahnfachmanns, gegenüber, der vom »volkswirtschaftlichen Unsinn!« sprach.
1956 erwog die Deutsche Bundesbahn den teilweisen Abbruch des voluminösen Empfangsgebäudes. Daran änderte auch das Aufleben des Bahnhofs 1962 nichts, als nach dem Abschluss des Unipede-Kongresses rund 1.000 Fahrgäste mit drei Sonderzügen in 21 Wagen innerhalb von 90 Minuten abreisten. Das Gepäck war aus 38 Hotels geholt und in vier Gepäckwagen verladen worden.
Der Bundesbahndirektion Karlsruhe bedeutete der Bahnhof nur Kosten, so dass Präsident Keckeisen 1973 Journalisten erklärte: »Wenn sich jemand für das Gebäude interessiert, bekommt er es geschenkt. So wie es dasteht, ist es für uns keine Mark wert!« Am 24. September 1977 fuhr nachmittags der letzte Personenzug nach Baden-Oos. Anschließend wurde Baden-Oos in Baden-Baden umbenannt. Der alte Bahnhof wurde bis auf das Empfangsgebäude abgerissen; die Bahnsteighalle nach Bad Herrenalb umgesetzt.
Im folgenden Jahr kaufte die Stadt das Gebäude für 5,07 Millionen Mark. Vom Geschenk war plötzlich nicht mehr die Rede. Der neue Eigentümer wusste nicht einmal, was er aus dem monströsen Bauwerk machen sollte, das zum Stadtbild gehört. 1981 kamen Automatenspiele und eine Diskothek in den Westflügel. 1988 bis 1998 wurden einige Räume für Veranstaltungen genutzt, von 1984 bis 1988 gab es auch ein Café Alter Bahnhof, außerdem von 1985 bis 1996 eine Jugendbegegnungsstätte.
Dann sorgte der Bahnhof doch wieder für Aufsehen, als sich die Stadt mit kräftiger Unterstützung des Landes 1998 das Festspielhaus schuf, aus dem auch regelmäßig glanzvolle Konzerte und Opernaufführungen übertragen werden. Allerdings ist das Bahnhofsgebäude nur noch die Fassade, ein Portal.

Zum 1895 abgebrochenen ersten Bahnhofsgebäude gehörte ein Fürstenzimmer. Slg. Stadtarchiv Baden-Baden

Bad Reichenhall

In dem oberbayerischen Ort der Saline, der während der Wende vom 19. zum 20. Jahrhundert zum »Weltbad« aufstieg, hatten die Königlich Bayerischen Staatsbahnen vor, zur am 1. Juli 1866 eröffneten Strecke von Freilassing ein repräsentatives Bahnhofsgebäude nach dem Entwurf von Friedrich Bürklein errichten zu lassen. Die Züge konnten seit 25. Oktober 1888 bis Berchtesgaden weiterfahren, mussten aber dabei gleich hinter Reichenhall eine beträchtliche Steigung überwinden, doch erst von 1889 an nahm die Zahl der Züge etwas zu.

Am 26. Juni 1890 erhielt der Bahnhofsname den Zusatz »Bad« und am 11. August elektrische Beleuchtung, und auch der Verkehr belebte sich durch die Fremden, die zur Kur oder in die Bergwelt anreisten. Viele Bürger waren darüber nicht einmal begeistert, weil die Dampflokomotiven ihrem Ort Rauch, Ruß und häufigen Pfeifen vor den zahlreichen Bahnübergänge bescherten. Der Missstand änderte sich ein wenig, als am 7. August 1916 der Zugverkehr mit elektrischen Lokomotiven von Salzburg bis nach Berchtesgaden aufgenommen worden ist.

Der Bombenabwurf am 25. April 1945 zerstörte nicht nur die Lazarette in der Stadt, sondern auch das Bahnhofsgebäude. Der bayerische Freistaat stellte Landeskredite für den Wiederaufbau einer Anzahl Bahnhofsgebäude zur Verfügung, so dass das Hochbaudezernat der Bundesbahndirektion München mit ihrem Architekten Karl Fackler 1952 den Neubau entwarf, der gern zu den »drei Brüdern« gerechnet wird.

Denn 1954 ging das Empfangsgebäude von Traunstein in Betrieb, im folgenden Jahr die Gebäude in Freilassing und in Bad Reichenhall – vom selben Architekten und in derselben Manier entworfen und gebaut. Fackler verstand seine Schöpfungen als Kombination von der bodenständigen und

Nun können die Kurgäste kommen; die Pferdedroschken warten (um 1900). Slg. Stadtarchiv Bad Reichenhall

der rasterartigen Stahlbetonskelettbauweise, die sich harmonisch in das Stadtbild einfügt. Die Diensträume, Gastwirtschaft, Bahnhofshalle sind in diesen Entwürfen und auch in Bad Reichenhall nicht mehr in einem Baukörper vereint, sondern in Gebäudeflügel aufgeteilt. In jedem der drei Bahnhofsgebäude schmücken auf die Stadtgeschichte bezogene Wandplastiken die Bahnhofshalle. Für Bad Reichenhall widmete sich Hermann Ober der Salzgewinnung und Solehebung. Eines der Antriebsräder von 13 Meter im Durchmesser soll an Georg von Reichenbachs Solehebewerk von 1835 erinnern, das zum Zeitpunkt des Bahnhofsbaus 1866 noch lief.
Auf dem Bahnhof halten stündlich zwischen Freilassing und Berchtesgaden verkehrende Nahverkehrszüge, auch 2010 noch saisonal eingesetzte Intercitys, freilich von Freilassing an als Regionalexpress heruntergestuft. Die Touristen und Kurgäste bevorzugen für die An- und Abreise nicht mehr unbedingt die Eisenbahn. Dementsprechend verkümmern die Reiseverkehrsanlagen, doch das Bahnhofsgebäude sah 2010 noch proper aus, auch weil die Sparda-Bank darin ihren Sitz gefunden hat.

Zu den »drei Brüdern« gehört das bis 1955 wieder aufgebaute und in drei Teile gegliederte Empfangsgebäude von Bad Reichenhall. Foto: Baumann

Berlin Hauptbahnhof

Eingeweiht wurde das Schmuckstück der Deutschen Bahn am 26. Mai 2006 durch die Bundeskanzlerin Angela Merkel, der Zugbetrieb begann am 28. Mai 2006. Indem Frau Merkel mit dem Intercity-Express von Leipzig kam, wurde auch die Einweihung des Nord-Süd-Tunnels zwischen Berlin Südkreuz und Berlin Hbf mit dem Tunnelbahnhof Berlin Potsdamer Platz sowie die neue zulässige Geschwindigkeit zwischen Leipzig und Berlin-Lichterfelde Ost von 200 km/h symbolisiert.
Der Bau des Bahnhofs begann am 8. Mai 1996 mit dem Ausheben einer Grube bis in 18 Meter Tiefe. Am 9. September 1998 versenkten Bundesverkehrsminister Matthias Wissmann, DB-Vorstandsvorsitzender Johannes Ludewig und Berlins Regierender Bürgermeister Eberhard Diepgen den Grundstein für »einen der größten Bahnhöfe Europas«, der 2002 fertiggestellt sein sollte.
Der neue Hauptbahnhof (als solcher war bereits der Ostbahnhof zwischen 1977 und 1998 bezeichnet worden) ist ein Turmbahnhof mit fünf Etagen, ganz unten die Nord-Süd-Strecke im 3,6 Kilometer langen Tunnel, auch Berlin Hbf tief genannt, und oben die Ost-West-Strecke, die Stadtbahn, Fern- und S-Bahn. Der umsteigende Reisende soll die 28 Meter Höhenunterschied der fünf Ebenen innerhalb acht Minuten überwinden, möglichst mit Hilfe der Rolltreppen und nicht mit den gläsernen Aufzügen. Denn bei ihnen ist die Gefahr groß, den falschen zu benutzen oder von den Touristen aufgehalten zu werden.

Die verkürzte Bahnsteighalle schwebt über dem Bogen der Stadtbahn, während das Mittelteil mit den Bügelbauten dem unsichtbaren Nord-Süd-Tunnel entspricht (2006). Foto: Emersleben

Der Berliner Hauptbahnhof wird nicht nur von Tausenden Reisender frequentiert, er ist auch wegen seiner architektonischen Gestaltung ein Anziehungspunkt für viele Neugierige.
Vieles an diesem Bauwerk ist gigantisch und einmalig, entworfen im renommierten Architekturbüro von Gerkan, Marg und Partner (gmp). Und gerade deswegen mit allerlei Aufregung verbunden. Die Architekten beschrieben das Bauwerk: »An der historischen Stelle des Lehrter Bahnhofs – am Spreebogen vis-à-vis des Regierungsviertels – entsteht mit erwarteten 30 Millionen Passagieren im Jahr einer der bedeutungsvollsten Kreuzungsbahnhöfe Deutschlands. Die Ost-West-gerichtete 430 Meter lange Bahnsteighalle, in voller Länge filigran mit Glas überspannt, durchschneidet zwei Gebäudescheiben, die in ihrer Lage und Ausrichtung die unterirdische Streckenführung im Stadtraum markant abbilden. Zwischen den Gebäudescheiben auf dem Platzgeviert eines 4,40 Meter hohen Sockels spannt sich die 170 Meter lange Bahnhofshalle ebenso filigran und gläsern über 50 Meter. Das Regierungsviertel und der Stadtteil Moabit werden über diese Torgeste stadträumlich verklammert. Große Öffnungen im Boden der Bahnhofshalle sorgen für Tageslicht bis zur untersten Bahnsteigebene und gewährleisten Übersicht und Orientierung. Konstruktiv und gestalterisch bezieht sich der Entwurf auch der brückenartigen Gebäudescheiben auf die sichtbaren Stahlkonstruktionen traditionellen Bahnhofsbaus.«
Dem Bahnhof fehlt die klassische Empfangshalle. Links und rechts des die Etagen überspannenden Glasdachs liegen die Brückenbauten, Bürogebäude, die vermarktet werden sollten, nun doch von der DB-Konzernleitung genutzt werden.
Die Ebenen des Bahnhofs sind mit fünf gläsernen Aufzügen, 53 Roll- und festen Treppen verbunden. Alles wurde etwas vornehmer gestaltet als auf anderen Bahnhöfen. Die Wände sind mit französischem Leichtbeton verkleidet. Statt auf Granit läuft der Besucher auf leicht schwingendem Parkett. Die hellen Bodenplatten kamen aus Österreich, die dunklen aus China.
Das Haupttragwerk des unterirdischen Bauwerks ist eine Stahlbeton-Rahmenkonstruktion, bestehend aus einem Ortbetonträgerrost, Verbundstützen und einer durchgehenden Gründungsplatte. Im Kreuzungspunkt des Fernbahnhofs mit den Brücken der querenden Stadtbahn stellen die acht Gabelstützen eine Besonderheit dar. Die grazilen Stützen tragen 1.800 bis 2.300 Tonnen Last. Mechanische und elektronische Messsysteme alarmieren, wenn die Bewegung der Brücken 10 Millimeter überschreitet. Die Säulen sind so konstruiert, dass die hydraulisch angehoben werden können.
Skandalisiert wurde der Bahnhof nicht nur wegen der um vier Jahre verspäteten Eröffnung, auch der Bauherr hatte eingegriffen, damit der Bahnhof bis zur Fußball-Weltmeisterschaft noch fertiggestellt wurde. Das Hallendach wurde zum Terminproblem, denn Gerkans Büro hatte keine Schwierigkeit ausgelassen. Das Dach ist gewölbt wie eine Banane, liegt quasi auf dem Gleisbogen mit verschiedenen Breiten. Das Dach besteht aus einem Gitterschalennetz aus nahezu quadratischen, in der Größe jedoch variierenden Netzmaschen, die durch Seile ausgekreuzt werden. Ungünstig für die Lastverteilung und Biegemomente der Dachkonstruktion weicht deren korbartige Form weit von der Idealform der Parabel ab. Die Dachteile konnten nicht identisch sein, weil das Dach, den Gleisen folgend, gebogen ist und obendrein in der Mitte auseinanderrückt.
Das in der Bahnhofsmitte schiefwinklig kreuzende 180 Meter lange und 50 Meter breite Querdach komplizierte die Berechnungen. Sie waren nur rechnergestützt möglich, Stahl und Glas konnten auch nur mit Hilfe von Computern zugeschnitten werden. Dementsprechend vertrackt war es auch, die Konstruktion zu prüfen, ehe sie genehmigt werden konnte. Die statischen Berechnungen der einzelnen Teile in der Überdachung der oberen Bahnsteige konnte nur dadurch verkürzt werden, dass die Überdachung beiderseits um insgesamt 130 Meter gestutzt wurde. Das nahm allerdings der Architektur viel von seiner Wirkung. Dass die Bahnsteige nicht durchgehend vor Witterungsunbilden schützten, ist das kleinere Übel. Die Deutsche Bahn folgte im Tunnel auch nicht dem ursprünglichen Beleuchtungsentwurf, sondern ließ Lichtquellen »vom Baumarkt« zu.
Ohnehin wurde viel an diesem Bahnhof kritisiert: der geopferte Lehrter Stadtbahnhof, der unter Denkmalschutz stand, der Wegfall des traditionellen Namens Lehrter Bahnhof, die ungenügende Verknüpfung mit dem städtischen Nahverkehr, die unzureichenden Parkgelegenheiten für Pkw und Taxis, der Wegfall der Fernverkehrshalte auf dem Bahnhof Zoologischer Garten, die Kommerzialisierung des gesamten Bahnhofsgebäudes. Einzelheiten zur Vorgeschichte des Bahnhofs (Ring- oder Pilzkonzept), zum Bau des Gebäudes und des Tunnels sowie über den Streit des Architekten mit dem Bauherrn kann man im Buch »Berlin Hauptbahnhof«, Stuttgart 2007, nachlesen.
Die über diesen »Protzbahnhof« aufgebrachten Gemüter der Politiker und Bürger haben sich beruhigt. Berlin hat neben Nord-Süd-S-Bahn, die durch den Bahnhof Berlin Friedrichstraße führt, die seit Jahrzehnten gewünschte Nord-Süd-Fernverbindung erhalten, mit der das frühere System der Kopfbahnhöfe, wenn auch verspätet, überwunden wurde. Der neue Hauptbahnhof ist auch ein sehenswerter Anziehungspunkt mitten in Berlin geworden, der neben dem Fernsehturm moderne Architektur repräsentiert. Dem Vorstandsvorsitzenden der Deutschen Bahn, Hartmut Mehdorn, unterlief übrigens bei der Ansprache zur Eröffnung ein Versprecher von Freudschem Format: »Dieser neue Bahnhof symbolisiert das Ende der Stadt...«

Besonders abends wird deutlich, wie das viele Glas das riesige Bauwerk filigran werden lässt (2006). Foto: Bodo Schulz

Bremen Hauptbahnhof

Das 1847 in Betrieb genommene Empfangsgebäude war klassizistisch, streng symmetrisch und mit romantischen Elementen geschmückt. Jedes der Abschlussbauwerke der dreibogigen Bahnsteighalle hatte zinnenbewehrte hexagonale Ecktürme erhalten, eine Anspielung auf die Stadttore. Ein Zwischengesims verband über den Erdgeschossfassaden alle Baukörper des Empfangsgebäudes und die Bahnsteighalle, so dass ein einheitlich wirkender, imposanter Komplex entstand. Das Empfangsgebäude stand etwas nordwestlich gegenüber dem heutigen Standort. Gebäude und Gleise lagen in gleicher Höhe mit dem aufgeschütteten Bahnhofsplatz.
Wegen des gestiegenen Verkehrs mussten auch die Bahnhofsgebäude in Bremen erweitert werden. Der künftige Centralbahnhof sollte an der Stelle des Hannoverschen Bahnhofs entstehen. Sämtliche nach Bremen führenden Strecken wurden zweigleisig und hoch gelegt, um die schienengleichen Bahnübergänge im Stadtgebiet durch Unterführungen zu ersetzen.
Die Koordinierung der Bauten oblag dem Geheimen Oberbaurat Ernst August Leopold Grüttefin vom Ministerium der Öffentlichen Arbeiten. Schwedler berechnete die von Schwering nach dem Vorbild Berliner Bahnhöfe entworfene Halle.
Das bisherige Bahnhofsgebäude wurde am 1. Oktober 1885 stillgelegt und abgerissen, von ihm aber 1,5 Millionen Ziegel für den Bahnhofsneubau verwendet. Ludwig Oswald Hubert Stier aus Hannover (Architekt der Empfangsgebäude von Hannover und Hildesheim) wird als der Schöpfer des Bremer Bahnhofsgebäudes genannt, das am 15. Oktober 1889 im »Berliner Rundbogenstil« als Repräsentationsbau mit dominantem Mittelbau eröffnet worden ist.
Wer die Bahnhofshalle betrat, musste von ihrer Pracht beeindruckt sein. In ihrer Mitte stand das früher übliche Häuschen mit den Fahrkartenschaltern. In den Giebelnischen fanden Pförtner, Post und die städtische Kasse ihren Platz. Zwischen den – damals zwei getrennten – Tunnelzugängen zu den Bahnsteigen war die Gepäckabfertigung, und von ihr führte ein 13,50 Meter breiter Gepäcktunnel zu den Gepäckbahnsteigen. Für die Reisenden blieben die beiden Personentunnel und breite Treppen zu den Bahnsteigen.
Rechts der Eingangshalle lagen die Wartesäle I. und II. Klasse, links der Wartesaal III. und IV. Klasse, dahinter verschämt versteckt und mit einem separaten Zugang zum Bahnsteig der Warteraum für Auswanderer.
Fürstliche Herrschaften betraten den Bahnhof vom Vorplatz durch den rechten Flügelbau und schritten auf einer repräsentativen Treppe zu den besonderen Räumen in Bahnsteighöhe.
Zwar wurden im Zweiten Weltkrieg die Gleisanlagen schwer zerstört, aber die Bahnsteighalle und das Bahnhofsgebäude kamen glimpflich davon. Es musste lediglich renoviert werden, wofür der Deutschen Bundesbahn aber das Geld fehlte. Sie gewann 1951 Bremer Firmen, die sich die Spenden mit großen Werbeflächen entgelten ließen. Schließlich wurde 1953/1954 der westliche Teil des Gebäudes umgebaut, um unter einer neuen Empore die Fahrkartenschalter (1985 zum Reisezentrum umgestaltet), ein Kino und einen Imbissraum aufzunehmen. In den östlichen Gebäudeteil zogen 1959/1960 an Stelle des Wartesaals I. und II. Klasse in zwei Geschossen ein Speisesaal, das spätere IC-Restaurant, ein; in den östlichen Pavillon wurde in drittes Geschoss eingezogen.
Zum neuerlichen Schmuckstück wurde das Gebäude durch die am 9. November 2001 abgeschlossene Renovierung. Zunächst war der Zugang zu den Bahnsteigen neu gestaltet worden. Aus den Tunnelröhren wurde eine etwa 28 Meter breite und 130 Meter lange Passage geschaffen. Das Empfangsgebäude wurde vollständig entkernt, das Keramik-Großbild aus dem Jahre 1957 (die Gegenleistung der Bahn für die Übernahme von Renovierungskosten!) frei gelegt. Die Fassade wurde 1995 zur Vorlage einer Plakataktion über die schmucken Personenbahnhöfe der Deutschen Bahn.

Nach der Renovierung 2001 wirkt der dominante Mittelbau im »Berliner Rundbogenstil« besonders repräsentativ und ansprechend (2003).
Foto: Emersleben

Burg (Spreew)

Am Pfingstsonntag, dem 21. Mai 1899, wurde auf der meterspurigen Privateisenbahn Lübben-Cottbuser Kreisbahnen der Zugverkehr im letzten Abschnitt von Straupitz bis Cottbus aufgenommen. An beiden Feiertagen fuhren Sonderzüge zwischen Cottbus und Goyatz, die die Reisenden zum Spreewald in Burg oder zum Schwielochsee bei Goyatz brachten.

Die »Spreewaldbahn« oder »Spreewald-Guste«, wie die Leute das Bähnchen bald nannten, gehörte schnell zur Heimat, auch weil man sich bei der Architektur der Gebäude viel Mühe gegeben hatte. Nicht als Fremdkörper, sondern in einem erdverbundenen Baustil glichen sie sich auf der gesamten Bahn zwischen Lübben, Goyatz und Cottbus. Der Architekt blieb unbekannt.

Der Bahnhof in Burg wurde an Markttagen durch ein zusätzliches Zugpaar von Cottbus bedient, für den Ausflugsverkehr in den Spreewald verkehrten sonn- und feiertags »Durchläufer«, sonntags wegen des Kirchgangs mit den Trachten in Burg auch Sonderzüge aus Berlin nach Lübben, so dass für die Weiterfahrt mit der »Guste« die Wagen nicht ausreichten. Dann musste auf die offenen, mit Sitzbänken ausgestatteten Güterwagen zurückgegriffen werden. Derartige Züge, von zwei Lokomotiven gefördert, fuhren nach einem kurzen Betriebshalt in Straupitz durch bis Burg.

Zum Massenverkehrsmittel wurde die Spreewald-Guste auch, wenn sich in Goyatz die Jugend traf oder man auf der Freilichtbühne in Burg Paul Kellers »Der heimliche (Wenden-) König« aufführte.

Das bemerkenswert schöne Bahnhofsgebäude war gelb verputzt, das Obergeschoss in Fachwerkausführung. Charakteristisch sind die turmartigen Anbauten oder die Erker. Diesen Bahnhofsgebäuden schloss sich als einfaches Ziegelbauwerk massive Güterschuppen mit der schmalen Rampe zur Gleis- und zur Straßenseite an. Kenner behaupten, die Bahnhofsgebäude gehörten zu den schönsten, die es auf den Klein- und Privatbahnen jemals gab. Das Bahnhofsgebäude von Burg, der Güterschuppen und der Freiabort blieben über die Betriebsjahre unverändert. Um den Bahnhof Burg kümmerte sich kaum jemand von außerhalb. Erst nach der Stillegung der Bahn am 4. Januar 1970 wurde man gewahr, welche Schmuckstücke erhalten geblieben waren.

Die Gerüchte verstummten nicht, dass eine neue Eisenbahn gebaut werde, die Pläne seien bereits fertig. Das Büro für Verkehrsplanung des seinerzeit noch bestehenden Bezirkes Cottbus erarbeitete im Juli 1990 ein »Diskussionspapier zur Verkehrserschließung der Spreewald-Relation Cottbus – Burg«, in dem wegen der Verkehrsdichte an Sonntagen eine örtliche Umgehungsstraße mit Sammelparkplätzen in Burg und eine Überlandstraßenbahntrasse aus dem ÖPNV-Netz der Stadt Cottbus bis Burg vorgeschlagen wurde. Weder kam dieses Projekt noch eine Museumsbahn zu Stande, aber der »Erlebnisbahnhof Burg«. Er entstand durch die Initiative und das wirtschaftliche Interesse des Bäckers Werner Motzek. Der nutzt das Flair der Spreewaldbahn, um die Gaststätte im Bahnhofsgebäude von Burg anziehend zu machen. Er hat das von der Gemeinde gepachtete Gebäude renoviert, Außenteile nach Originalzeichnungen wieder hergestellt und im Innern eine Gaststätte mit Pension eingerichtet. Die im Garten aufgestellten Fahrzeuge sind allerdings von einer musealen Aufarbeitung weit entfernt.

Auf dem »Erlebnis-Bahnhof« wurde am 6. und 7. Juni 1998 das hundertjährige Jubiläum begangen. Die Lokomotive 99 5703 vom Spreewaldmuseum sollte dampfen, wurde aber nicht herausgegeben. Dafür kam die Lokomotive 99 5633, die einmal zur Bahn gehörte, aus Bruchhausen-Vilsen. Sie konnte auf 150 Meter Gleis hin- und herfahren. Motzek ließ eine Hebeldraisine bauen, die es aber auf der Spreewaldbahn nie gegeben hat.

Der ländliche Bahnhof der meterspurigen Spreewaldbahn wurde für das fünfzigjährige Jubiläum 1947 geschmückt (1948). Foto: Steffen

Das renovierte Gebäude wurde zur Gaststätte (2006). Auch wenn Wagen der Bahn aufgestellt sind, die frühere Atmosphäre ist verflogen. Foto: Emersleben

Darmstadt Hauptbahnhof

Dieser Hauptbahnhof gehört zu den wenigen deutschen Großstadt-Stationen aus der Zeit vor dem Ersten Weltkrieg, die mit den Nebenbauten, dem Bahnsteigzugang und der Bahnsteigüberdachung weitgehend erhalten ist. Man liest, die Direktion der Großherzoglich Hessischen Staatsbahnen habe in der Residenz des Landesherrn einen würdigen Bahnhof schaffen wollen. Mag sein, aber nicht aus Liebe zum Großherzog, die Neugestaltung der Bahnhofsanlagen war, wie noch ausgeführt wird, notwendig. Die Entwürfe mussten auf folgende Bedingungen eingehen: Der anzuschüttende Bahnhofsvorplatz lag etwa sechs Meter höher als die Gleise. Deshalb konnte vom Niveau des Vorplatzes und der 75 Meter lange und 30 Meter breiten Schalterhalle aus nur eine Brücke über die Gleise geführt werden. Diese »Perronhalle« wurde herausragend gestaltet. Der Reisende braucht nicht durch einen oft dunkel und muffig wirkenden Bahnsteigtunnel zu gehen. An die quer liegende Bahnsteighalle wurde noch der verkleidete Gepäcksteg angebaut und als Verbindung zwischen dem Kaiserlichen Postamt und den Bahnsteigen der Poststeg. Auch, von der Öffentlichkeit diskret abgeschirmt, lagen das Fürstenzimmer und der Fürstenbahnsteig unterhalb des Erdgeschosses. Unter Denkmalschutz steht der Wasserturm mit dem eingebauten Stellwerk, das am 30. September 1957 von einem Zentralstellwerk abgelöst wurde. Über Treppen gelangt man zu den fünf Bahnsteigen. Während die Bahnsteigbrücke und -hallen in betont sachlicher Stahlbauweise entstanden, sollte das Empfangsgebäude zum Juwel werden. Die Ausschreibung ergab von den auch berühmten Bewerbern wie Bonatz, Brurein, Klingolz und Olbrich eingereichten Entwürfen zwar keinen Favoriten; vielmehr wurden zwei zweite Preise vergeben. Einer ging an den Architekten und Professor an der Technischen Hochschule Darmstadt, Friedrich Pützer (1871 – 1922), nach dessen Entwürfen über 30 größere und kleinere Gebäude gestaltet worden sind.

Der neue Bahnhofsvorplatz brachte das Empfangsgebäude mit seiner klar gegliederten Natursteinfassade und seinem imposanten Pfannendach gut zur Geltung. All die zahlreichen gleichzeitig angelegten Nebenbauten, zum Beispiel Wirtschaftsräume für das Bahnhofsrestaurant und Diensträume für die Bahnverwaltung im architektonisch untergeordneten Flügel an der Nordseite, hielten sich in dem zentralen Bauwerk, das häufig dem mit Darmstadt so eng verbundenen Jugendstil zugerechnet wird, klar zurück. Allerdings ist das Bahnhofsgebäude kein reiner Jugendstil, nur Anklänge an ihn sind zu erkennen. Berger urteilt in [1], Pützer habe »eine in jeder Beziehung vorbildliche, ästhetisch attraktive Verkehrsanlage« geschaffen. Die zur Stadtmitte abseitige Lage des Bahnhofs empfinden viele als Nachteil. Gerade deshalb blieb das Gebäude im Zweiten Weltkrieg vom Flächenbombardement des Jahres 1944 verschont, wenn es auch schwer beschädigt wurde. Das gesamte Ensemble, zu dem auch ein Hotel und das Postamt gehörten, hielt sich jedoch im wesentlichen, zumal sich die Deutsche Bundesbahn zur Wiederherstellung der Bauten entschloss, und auch die Deutsche Bahn ließ es im Jahr 2000 renovieren.

Neben dem Empfangsgebäude entstand ein Bahnhofsviertel nebst Bahnbetriebswerk, Kraftwerk, zwei Hotels und einer Siedlung für die Eisenbahner der Lokomotivwerkstatt.

Am 28. April 1912 wurde nach fünfjähriger Bauzeit der »auf der grünen Wiese« errichtete neue Bahnhof eröffnet, am 1. Mai 1912 begann auf ihm der Regelverkehr. Er löste die alten Bahnhöfe der Main-Neckar-Bahn und der Hessischen Ludwigsbahn ab, die sich – unmittelbar nebeneinanderliegend – 800 Meter weiter östlich, also in der Innenstadt befanden. Die Main-Neckar-Bahn, 1902 in den Preußisch-Hessischen Staatseisenbahnen aufgegangen, hatte anfangs einen Gemeinschaftsbetrieb dreier Länder: nämlich der Großherzogtümer Baden und Hessen sowie der Freien Reichsstadt Frankfurt am Main (1866 von Preußen annektiert). Hessen konnte dabei durchsetzen, dass der zentrale Bahnhof des Unternehmens samt Werkstätten usw. in Darmstadt errichtet wurde, entworfen von Friedrich Lichthammer und am 22. Juni 1846 eröffnet. Während das Empfangsgebäude in klassizistischen Formen gehalten war, bekamen die nur ein paar Schritte entfernt errichteten Werkstattgebäude Fassaden in romantischen Formen.

Kein reiner Jugendstil, aber auffällig wurde das Empfangsgebäude mit der klar gegliederten Natursteinfassade und dem imposanten Pfannendach. Slg. Blazek

Ende 1858 konnte die Hessische Ludwigsbahn ihre West-Ost-Magistrale Mainz – Darmstadt – Aschaffenburg fertig stellen, die noch immer insbesondere dem Güterverkehr zwischen dem Rhein-Main-Gebiet und Nordbayern dient. Zunächst pachtete die Ludwigs-Eisenbahn einen Teil des der Main-Neckar-Bahn gehörenden Bahnhofs, für den Güterverkehr bestand ein separater Bahnhof. Doch der Bahnknoten Darmstadt war bald überlastet, so dass die Ludwigsbahn den Bau eines eigenen Bahnhofs nicht mehr aufschieben konnte. Sie baute ihren Bahnhof in unmittelbarer Nähe zum Main-Neckar-Bahnhof, allerdings als Kopfbahnhof, und setzte im rechten Winkel zum Empfangsgebäude der Main-Neckar-Bahn ihr Kopfbauwerk an.

Der wachsende Verkehr zwang aber die wegen ihrer extremen Sparsamkeit berüchtigte Ludwigsbahn schließlich doch, 1871 ein eigenes Empfangsgebäude zu eröffnen. Es wurde rechtwinklig in unmittelbarer Nachbarschaft zum Main-Neckar-Bahnhof gebaut. Mit dem neuen Stationsgebäude konnte die Ludwigsbahn dem Verkehr ihrer 1869/1870 fertiggestellten alten Riedbahn Darmstadt – Gernsheim – Worms (Darmstadt – Gernsheim ist inzwischen stillgelegt, den Namen Riedbahn trägt jetzt die Magistrale Frankfurt – Mannheim) sowie der 1870/1871 eröffneten Odenwaldbahn Darmstadt – Reinheim – Wiebelsbach-Heubach gerecht werden.

Mochte die Nachbarschaft der beiden Bahnhöfe für die umsteigenden Reisenden bequem sein, so blieb der Main-Neckar-Bahnhof ein Engpass. Die Erweiterung der Gleisanlagen nach 1890 verbesserte die Betriebsführung nur unwesentlich. Nur eine großzügige Umgestaltung der Darmstädter Bahnanlagen konnte dem Übelstand abhelfen. Die Hessische Ludwigsbahn war dagegen; die Ludwigsbahn ebenfalls. Das änderte sich, als das Königreich Preußen und das Großherzogtum Hessen 1896/1897 die Ludwigsbahn verstaatlichten und in Mainz eine Eisenbahndirektion bildeten.

Die erstrebte großzügige Lösung des Darmstädter Eisenbahnproblems scheiterte an der Bedingung, den neuen Hauptbahnhof möglichst nahe zur Stadt, am liebsten sogar an der Stelle der alten Bahnhöfe zu bauen. Erst der fünfte Entwurf, der zentrale Durchgangsbahnhof 800 Meter westlich der alten Bahnhöfe, also außerhalb der städtischen Bebauung, wurde akzeptiert. Nun konnte die Main-Neckar-Bahn auf mehreren Kilometern neu trassiert werden, die anderen Strecken ebenfalls. Diese Veränderung der Gleisanlagen erkennt man, wenn man sich von Frankfurt am Main oder Mainz aus Darmstadt nähert.

Vom Brunnen des Verkehrsvereins aus dem Jahr 1911 geht der Blick zum sogenannten Fürstenbahnhof (2008). Foto: Emersleben

Eisenach

Als die »Thüringer Eisenbahn« am 25. September 1849 den letzten Abschnitt Eisenach – Gerstungen ihrer Strecke von Halle in Betrieb nahm, stand ein schlicht ausgeführtes Bahnhofsgebäude im klassizistischen Stil noch außerhalb der Stadt zwischen Wiesen und Feldern ungefähr dort, wo bei einem Bahnhofsumbau die Bahnsteige 1 und 2 angelegt worden sind.

Bereits 1858 erhielt Eisenach mit der Inbetriebnahme der »Werrabahn« von Eisenach nach Lichtenfels eine weitere bedeutende Eisenbahnverbindung. Sie war der Anlass, auf Kosten der Werrabahn das Bahnhofsgebäude um fast das Doppelte zu vergrößern. Von 1902 bis 1904 wurden die Gleise angehoben, um die schienengleichen Überwege über die Gleise der beiden Bahnen zu beseitigen. Das Bahnhofsgebäude musste weichen. Den Entwurf für einen Neubau lieferte der Königliche Landbauinspektor Cuny, der nach Berger ein »späteklektizistisch-romantisches Empfangsgebäude, eine ausschweifende Komposition verschiedenster Baukörper und Motive« schuf. [1] Daneben entstand das Postamt im gleichen Stil. Von der tonnenüberwölbten Empfangshalle des Mittelbaus schreitet man durch einen Personentunnel zu den Bahnsteigen. Beiderseits der Halle waren die Wartesäle, ein Speisesaal und rechts die Fahrkartenschalter. Das Reisezentrum entstand 1992 bei einer Renovierung der Bahnhofshalle, die einige der früheren Modernisierungssünden behob. Das Reisezentrum war übrigens das erste bei der Deutschen Reichsbahn.

Bei der Renovierung für das Luther-Jahr 1983 musste auf die Instandsetzung des Daches verzichtet werden, weil es an altdeutschem Schiefer fehlte. Nach kurzer Zeit kam es zu enormen Nässeschäden, die bis zur Einsturzgefahr der Stuckdecke führten. 1989 lieh der Bürgermeister von Marburg zwei Tonnen des Schiefers, so dass wenigstens 250 m^2 Fläche umgedeckt werden konnten. Der für die Verblendung eingesetzte, einst rötlichblau gefärbte Sandstein war ebenfalls sehr angegriffen. Im Laufe der Jahrzehnte wurde daraus ein Grau bis Schwarz. Wer genau hinsieht, entdeckt, dass die Kapitelle (Entwürfe: Tobias Weiß) Szenen des Bahnpersonals zeigen. Die Zweckbestimmung der Räume wird ornamental ausgedrückt.

Für die Allerhöchsten Herrschaften war auf der rechten Seite des Vorplatzes der Fürstenpavillon, allgemein nur »Fürstenbahnhof« genannt, gebaut worden. Seit 1919 war er zur allgemeinen Nutzung frei gegeben, in der DDR wurde daraus das Kulturhaus der Eisenbahner und besonders für Tagungen beansprucht. Am 14. Februar 1990 trafen sich in ihm die »Männer der ersten Stunde«, die über die Wiedereröffnung der Strecke Eisenach – Gerstungen über Wartha berieten.

Eisenbahnerporträts mit Signalflügeln zieren die Säule vor dem Reisezentrum (2010).

Erstes Reisezentrum bei der Deutsche Reichsbahn (1992). Es musste nach wenigen Wochen nach dem Standard der Deutschen Bundesbahn verändert werden. Slg. BSW Eisenach/Thurau

Erfurt Hauptbahnhof

Das erste Empfangsgebäude war das von August Mons entworfene, von 1847 bis 1848 gebaute, das von 1893 bis 1993 der Eisenbahn- bzw. Reichsbahndirektion Erfurt diente. Das zinnen- und türmchenbewehrte Bauwerk wird von einem Mezzanin im Mittelteil beherrscht, der Uhrturm am Ostgiebel ist der asymmetrische Akzent. Der Westgiebel erhielt von 1869 bis 1870 einen Flügelbau als Anbau.
Als 1869 die Nordhausen-Erfurter Eisenbahn-Gesellschaft und 1876 die Magdeburg-Halberstädter Eisenbahn-Gesellschaft ihre Strecken eröffneten, mangelte es innerhalb der Festungswälle an Platz, weshalb die Bahnhöfe außerhalb der Stadtbefestigung angelegt werden mussten. Durch den wirtschaftlichen Aufschwung nach 1871 schwollen der Reise- und der Güterverkehr derart an, dass die Verhältnisse auf dem Bahnhof unhaltbar wurden.
Die Eisenbahndirektion Erfurt veranlasste, einen umfassenden Bahnhofsneubau, der erst durch die 1873 beschlossene Schleifung der Festungswerke möglich geworden war. Von 1887 bis 1893 wurden die Bahnanlagen umgestaltet. Architekt Bauinspektor Keil entwarf das Empfangsgebäude im Stil der späten Eklektik in Insellage mit einem Vorempfangsgebäude, wo sich die Eingangshalle, die Fahrkartenschalter, Gepäckannahme und -ausgabe sowie die Räume für die Post befanden. Von hier führt ein 6 Meter breiter Personentunnel zum Inselgebäude. In ihm lagen zwei große Wartesäle, anschließend die Wirtschaftsräume, die Diensträume an den Bahnsteigen und die Toiletten.
Bei der Erweiterung des Empfangsgebäudes von 1926 bis 1928 änderte sich nicht viel. Wie vorher lagen beiderseits des Mittelgebäudes je ein Hausbahnsteig, ein Inselbahnsteig und westlich sowie östlich Stumpfgleise mit Bahnsteigen für den Nahverkehr.
Bekannt wurde der Bahnhof bzw. sein Vorplatz durch den spontanen Jubel der Bevölkerung für den Staatsgast Willy Brandt am 19. März 1970, der ihnen aus dem Fenster des Hotels »Erfurter Hof« zuwinkte.
Das Verkehrsprojekt Deutsche Einheit Nummer 8 sieht den Ausbau und Neubau der Verbindung Berlin – Halle/Leipzig – Erfurt – Nürnberg – München vor. Der Bau der Hochgeschwindigkeitsstrecke Halle/Leipzig – Erfurt – Ebensfeld zieht sich in einer unfassbaren Zeit hin. Doch der Hauptbahnhof in Erfurt wurde bereits für dieses Vorhaben umgebaut, auch weil sich die betrieblichen und verkehrlichen Verhältnisse nach 1990 wesentlich veränderten.
1994 entschied der Vorstand der Deutschen Bahn, das Inselgebäude abzureißen, um Fläche für neue Bahnsteige zu schaffen. Diese Absicht war umstritten, wie eine Tageszeitung bemerkte: »Weicht das Inselgebäude den geforderten Schienen und Bahnsteigen, entfallen nicht nur der Ensemblecharakter und der räumliche Zusammenhang von Platzfront und Gleisanlage. Darüber hinaus gehen mit den ehemaligen Wartesälen und dem Bahnhofsrestaurant Raumschöpfungen von klassizistischem Pathos zugrunde.«
Der Umbau begann 2000 mit der Tiefgarage unter dem Vorplatz. Danach wurden zwischen 2002 und 2003 die südliche Bahnhofstraße erneuert und die Arkaden saniert. Der neue Hauptbahnhof (Entwurf: Gössler-Architekten, Hamburg) ging am 13. Dezember 2008 in Betrieb und ist umstritten. Das »Vor-Empfangsgebäude« enthält ein Reisezentrum und die üblichen Verkaufseinrichtungen. An die Stelle des Inselgebäudes trat eine Halle von 154 Meter Länge und 90 Meter Breite über vier Bahnsteige. Sie bietet dem Reisenden wenig Annehmlichkeiten, nur kleine Unterstände. Ansonsten ist er der Zugluft ausgesetzt. Diese Architektur drückt das veränderte Verhältnis der Bahnverwaltung zu ihren Reisenden aus: ein Optimum an Kosten und vermarktbaren Flächen. Ein Bahnhof, den man ins Herz schließt, wurde Erfurt Hbf nicht.

Vom zweiten Bahnhofsgebäude blieb nur das sogenannte Vorempfangsgebäude (2006). Foto: Emersleben

Friedrichshafen Hafen

Zehn Jahre nach der Eröffnung der Strecke Ravensburg – Friedrichshafen am 8. November 1847 vereinbarten Württemberg und die Schweiz den gemeinschaftlichen Betrieb der Seeschifffahrt für den Personen- und Güterverkehr über den Bodensee. Für diesen Verkehr stand im Hafen bereits ein einfaches Bahnhofsgebäude als Anbau an den Salzstadel.

Die Württembergischen Staatsbahnen und die Schweizerische Nordostbahn eröffneten 1869 die Trajektverbindung Friedrichshafen – Romanshorn. Im Laufe der Jahre kamen noch Trajekte nach Lindau und nach Bregenz hinzu. Der Fährverkehr nahm bedeutende Ausmaße an (1900 waren es rund 31.000 trajektierte Eisenbahnwagen!). 1886 entstand als Empfangsgebäude einen größerer Neubau im »altdeutschen Stil« mit Bahnhofsgaststätte im Obergeschoss.

Auch nach dem Ersten Weltkrieg war der Umfang der zwischen Friedrichshafen und Romanshorn trajektierten Güterwagen wieder erheblich. Wegen der unvollkommenen Anlagen und den fast ständig geschlossenen Schranken verhandelten die Deutsche Reichsbahn und die Stadt 1928 unter der Losung »Jetzt oder nie« über einen Vertrag, nach dem der Hafenbahnhof modernisiert werden sollte.

Die Freiladeanlagen und der Stückgutverkehr wurden am 1. September 1928 auf das Gelände nördlich der Strecke Friedrichshafen – Ravensburg verlegt. Der neue Ortsgüterbahnhof ging am 6. Oktober 1930, der Rangierbahnhof am 6. November 1930 in Betrieb.

Es galt jetzt, architektonisch eine Lösung zu finden, bei der mit dem Salzstadel eine 93 Meter lange Dachlinie entstand. Der Salzstadel bestimmte auch, dass das neue Gebäude kein sichtbares Dach erhielt, denn gegen seinen schweren Dachkörper war nicht anzukommen. Lediglich die Anordnung der Fenster und der 22 Meter hohe turmartige Aufbau konnten eine Dominante setzen.

Das neue Empfangsgebäude gruppierte sich als Kopfbahnhof um zwei Bahnsteige und vier Gleise. Die Längsfront des Gebäudes besaß nur 7 Meter Tiefe hinter dem 12 Meter breiten Kopfbahnsteig und war nur 14 Meter von der Hafenmauer entfernt.

Die Kopfwand begrüßte den Ankommenden mit dem Bild »Bodensee mit Gebirge« des Kunstmalers Berger. Der linke Eingang an der Kopfwand führte zur oberen Bahnhofswirtschaft. Die wurde wegen der Terrasse gern besucht, hatte man doch von ihr einen prächtigen Blick auf die Stadt, den See und die Alpen.

Das nach einem Entwurf Erich Hagenmeyers, des Hochbaudezernenten der Reichsbahndirektion Stuttgart, von 1930 bis 1932 gebaute und am 7. März 1933 eröffnete Bahnhofsgebäude war sogleich berühmt geworden. Die Firma Märklin nahm es zum Vorbild für ihr Modell, und für die Stadt wurde es zum Wahrzeichen. Das Bauwerk gehört zum Baustil der Neuen Sachlichkeit, die ihre Wurzeln im Deutschen Werkbund und dem Bauhaus in Weimar bzw. Dessau hat.

Die Stadt Friedrichshafen mit der Rüstungsindustrie wurde zum bevorzugten Ziel der Luftangriffe im Zweiten Weltkrieg. Sie trafen am 28. April 1944 auch den Hafenbahnhof und zerstörten ihn. Die Deutsche Bundesbahn ließ das charakteristische Empfangsgebäude in seiner alten Form wieder aufbauen, auch die übrigen Anlagen wurden für den Trajektverkehr Deutschland – Schweiz benötigt. Doch nach gut zwei Jahrzehnten geriet die Eisenbahn ins Hintertreffen. Der 1955 aufgenommene Transport von Kraftfahrzeugen übertraf bald den Umfang der zu trajektierenden Güterwagen. Ende Mai 1976 gaben die beiden Bahnverwaltungen diese Eisenbahnverbindung über den Bodensee auf und nannten ihre Verbindung nur noch Reise- und Autofähre.

Der Deutschen Bundesbahn war das Empfangsgebäude unwirtschaftlich. Die Stadt kaufte es 1988 und verlegte 1991 das Zeppelinmuseum in den Hafenbahnhof, das nach den Plänen der Friedrichshafener Architekten Jauss + Gaupp umgebaut wurde.

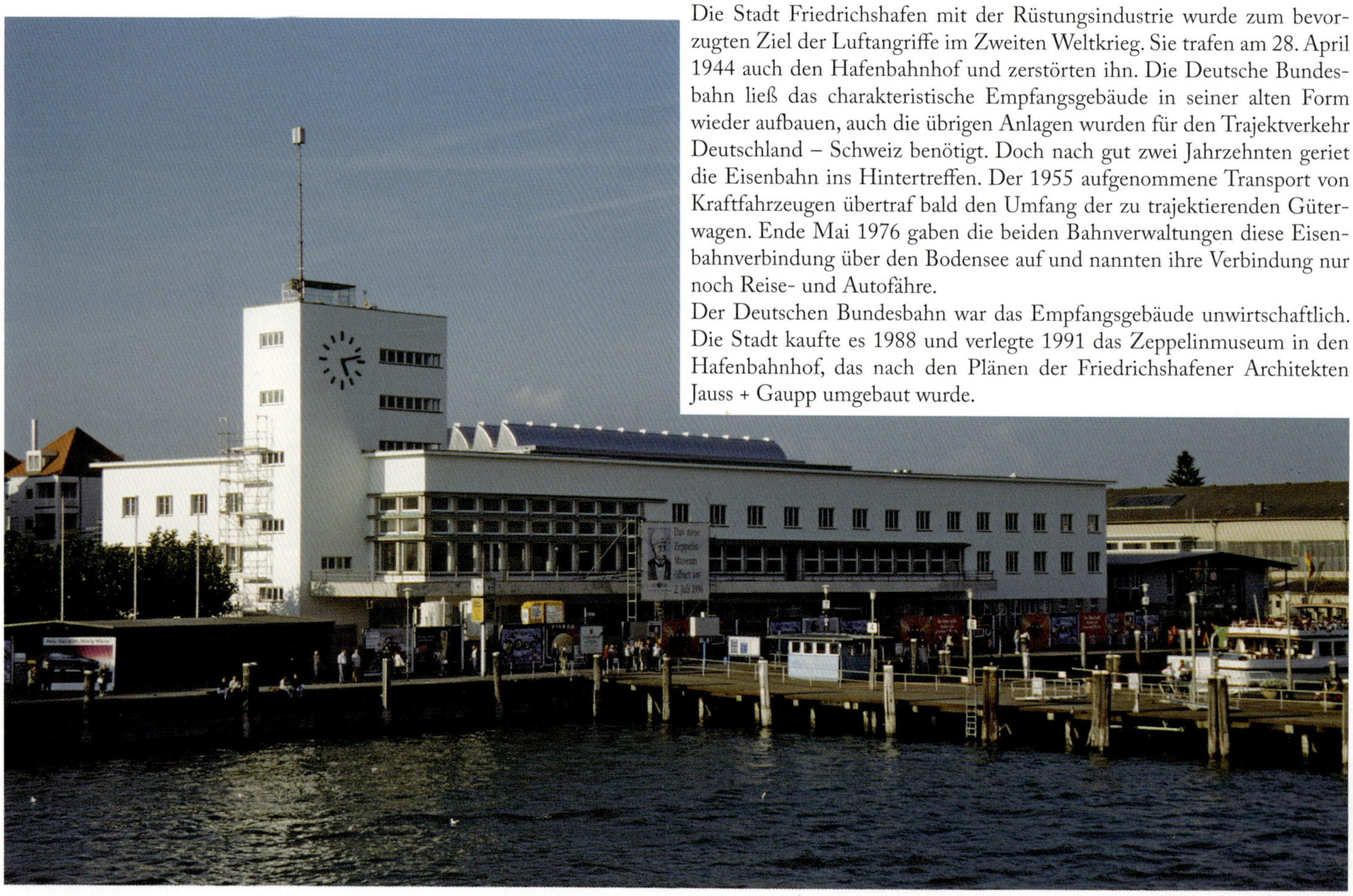

Das Bahnhofsgebäude wird zum Zeppelin-Museum umgebaut (1995).

GIESSEN

Der Bahnhof entstand im Winkel der Strecken Kassel – Frankfurt (Main), nach Fulda und nach Gelnhausen. Gießens Aufstieg zum Eisenbahnknoten machte den grundlegenden Umbau und die Erweiterung des Bahnhofs notwendig. Das bisherige Bahnhofsgebäude konnte zwar die Zunahme des Personenverkehrs aufnehmen, war aber bis zur Jahrhundertwende »moralisch und physisch verschlissen« (Berger in [1]). Das 1904 – 1911 auf dem Seltersberg errichtete Gebäude löste die 50 Jahre alten Provisorien der Vorgängerbauten ab. Der Architekt Ludwig Hofmann (1862 – 1933) aus Herborn wählte den romantischen Klassizismus als Baustil, auch als Historismus bekannt bzw. berüchtigt, eine Mischung aus Sakral- und aus Wehrbauten und schon deshalb bemerkenswert. Er vermied jede symmetrische Gruppierung sowohl in der Höhe als auch in der Staffelung der Gebäude. Trotzdem wirkt das Bauwerk insgesamt geschlossen. Berger führt diese Wirkung auf die einfachen Baukörper zurück.

Die auf beide Strecken gerichtete Empfangshalle erhielt große Halbkreisfenster in der Tradition der römischen Thermen, »deren nördliche unterhalb eines neoromanischen Bogenfrieses originell von dünnen Pfeilern wie Harfensaiten überzogen werden«, bemerkt Schomann in [2].

Ein mächtiges Satteldach bedeckt das Gebäude; der Eingang ist als Kuppelbau auf hexagonalem Grundriss mit offenen Arkaden ausgeführt. An vielen Stellen findet sich ein Dekor der Stauferzeit vom Schachbrettfries bis zum Wasserspeier. Das Empfangsgebäude wird vor der Südostecke von einem 30 Meter hohen Uhrturm dominiert, ähnlich den Bahnhöfen in Bad Homburg und Wiesbaden Hbf. Das Obergeschoss des »Campanile« ist als oktogonaler Schaft ausgeführt, der in einer Dachpyramide endet.

Ihn flankiert ein zweites Hallenschiff für die Wartesäle, neben dem ein Pavillon mit Mansarddach steht, in dem ein Teil des vorherigen Bahnhofsgebäudes von 1854 einbezogen wurde.

Schräg vor der Hauptfassade stellte der Architekt auf die Ostseite ein kleines Empfangsgebäude für die Strecken nach Fulda und Gelnhausen, die mittelalterlichen Stadttoren gleichen, denn wir finden hier ein Torhaus mit tonnengewölbtem Durchgang und Walmdach, rechts flankiert von einem Rundturm. An die Nordseite kam ein villenähnliches Gebäude für den »Fürstenbahnhof,« der allerdings 1944 zerstört worden ist.

Der 30 Meter hohe Turm beherrscht die Anlage mit den sechs Bahnsteigen (2000). Rechts die Gleise für Züge nach Hungen und Fulda, links für die Züge der Verbindung Kassel – Frankfurt (Main).

Hamburg Dammtor

An der am 16. Juli 1866 in Betrieb genommenen Hamburg-Altonaer Verbindungsbahn lag der Dammtor-Bahnhof. Er diente nur dem lokalen Personenverkehr. Die ständige Zunahme des Straßenverkehrs führte wegen der schienengleichen Bahnübergänge bald zu solchen Problemen, dass sich die preußischen Staatsbahnen gezwungen sahen, von 1893 an die Trasse auf Bahndämme und Viadukte zu verlegen. Dabei wurde die Strecke viergleisig ausgebaut.

1898 schlossen Hamburg, Preußen und die Lübeck-Büchener-Eisenbahn-Gesellschaft einen Vertrag, der den Bau eines Zentralbahnhofs vorsah, durch den die Kopfbahnhöfe Berliner, Hannoverscher und Lübecker Bahnhof sowie Bahnhof Klostertor ersetzen sollten. Der neue Bahnhof sollte ein großer Stadtbahnhof für den Durchgangsverkehr werden: der Hauptbahnhof in einem Einschnitt. In dessen Nähe konnte der Typ eines Stadtbahnhofs, der Dammtor-Bahnhof, gebaut werden, bei dem das Sockelgeschoss unter der Bahnsteighalle als Empfangsgebäude genutzt wurde. Am 7. Juli 1903 ging der nach Plänen des Baurats Ernst Schwartz gebaute Bahnhof in Betrieb.

Als Kaiserbahnhof wurde der Dammtor-Bahnhof wegen der ankommenden und abreisenden Staatsgäste bezeichnet.

Im Sockelgeschoss befand sich die Empfangshalle, die nördliche für den Stadtbahn-, die südliche für den Fernverkehr. Über dieses Bauteil wölbte sich die 17 Meter hohe und 34,6 Meter weit gespannte Bahnsteighalle. Für die gute Beleuchtung der Bahnsteighalle sorgten nicht, wie seinerzeit üblich, schwer zu reinigende Oberlichtbänder, sondern an den Längsseiten jeweils 7 mal 7,7 Meter große Fenster. Die Fassaden waren reich mit Jugendstilornamenten und historischen Architekturmotiven geschmückt.

Keine 14 Tage nach der Eröffnung besuchte am 20. Juni 1903 Kaiser Wilhelm der II. den bei Staatsbesuchen zum Vorzeigen geeigneten Bahnhof, der nun inoffiziell auch Kaiserbahnhof genannt wurde. Wenn solche Gäste nach Hamburg kamen (unter anderem 1904 der britische König Edward VII, 1933 die rumänische Königin Helena und Adolf Hitler, 1938 der ungarische Reichsverweser Miklos Horthy, 1965 die britische Königin Elisabeth II., 2004 der russische Staatspräsident Putin und Bundeskanzler Schröder), dann stiegen sie immer in Dammtor aus oder zu.

Der Zweite Weltkrieg traf vom 24. Juli bis zum 3. August 1943 beim »Unternehmen Gomorrha« auch die Eisenbahnanlagen von Hamburg. Bis 1953 waren die Kriegsschäden am Bahnhof beseitigt. Er sah nun wieder wie vor dem Krieg aus, selbst die ursprünglichen Vorplatzlampen gab es noch. Neben dem Reisezugverkehr lief bis zur Fertigstellung der Güterumgehungsbahn im Jahr 1941 auch der gesamte Güterzugverkehr aus Richtung Westerland, Flensburg und Kiel nach Süden und Westen bzw. in der Gegenrichtung über die beiden Fernbahngleise.

Ende der fünfziger, Anfang der sechziger Jahre waren die dekorativen Details an den oberen Enden der Wandpfeiler und Fassaden, die steinernen Flügelräder über den beiden Haupteingängen und die steinernen Umrandungen der Uhren in den Bogenöffnungen über den Haupteingängen, die wohlgeformten oberen Abschlüsse an den Widerlagerpfeilern der Überführung über den Dammtordamm entfernt worden.

Von 1986 bis 1990 wurden die Fassaden und die Bahnsteighalle saniert und von 1999 bis 2002 das unter Denkmalschutz stehende Bahnhofsgebäude aufwändig restauriert. Dabei wurde das Erdgeschoss vollständig entkernt. Die historischen Eichenholzfassaden der Läden in der Halle in der Mittelpassage blieben original erhalten. Hamburg Dammtor, eigentlich kein Bahnhof, sondern betriebstechnisch ein Haltepunkt, erhielt im September 2006 von der Vereinigung »Allianz pro Schiene« eine Auszeichnung als bester Großstadtbahnhof.

Die großen Fenster geben der der Bahnsteighalle viel Licht (2008). Foto: Wiesmüller

Hamburg Hauptbahnhof

Dieser Hauptbahnhof war die Lösung der bis zur Jahrhundertwende immer unerträglicher gewordenen Eisenbahnverhältnisse in der Hansestadt mit den drei Kopfbahnhöfen Berliner Bahnhof im Südosten zwischen Deich- und Klostertor, Lübecker Bahnhof im Osten, sowie dem Hannoverschen bzw. oder Venloer Bahnhof.

Bereits 1887 verhandelten die Königlich Preußischen Staatseisenbahnen, die Lübeck-Büchener Eisenbahn und die Stadt Hamburg, wie man gemeinschaftliche Anlagen für den Personenverkehr schaffen könne. Hamburg sollte einen Durchgangsbahnhof erhalten. Für den Wettbewerb gingen 19 Entwürfe ein, die 1901 in der Kunsthalle ausgestellt waren. Ernst Moeller, Königlicher Eisenbahn-Bauinspektor in Altona, die Architekten Heinrich Reinhardt und Georg Süßenguth durften mit Fachleuten der Bahn die Ausführungspläne bearbeiten.

Da das Baugelände auf ehemaligem Friedhofsgrund und Teilen des Stadtgrabens zwischen der Kunsthalle im Norden und dem Berliner Bahnhof im Süden lag, sollten die vorgesehenen zwölf Gleise in Tieflage verlegt, das Empfangsgebäude aber in hoher Lage quer über die Gleise gestellt werden. Statt der einst vorgesehenen Türme waren an den Ecken des Empfangsgebäudes pylonartige Baukörper getreten.

1903 erfuhren die Beteiligten, dass Kaiser Wilhelm II. sich lebhaft für das Bauwerk interessiere, seine Zustimmung zu dem Plan jedoch verweigere, weil der gewählte Stil Hamburg nicht würdig sei. Für einen neuen Plan sollte das Hamburger Rathaus Vorbild sein. Dass die Ornamentik des Jugendstils entfiel, wenn man sich stattdessen zur »Deutschen Renaissance« hinwandte, den Baukörper der Bahnsteighalle nach Norden und die Dominanz der »Großen Halle« innerhalb des Gebäudes vergrößerte, gefiel dem Monarchen. So konnte 1904 und 1905 gebaut werden. Am 4. Dezember 1906 wurde der Hauptbahnhof eingeweiht, am 5. Dezember der reguläre Eisenbahnbetrieb aufgenommen.

Vor allem an den 45 Meter hohen Türmen der Nordseite ist der kaiserliche Eingriff erkennbar. Die steinernen Untergeschosse gehörten zum Entwurf von 1902, das Uhren- und Haubengeschoss, aus einem kupferverkleideten Eisengerüst gebildet, war die Zutat. Wegen der Kosten, fiel alles einfacher aus. Neben reichlich Stahl und Glas wurde schwedischer Granit für die Sockel, Rüttringer Tuff für die Umfassungswände, Muschelkalk für die Gesimse und Ornamente verwendet. Die Dachbögen, Turmdächer und Regenrinnen fielen bald durch das Grün der Patina auf, die das verwendete Kupfer überzog.

Die 16.252 m² große Personenhalle spannt sich in drei Schiffen über die volle Breite des Einschnitts und schließt im Süden mit der Straßenbrücke des Steintordamms ab. Im Norden legt sich das Empfangsgebäude als Brückenkonstruktion quer über die Gleise. Sein Kern ist die 27 Meter breite und 74 Meter lange Verbindungshalle (auch Wandelgang genannt), vorgelagert sind die Hauptausgangshalle im Osten, die Haupteingangshalle im Westen.

Von der Verbindungshalle gelangte man zu den Bahnsteigsperren und über vier 4,50 Meter breite Treppen (die stets guten Überblick erlauben) oder über Aufzüge (1900 vom Hamburger Senat »für alte und gebrechliche Menschen« verlangt!) zu den bis zu 367 Meter langen Fernbahnsteigen 2 bis 5 (heute 3 bis 6). Die Stadtbahnhalle mit dem fünften Treppenabgang zum Bahnsteig 1 (heute Bahnsteig 2) erhielt neben dem Zu- oder Ausgang von der Haupthalle aus einen gesonderten Zugang von der Kirchenallee.

Abgesehen von der ausgebrannten Halle, den Glasschäden und der Zerstörung des östlichen Turmhelms überstand der Hauptbahnhof den Zweiten Weltkrieg ohne Zerstörung seiner Substanz. 1950 wurde die Bahnhofshalle wieder hergerichtet, von 1974 bis 1979 renoviert. Zu dieser Zeit kam es zum Abriss der Eckbauten, um dem Straßenverkehr Platz zu machen, und zu verschiedenen Umbauten, weil der Bahnhof mit neuen Strecken von S- und U-Bahn verknüpft wurde. Außerdem wurde vor dem Eingang zum Südsteg für Bahnhofsbüros und Bahn-Dienststellen ein siebengeschossiger Baukörper auf 22 mal 22 m Grundfläche angeordnet. Während der Um- und Anbauten entdeckte man, dass die tragende Konstruktion der Wandelhallenbrücke baufällig war. Die Wandelhalle musste mit allen Aufbauten abgebrochen werden, wurde bis 1991 wieder hergestellt.

Am nördlichen Ende der engen Halle steigt man hinauf zum »Wandelgang«, ein Ort des Sehens und Genießens (2007)

Heidelberg Hauptbahnhof

Der erste Bahnhof bestand seit dem 12. September 1840 mit Eröffnung der Strecke Mannheim – Heidelberg, die 1843 nach Karlsruhe verlängert, aber als Spitzkehre in den am westlichen Stadtrand gelegenen Bahnhof eingeführt wurde. Der zweite Bahnhof, für die am 1. August 1846 eröffnete Main-Neckar-Eisenbahn, war mit dem ersten, dem badischen, verbunden. Äußerlich glich er dem badischen. Der große Nachteil für den Eisenbahnbetrieb war das notwendige Wenden der Züge, wenn sie von Mannheim und von Darmstadt kommend, nach Bruchsal – Karlsruhe fahren sollten. Die Badischen Staatsbahnen planten bereits 1873, jedoch viel entschlossener am Ende des 19. Jahrhunderts, den Bahnhof westlich der Stadt und als Durchgangsbahnhof zu verlegen.
1908 begannen die Bauarbeiten. Für 20 Bahnsteiggleise (!) wurde der 250 Meter breite Bahnkörper hergestellt. Der Neubau war halbfertig, als die Bauarbeiten wegen des Ersten Weltkriegs unterbrochen werden mussten. Wenigstens konnte der neue Güterbahnhof 1914 in Betrieb gehen. 1926 wurden die Bauarbeiten fortgesetzt, doch abermals vereitelte der Krieg deren Abschluss. In der Nachkriegszeit dachte die Deutsche Bundesbahn bei dem großen Bedarf am Wiederaufbau zerstörter Bahnhöfe nicht an ein Finale in Heidelberg.
Dass trotzdem am Hauptbahnhof gebaut wurde, war dem zunehmenden Straßenverkehr und dem Wunsch der Stadt zu danken, dass Heidelberg an das elektrifizierte süddeutsche Streckennetz angeschlossen werde. Lohnte es, die Gleise zum alten Bahnhof zu elektrifizieren? Nein! Nachdem das Land Baden-Württemberg einen Kredit zusagte, begannen am 1. September 1950 zum dritten Mal die Bauarbeiten nach einem wiederholt vereinfachten Entwurf, für den Darmstadt Hbf das Vorbild sein konnte.
Diese neue Bauphase zwischen 1952 und 1955 war schon deshalb beachtlich, weil es dabei um das erste Großprojekt der Deutschen Bundesbahn ging, 50 Jahre nach dem Ersten Spatenstich. Das Konzept des Tiefbahnhofs blieb. Neu waren die überdachten Rampen an Stelle von Aufzügen für den Anschluss der beiden Gepäcktunnel an die Bahnsteige.
Modern ist die 16 mal 52 Meter hohe und zweiseitig verglaste Schalterhalle, die um 130 Grad aus der Bauflucht des übrigen Gebäudes herausgeschwenkt ist. Die Halle ist der Hauptkörper des Empfangsgebäudes. Das Bild »Sonnenwagen« in Sgraffitotechnik von Joseph Karl Huber ziert die nördliche Querwand zur Bahnsteigbrücke. Abgesehen von der Eleganz des Bahnhofsgebäudes ist sie das Charakteristikum des Heidelberger Bahnhofsgebäudes, sicherlich dem von Darmstadt Hbf abgesehen. Als Architekten werden sie nicht genannt; gleichwohl dürfte das Bahnhofsgebäude mit den Nebenanlagen ihre Handschrift tragen: die Hochbaudezernenten der Bundesbahndirektionen Karlsruhe und Stuttgart Heinz Dutschmann bzw. Helmut Conradi.
Von der Bahnsteigbrücke gelangt man zu den 5,80 Meter tiefer gelegenen fünf Bahnsteigen. Sie wurde – auch wegen der Kosten – mit einem Spannbetonschalendach versehen. Aus der 20 Meter breiten und 91 Meter langen verglasten Halle führen je zwei Treppen hinunter zu den fünf Bahnsteigen.
Inzwischen bei der Deutschen Bahn unwichtig geworden, früher aber von Interesse: Die Räume für die Abfertigung, Lagerung und Ausgabe des Expressgutes und des Reisegepäcks waren sehr sinnvoll angeordnet, am nördlichen Ende des Bautraktes, und für den Betrieb mit Elektrokarren eingerichtet. Die Postanlagen – ein dreistöckiges Gebäude mit 64 Meter langer Halle und drei Bahnsteigen – kam zur Südseite des Ostkopfes.
Bundespräsident Theodor Heuss weihte das Gebäude am 5. Mai 1955 ein.

Das Bild »Sonnenwagen« von Joseph Karl Huber schmückt die nördliche Wand der Bahnhofshalle (1956). Foto: Rotthowe

Kassel - Wilhelmshöhe

Nach der Abfahrt der Sonderzüge für Bundeskanzlers Willy Brandt und Willi Stoph, dem Vorsitzenden des DDR-Ministerrates, am 21. Mai 1970 öffneten sich die Baugruben für einen neuen Bahnhof in Kassel. Bereits 1938 war geplant, den als Kopfbahnhof angelegten Hauptbahnhof zu ersetzen. Jetzt, als die Hochgeschwindigkeitsstrecke Hannover – Würzburg und der Anschluss dieser Stadt an sie entschieden war, konnte der Bahnhof Wilhelmshöhe zum Fernbahnhof aufsteigen.

Nicht jedem Bürger war das recht, mancher hatte sich eine unterirdische Trasse gewünscht, andere protestierten gegen sie. Als die Deutsche Bundesbahn sich damit abfand, im Stadtgebiet keine hohe Geschwindigkeit und kein größeres Querprofil statt der Regelwerte vorzusehen, wurde es möglich, die neue Strecke entlang bestehender Gleise auszuführen. Die Stadt stimmte im Sommer 1979 der Westtrasse mit dem neuen Bahnhof zu.

Auf Drängen der Stadtverwaltung schrieb die Deutsche Bundesbahn 1981 einen Wettbewerb für das Empfangsgebäude aus, das Rücksicht auf den historischen Rang der Wilhelmshöher Allee zu nehmen hatte und zugleich der Bedeutung des Fernbahnhofs gerecht werden sollte. Über 100 Entwürfe wurden vorgelegt; den ersten Preis erhielt die Berliner Architektengemeinschaft Brandt/Signorini/Asisi, doch Anfang 1985 musste der Auftrag storniert werden, weil die Stadt mit der geplanten verkehrlichen Erschließung nicht mehr einverstanden war. Durch die neuerlich geplante Platte des öffentlichen Nahverkehrs konnte die Idee der Architekten nicht mehr umgesetzt werden.

Ein neues Konzept war nötig. Gewinner der neuen Ausschreibung waren die Verkehrsplaner und Architekten Waning/Dietrich/Guggenberger aus Bochum. Ihr Entwurf war der Bahn nicht nur eine Nummer zu groß, wiederholt wechselten die Anforderungen, denen das Projekt angepasst werden musste. Dazu gehörte die Aneinanderreihung von Brücken über die Gleise. Die Architekten hatten nun Brückenaufbauten zu entwerfen. Die Wunschliste der Stadt nahm kein Ende, insbesondere zum Vorplatz; sie verärgerte die Architekten.

Für den hinteren Teil des Bahnhofs mit Rampenhallen, Parkdeck und Bahnsteigen waren die Bochumer zuständig, für das Empfangsgebäude und den Vorplatz die Berliner. Wieder gab es Schwierigkeiten von der Stadt, die sagte: Wenn schon ein Fernbahnhof, dann soll er monumental werden. So entstand ein Konglomerat von gesichtsloser Architektur hinter dem Empfangsgebäude und einer Mischung zwischen Kühnheit der Architektur des 21. Jahrhunderts und der früheren Bescheidenheit auf dem Bahnhofsvorplatz von der Größe eines Fußballplatzes. Gerade über diesen Teil gingen die Meinungen auseinander. Aufsehenerregend waren die 59 unregelmäßig aufgestellten Stützen, die das Vorplatzdach in 16 Meter Höhe trugen. Angeblich seien die Architekten beim Spaziergang im Habichtwald dazu angeregt worden; das Vorbild könnte der Entwurf zum Kraft-durch-Freude-Bad in Prora auf Rügen gewesen sein. Das zweigeschossige Empfangsgebäude ist 200 Meter lang und schmal. Ein Querbahnsteig dient als Verteiler zu den Bahnsteigen, zu denen man 100 Meter weit über 8 Prozent geneigte Rampen gelangt. Überdacht ist eine Hälfte der Bahnsteige vom Parkdeck, weitere 200 Meter Weg sind es bis zur Spitze des Bahnsteigs. Kassel-Wilhelmshöhe ist der Bahnhof der langen Wege. Die Reiseverkehrsanlagen sind denen eines Kopfbahnhofs ebenbürtig, wenn auch die Gleise unter dem Gebäude hindurch laufen.

Theoretisch sind vor dem Bahnhof der öffentliche und der Individualverkehr getrennt. Nicht berücksichtigt wurde, dass sich der Fußweg auf den Bahnsteigen nicht nach diesen Verkehren, sondern nach der Wagenklasse richtet. Trotz der großen Aufregung entstand bis zur Eröffnung des Hochgeschwindigkeitsverkehrs im Mai 1991 ein kühner Bahnhof, der das Stadtbild Kassels veränderte.

Die hohe Überdachung des fußballplatzgroßen Vorplatzes fand schnell einen Spitznamen: Platz der 1000 Winde (2009). Foto: Emersleben

Köln Hauptbahnhof

Die Initiative, einen Centralbahnhof anzulegen, kam von der Gesellschaft der Rheinischen Eisenbahn 1855. Denn die Privatbahngesellschaften hatten auch wegen der Festungsbestimmungen jeweils ihre eigenen Bahnhofsanlagen gebaut, die sich hemmend auf die Entwicklung des Verkehrs auswirkten. Den Standort des neuen Bahnhofs bestimmten unter anderem die Zuführung der Cöln-Mindener Strecke über die gleichzeitig errichtete Rheinbrücke von Deutz und entsprechend verfügbares, unbebautes Gelände in der Stadt, das sich mit den Gärten des Jesuitenkollegs anbot.
Der Centralbahnhof umfasste 25.000 m² Grundfläche, auf dem die Züge von Aachen und Bingen in Stumpfgleise einfuhren, die von Minden und Krefeld benutzten die Durchgangsgleise. Der Grundriss des Empfangsgebäudes entsprach der Doppelfunktion des Bahnhofes als End- und Zwischenstation. Das von Pflaume, dem Leiter der Hochbauabteilung der Rheinischen Eisenbahn, entworfene Bauwerk trug romantische Züge. Im Vergleich zum später von Frentzen entworfenen Bauwerk des Hauptbahnhofs sah es recht bescheiden und zurückhaltend aus. Über sechs Innengleise und ein Bahnsteiggleis spannte sich eine 46,36 Meter breite und 200 Meter lange Halle. Zwar bautechnisch und architektonisch gleichermaßen gut gelöst, befriedigte der Bahnhof betrieblich nicht, denn insbesondere reichten die beiden durchgehenden Gleise nicht aus, die sich außerhalb der Altstadt in die Aachen-Krefelder und Bingen-Trierer Gleispaare teilten. Sie hatten innerhalb der Altstadt auch die Lokomotivleerfahrten und Leerzüge aufzunehmen.
Die nicht mehr lösbaren Betriebsprobleme, vor allem auch die Forderung der Stadtverwaltung, Straßenkreuzungen in Schienenhöhe zu beseitigen, erforderten die grundlegende Veränderung der Anlage. Heftig wurde gestritten, wo der neue Hauptbahnhof seinen Platz finden sollte, dazu besonders ein Entwurf propagiert, der neben der Beibehaltung eines Durchgangsbahnhofs am Dom den »Hauptpersonenbahnhof« in die Nähe des Stadtgartens verlegte. Damit sollte der städtebaulichen Entwicklung und den inzwischen eingemeindeten Vororten Rechnung getragen werden. Auch schätzte man den Bahnknotenpunkt neben dem Dom wenig.
Doch die Stadt stimmte, wenn auch mit nur geringer Mehrheit für die Beibehaltung des Hauptbahnhofs unmittelbar am Dom, sie hatte damals bereits den Touristenverkehr im Auge, für den die Lage des Bahnhofs in der Altstadt selbstverständlich am günstigsten war. Sie behielten Recht.

Nach dem Kriege blieb vom Uhrenturm neben dem majestätischen Dom nicht viel übrig (1950). Slg. Hörnemann

Den Wettbewerb für die Gestaltung der Hochbauten gewann unter 17 Entwürfen Prof. Georg Frentzen (1854 – 1923) in Aachen. Die Lösungen unterschieden sich nur wenig, wesentlich indes in der architektonischen Gestaltung und Kombination des Empfangsgebäudes mit der Bahnsteighalle. Während die anderen Entwürfe zum Teil mit massiven mehr oder weniger gegliederten Abschlusswänden, Obelisken, Pylonen, Türmen und stadttorähnlichen Motiven enthielten, schlug Frentzen vor, aus der großen Bahnsteighalle in der Mitte eine etwa 39 Meter breite und entsprechend niedrigere Vorhalle um einen Binderabstand vorspringen zu lassen. Doch auch Frentzens Entwurf wurde verändert. Seine »englische Gotik« fand unter seiner Kollegen wenig Beifall, weil die nicht auf Harmonie, sondern auf den Gegensatz zum Dom setzten.
Die Gleisanlage wurde wieder aus Durchgangs- und aus Stumpfgleisen gebildet, die Bahnsteiganlage um sechs Meter gegenüber den anliegenden Straßen erhöht. Der mit einem Insel-Wartesaalgebäude bebaute Hauptbahnsteig besaß an beiden Enden Zungenbahnsteige mit acht Stumpfgleisen. Zwischen dem Hauptbahnsteig und den Außenbahnsteigen lagen vier durchgehende Gleise, so dass insgesamt zwölf Bahnsteiggleise zur Verfügung standen.
Zu Pfingsten 1894 wurde die modernisierte Anlage eingeweiht und als Stadtbahn nach Berliner Muster bezeichnet, die sich auf sechs Kilometer Länge von der Rheinbrücke an auf den größten Teil der Kölner Ringstraße erstreckte und dabei weitere Nebenbahnhöfe einbezog. 2800 Tonnen Eisen wurden in die zahlreichen Straßenunterführungen eingebaut. Kompliziert

Vor dem Luftangriff steht der charakteristische Turm mit der Königskrone. 01 090 fährt mit D 13 aus, auf den Nachbargleisen stehen die preußischen Lokomotiven der Gattungen P 8, G 12 und G 10. Foto: Bellingrodt, Slg. Hörnemann

war die Anhebung der Rheinbrücke, zumal der Zugverkehr keine Viertelstunde unterbrochen werden konnte.

Ebenso schwierig war die Ausführung der Bahnhofshalle, die eine außergewöhnliche Ausdehnung erhielt: 255 Meter lang, 92 Meter breit, dreigliedrig mit 64 Meter Spannweite. Unter allen Hallen des Kontinents war die Kölner die größte. Sie beanspruchte 3000 Tonnen Eisen.

Viel bestaunt und oft fotografiert wird die kreuzgewölbeartige, filigrane Glas-Stahl-Konstruktion von 1986 auf der Nordseite des Bahnhofs (2001).

Unter ihrer Mitte stand das Inselgebäude, in dem sich geräumige Warte- und Speisesäle, das Betriebsbüro, die Fürstenzimmer, Bade- und Toilettenräume befanden. Die Außenseiten waren mit Mettlacher Plättchen verblendet, die Firstränder mit Blumen- und Früchtefriesen, allegorischen Bildern und Städtewappen, das Bauwerk durch Türmchen verziert.

Die äußere Bahnhofsseite, auf mächtigen Granitsockeln in weißen Quadersteinen erbaut, erhielt einen reichgegliederten Uhrturm als Sichtmarke des Hauptbahnhofs. Die das reich vergoldete Kuppeldach zierende Königskrone war vier Meter hoch, während der Durchmesser der Zifferblätter annähernd zwei Meter betrug. In dem ersten Stockwerk des Uhrturms, auch Kaiserpavillon genannt, waren wieder Fürstenzimmer untergebracht, »wahre Prunkgemächer, von deren Erkern und Balkonen aus dem Zuschauer eines der schönsten und belebtesten Städtebilder vor Augen tritt.«

Verließ der Reisende den Bahnhof und betrat den mit einer zierlichen Gartenanlagen versehenen Vorplatz, so fiel sein Blick unverzüglich auf den Kölner Dom. Welcher Gegensatz im 21. Jahrhundert, in dem der Ankommende auf einen Platz liebloser Bauten, der Hektik und auch des Schmutzes trifft. Die Nachbarschaft von Dom und Hauptbahnhof ist es, die die pulsierende Kölner Eisenbahnanlage nebst der Hohenzollernbrücke über den Rhein so beliebt und berühmt machte.

Wie von vielen Seiten bereits 1880 prophezeit, wurde die Kapazität des neuen Hauptbahnhofs in kurzer Zeit zu knapp, so dass er wie andere Kölner Bahnhofsanlagen von 1909 bis 1915 erneut umgebaut werden musste. Jedes Bahnsteiggleis musste stündlich 33 Personenzüge aufnehmen. Hatte man 1886 beim Entwurf mit insgesamt 168 abzufertigenden Zügen gerechnet, so waren es 1907 bereits 396 Personen- und 80 durchfahrende Güterzüge, im ganzen täglich 476 Zugfahrten!

Geopfert wurde das Inselgebäude, dafür die Stumpfgleise zu Durchfahrgleisen verbunden und auf der Nordseite ein zusätzliches Umfahrgleis verlegt. Außerdem wurden östlich die Bahnsteige verlängert und vor der großen Halle mit einer vierschiffigen Überdachung versehen.

Den im Zweiten Weltkrieg schwer beschädigten Hauptbahnhof ließ die Deutsche Bundesbahn modern wiederherstellen und an Stelle des bisherigen Empfangsgebäudes von Frentzen ein Ersatzbauwerk errichten. Sie folgte nicht der Anregung der Stadtverwaltung, den Bahnhof an die Stelle des Güterbahnhofs Köln-Gereon zu verlegen. Sie entschloss sich auch nicht zur Rekonstruktion historischer Bauteile, sondern entschied sich für Abbruch und Neuaufbau, opferte 1955 auch den Uhrturm. Hervorragend wurde die von hochgewölbten Stahlbetonschale überdeckte Eingangshalle gestaltet.

1972 bereitete die Deutsche Bundesbahn den Bahnhof auf den S-Bahn-Verkehr vor, indem sie auf der Nordseite ein zusätzliches Gleispaar mit Bahnsteig verlegte. Als 1986 die Bahnsteighalle saniert werden musste, entstand nach dem Entwurf von Busmann, Haberer und Polonyi eine kreuzgewölbeartige, filigrane Glas-Stahl-Konstruktion, die jeweils zwei Gleise überspannt.

Der Kölner Hauptbahnhof gehört zu den verkehrsreichsten Knoten der Deutschen Bahn, bei dem ständig nach Entlastung und Erweiterung gesucht wird.

Köln - Deutz

Den am 20. Dezember 1845 mit der Strecke nach Düsseldorf – Oberhausen – Minden eröffneten Vorgänger des Bahnhofs Köln-Deutz legte die Cöln-Mindener Eisenbahn in Erwartung eines baldigen Brückenschlags zum linksrheinischen Köln zunächst provisorisch an. Er lag zwischen der späteren Constantinstraße und der Hohenzollernbrücke.

Die Bahngesellschaft verhandelte seit 1852 mit der Gesellschaft der Rheinischen Eisenbahn über den Bau die Fortsetzung der Strecke zum künftigen Centralbahnhof. Die Brücke, Dombrücke genannt, entstand von 1855 bis 1859, bei welcher der nördliche Strang der Eisenbahn, der südliche dem Straßenverkehr diente. Doch auch die Bergisch-Märkische Eisenbahngesellschaft beabsichtigte seit 1865, ihre Züge von Elberfeld nach Köln zu fahren, durfte aber die Dombrücke nicht benutzen. Deshalb baute sie 1872 in Deutz den provisorischen Endbahnhof, nördlich von dem der Köln-Mindener Bahn gelegen. Inzwischen hatten die preußischen Staatsbahnen sämtliche Bahngesellschaften am Rhein übernommen, so dass es möglich wurde, dass alle Züge die Dombrücke benutzten. Sie war schnell überlastet; 1907 nahm sie täglich 375 Reise- und 81 Güterzüge auf. Deshalb wurde die viergleisige Hohenzollernbrücke gebaut, die das Kölner Stadtbild prägt, und die Dombrücke bis 1910 abgerissen.

Mit diesem Brückenbau wurde auch die Deutzer Bahnhofsanlage umgebaut. Das Betriebsprogramm sah vor, den rechtsrheinischen Verkehr in einen Tiefbahnhof, den linksrheinischen Verkehr darüber zu führen. Folglich wurde der Deutzer Bahnhof als Turmbahnhof gebaut.

Der Bahnhof und das nach Entwürfen von Biecker und Hugo Röttcher in den Formen des Neobarocks gebaute Empfangsgebäude wurden mit der rechtsrheinischen Umgehungsbahn in der Nacht vom 10. zum 11. November 1913 eröffnet. Es wirkt mit dem Reichtum seiner Ausstattung wie ein Schloss. Berger schwärmt in [1]: »Hervorragend wurden die Beziehungen zwischen Raumfolge und Personenströmen gelöst. In dieser Hinsicht sind besonders die Eingangshalle auf elliptischem Grundriss mit der ausbuchtenden Fläche vor den Fahrkartenschaltern, die Anordnung des Zuganges zum Personentunnel mit einem Längsflur vor den Wartesälen und die Lage der Ein- und Ausgänge beachtenswert.

Die für den Grundriss der Eingangshalle gewählte Ellipse war also durchaus keine barocke Marotte, sondern verband Funktion mit architektonischen Gestaltungswillen zur Einheit. Durch die Freitreppe und die Rampenauffahrten am Vorplatz konnte der Fußboden der Schalterhalle erhöht werden, um die verhältnismäßig große Höhendifferenz bis zu den oberen Bahnsteigen zu verringern.«

Das Empfangsgebäude blieb bei den Kriegszerstörungen einigermaßen erhalten wenn auch die benachbarte Hohenzollernbrücke von der Wehrmacht am 6. März 1945 gesprengt worden ist und Köln-Deutz als auch der Hauptbahnhof nur noch als Kopfbahnhöfe betrieben werden konnten. Wie im Mittelalter mussten bis zum 9. Mai 1948 täglich rund 100.000 Menschen mit Schiffen den Rhein überqueren.

1980 erhielt der Bahnhof Anschluss an die U-Bahn und 1990 an die S-Bahn, wobei eine Reihe von Rampen und Überführungsbauwerken vorgesehen werden mussten. Um das Nadelöhr Hohenzollernbrücke mit inzwischen täglich rund 1.000 Zügen zu entlasten, soll der Bahnhof Köln-Deutz stärker für den ICE-Verkehr der Strecke Köln – Rhein/Main herangezogen werden, indem zum Beispiel auf ihm die ICE der Nord-Süd-Verbindung im Tiefbahnhof einen Verkehrshalt erhalten und den Hauptbahnhof meiden. Dazu wurden die Bahnsteige verlängert und 2006/2007 zwischen Deutz (Tief) und Mülheim das zweite Gleis verlegt. Am 12. Oktober 2004 wurde der Bahnhof auf Wunsch der Stadtverwaltung in einer bislang bahnamtlich unüblichen, sich aber ausbreitenden Schreibweise umbenannt: Köln Messe/Deutz.

Manchmal ist es gut, wenn es keine Bahnsteighalle gibt. Dadurch sind für Köln charakteristische Bauwerke zu sehen: die Kuppel des Bahnhofsgebäudes, der Büroturm, die Hohenzollernbrücke und der Dom (2007).

Konstanz

Das neobarocke Postamt erdrückt förmlich das niedrige und langgezogene Bahnhofsgebäude.

Als am 15. Juni 1863 das Empfangsgebäude fertiggestellt worden war, hinterließ der Bahnhofsvorplatz noch einen dörflichen Eindruck. Umsomehr beeindruckte die Ausführung des Bauwerks mit dem schlanken Uhr- und Glockenturm nach italienischem Vorbild. Der Entwurf war von Friedrich Eisenlohr, dem Leiter des Hochbauwesens der Badischen Staatsbahnen und Architekten mehrerer badischer Bahnhofsgebäude (zum Beispiel in Karlsruhe und Freiburg).
Für die Strecke Radolfzell – Konstanz und den Anschluss an die Strecke nach Romanshorn in der Schweiz war eine Bahnhofsanlage vorgesehen worden, die in Nord-Süd-Richtung parallel zum Hafen liegt. Am Südkopf wurde der Anschluss an den Trajektkai gebaut. Das in Seitenlage errichtete Empfangsgebäude fiel ziemlich lang aus. Der Haupteingang tritt nur leicht vor die Arkadenfront. Die offene Vorhalle gewährt Zutritt zu allen Hauptverkehrsräumen und verbindet die niedrigen Seitenflügel, in denen sich der Wartesaal und die Bahnhofsgaststätte befanden und das Reisezentrum noch befindet. Für den Stückgutverkehr entstanden 1863 große Lagerhallen, seit 1995 von Gastronomiebetrieben und einem Jugendtheater genutzt.
Die Strecke Waldshut – Singen – Radolfzell – Konstanz wurde 1863 eröffnet. 1871 kam die Strecke Romanshorn – Konstanz der Schweizerischen Nordostbahn hinzu und 1875 die Strecke von Etzwilen – Kreuzlingen der Schweizerischen Nationalbahn. Danach nahm Konstanz unter den badischen Bahnhöfen im Personenverkehr eine bedeutende Stelle ein, 1876 die 15., 1924 sogar die erste.
1912 eröffnete die Mittel-Thurgaubahn den Abschnitt Weinfelden – Konstanz. Zu dieser Zeit war neben dem badischen Bahnhofsgebäude das bescheidene der Schweizerischen Bundesbahnen gebaut worden, die »Fahrgeldeinnehmerei«.
Längst waren alle Gebäude der wichtigsten badischen Bahnhöfe dem angestiegenen Reiseverkehr angepasst und entsprechend umgebaut worden, nur in Konstanz geschah nichts! Zum Glück blieb es erhalten. Trotzdem sind die Konstanzer mit dem eigenartigen Bahnhofsgebäude wie mit der Eisenbahn in der Stadt unzufrieden. In einer Zeitung hieß es: »Manche Fragen (Neubau des Theaters, eines Konzerthauses und anderer öffentlicher Gebäude) könnten spielend gelöst werden, wenn die Stadt aus der Umklammerung durch den Bahnkörper befreit würde.« Dazu gab es auch Vorschläge, wie den von 1904 mit der westlichen Umfahrung, für den die Stadt Geld bewilligte. Doch der Erste Weltkrieg verschlang das Geld.
Die Deutsche Reichsbahn griff 1928/1929 das Problem auf, auch um ihre Beengtheit auf dem Bahnhof zu beenden. In Petershausen sollte der Hauptbahnhof entstehen und ein Gleis im Westen der Stadt zum bisherigen und jetzigen Bahnhof geführt werden als einem Seebahnhof wie es ihn in Friedrichshafen oder Rorschach gibt. Doch auch hier kam der Krieg dazwischen, der jede weitere Erörterung solcher Projekte unterband. Die Deutsche Bundesbahn wollte 1970 den Güterbahnhof, 1983 wenigstens den Stückgutverkehr nach Petershausen verlegen, unterließ das jedoch, weil er vielleicht ohnehin verlegt werden würde.
Am 12. Juni 1988 ging in der Bodenseestraße das neue Stellwerk »Kof« der Bauform SpDr L 60 in Betrieb, das ebenfalls eine Merkwürdigkeit von Architektur ist. Mit ihm wurde eine Verbindung zur Seeschifffahrt gesucht. Das eigentlich denkmalgeschützte Bauwerk Stellwerk 2 aus dem Jahr 1870 wurde abgerissen und sollte nach dem Willen des Arbeitskreises Denkmalpflege funktionsfähig im ehemaligen Werftgelände wieder aufgebaut werden. Das Verkehrsmuseum Nürnberg zeigte an dem Bauwerk kein Interesse, die Museumsbahn in Blumberg-Zollhaus auch nicht, weil es nicht dorthin gehöre. Es ist dann doch nach dort umgesetzt worden.

Zwei auffällige Bauten des Bahnhofs: der Uhrenturm und das Stellwerk »Kof« (2005).

LIMBURG SÜD

Kurze Eingangsgalle mit hoher Glaswand und einem ausladenden Baldachin kennzeichnet die moderne Architektur des Verlegenheitsbahnhofs (2007).

Wer die Bahnhofsarchitektur der »modernen Bahn« kennenlernen möchte, besuche die an der Hochgeschwindigkeitsstrecke Köln – Rhein/Main! Der Bahnhof Limburg Süd (Limburg liegt im Lahntal) ist obendrein der einzige Bahnhof Deutschlands, in dem nur Fernzüge halten. Er ging am 1. August 2002 mit dem Pendelverkehr der Intercity-Expresszüge (ICE) zwischen Köln und Frankfurt (Main) in Betrieb. Das war der Vorlauf des am 15. Dezember des Jahres beginnenden Regelverkehrs.

Die Bahnhofsanlage besteht aus den beiden durchgehenden Hauptgleisen und je Richtung einem Überholungsgleis mit Außenbahnsteig. Am Südkopf, Stumpfgleis der Richtung Frankfurt (Main) – Köln, wurde ein Abstellplatz für zwei Diesellokomotiven geschaffen, die im Notfall einen ICE abschleppen können.

Der Bahnhof erhielt ein futuristisch anmutendes Bahnhofsgebäude; der Name des Architekten wurde nicht bekannt. Zum Beginn des Zugbetriebs war es infolge Baumängeln noch unfertig. Der 14,6 Millionen Euro teure Bau, den die Deutsche Bahn, das Land Hessen und die Stadt Limburg finanzierten, konnte erst seit dem Jahresende genutzt werden.

Die Eingangshalle des zweigeschossigen Gebäudes ist zum Vorplatz und zum Hausbahnsteig vollständig verglast.

In der Bahnhofshalle befindet sich ein Reisezentrum, das 80 Stunden in der Woche geöffnet ist. Ansonsten bietet die Halle den Reisenden keine Annehmlichkeiten. Der Bahnsteig für die Züge nach Frankfurt (Main) oder nach Wiesbaden wird von der Halle aus betreten; zu den Zügen der Gegenrichtung muss man Treppen oder Aufzüge benutzen. Unter einem Querriegel aus Beton werden die Gleise überbrückt.

Die spartanische Ausstattung des Gebäudes straft die Kategorisierung durch den Geschäftsbereich Personenbahnhöfe der Deutschen Bahn Lügen. Denn Limburg Süd gehört zur Kategorie 3, von fünf möglichen, nach der sich in dieser Kategorie vor allem Hauptbahnhöfe mittelgroßer Städte befinden. »Meist gibt es ein Empfangsgebäude, wo Reisende ihren Bedarf bis spät abends problemlos decken können.« Davon kann hier keine Rede sein, braucht auch kaum jemand. Denn die meisten Reisenden steigen vom Pkw oder aus einem Bus um.

Den nördlichen Außenbahnsteig an einem der beiden Überholungsgleise erreicht man über einen Steg vom Bahnhofsgebäude aus (2007).

Der ziemlich abgelegene Bahnhof war nicht gemocht und ist wie die Bahnhöfe Montabaur und Siegburg ein »politischer Bahnhof«. Die Deutsche Bahn sah sie nicht als Verkehrsanlagen vor, konnte die Trassenführung jedoch nur in einem zähen Kompromiss durchsetzen, als den von der Strecke berührten Bundesländern Hessen, Rheinland-Pfalz und Nordrhein-Westfalen je ein Bahnhof zugesagt wurde.

Der ICE-Bahnhof von Limburg entstand auf der »grünen Wiese«. Niemand dachte beim Projektieren daran, hier könne sich ein für Bahnhöfe typisches Leben entwickeln. Sparsam bauen war das Gebot der Stunde. Anfangs wurde geunkt, der Bahnhof sei überflüssig, die Verkehrshalte werden sowieso über kurz oder lang gestrichen. Doch es kam anders. Immer mehr Reisende nutzten den Bahnhof für den Berufs- bzw. Nahverkehr nach Köln und Frankfurt (Main). Dafür war der Bahnhof eigentlich nicht, sondern als Zugang zum Fernverkehr vorgesehen.

Die Deutsche Bahn wollte einige Halte streichen, um diesen »Missbrauch« zu unterbinden. Die Zahl der Zusteiger stieg auf 2500, so dass in beiden Richtungen ein Zweistundentakt mit Verdichtungen auf eine Stunde besteht – insgesamt 40 Halte.

Nicht erfüllten sich die Träume der Anliegergemeinden, die vor dem Bahnhof das Gewerbegebiet »Railport« einrichteten. Dort stehen nur ein Firmengebäude, ein kaum genutztes Bürohaus, ein – einmal vorgesehenes – Hotel wurde nicht gebaut.

Lübeck Hauptbahnhof

Am Holstentor lag seit 1851 der erste Bahnhof, zwischen Stadtgraben und der Stadt-Trave. Ihm schlossen sich in nördliche Richtung die Gleise am Behnkai sowie die des Eutiner Verschiebebahnhofs an. Nach langen Mühen konnte am 1. August 1865 die direkte Strecke nach Hamburg eröffnet werden. Auf die Strecke nach Kleinen folgte 1882 die nach Travemünde. Schließlich vergrößerte die Lübeck-Büchener Eisenbahn den Personenbahnhof auf vier Bahnsteige.

Auch nach den Ausbauten reichte der Bahnhof für den gewachsenen Verkehrs nicht mehr aus. Die Bahn verlegte ihre die Bahnhofsanlagen in die Vorstadt St. Lorenz. Die Entfernung des Personenbahnhofs zur Stadtmitte vergrößerte sich nur um 500 Meter.

1903 begannen die Erdarbeiten für den Personenbahnhof als Durchgangsbahnhof und als Gemeinschaftsbahnhof der Lübeck-Büchener Eisenbahn, der Großherzoglich Mecklenburgischen Friedrich-Franz Eisenbahn und der Eutin-Lübecker Eisenbahn in etwa nach dem Entwurf des Eisenbahndirektors Butterweck. Der vordere Teil des Empfangsgebäude ist über einem Basaltsockel aus rotem Rathenower Handstrichziegeln aufgebaut, in den Giebelbekrönungen reich mit weißem Mainsandstein verblendet und mit einem hohen Mansardendach aus dunkel glasierten Pfannen abgedeckt. Mit den Renaissanceformen und barocken Elementen, der nordisch gehaltenen Backsteinarchitektur, den grünen Kupfertürmen ist das Empfangsgebäude eines der schönsten der deutschen Bahnhöfe.

Den Mittelpunkt des Baus bildet die 330 m² große Haupteingangshalle. Ihre Bedeutung wurde äußerlich durch die wuchtige Emporhebung des turmgekrönten Daches, innen durch die stattliche Höhe von 14 Meter und das reich geschmückte Tonnengewölbe gekennzeichnet. Gegenüber den drei Doppelportalen – mit drei mächtigen Bogenfenstern – lagen die sieben Fahrkartenschalter. Rechts von ihnen schloss sich die 375 m² große, mit einer Holzdecke überwölbte Gepäckhalle an mit darunter liegendem Gepäckkeller und besonderen Ausgängen zum Bahnhofsvorplatz.

Der brückenartige Querbau über der tiefliegenden Gleisebene erinnert an den Hamburger Hauptbahnhof. Für den Gepäck- und Posttransport war eine zweite, 7 Meter breite und 86 Meter lange Brücke mit turmartigen Anbauten über den Gleiskörper angeordnet. Die 127 Meter langen und 87,60 Meter breiten Bahnsteighallen sind nur 12,50 Meter hoch. Sie überspannten vier Bahnsteige sowie zwei Gepäckbahnsteige mit zehn Gleisen.

Eines der schönsten deutschen Bahnhofsgebäude: etwas Renaissance, ein wenig barock und die nordisch gehaltene Backsteinarchitektur (1998).

Nach vierjähriger Renovierung wirkt die Bahnsteighalle gleich viel lichter (2007). Foto: Emersleben

Die Eisenbahn in Lübeck blieb nicht von Schicksalsschlägen verschont: die stolze Lübeck-Büchener Eisenbahn wurde zum 1. Januar 1938 verreichlicht, das Bahnhofsgebäude im Zweiten Weltkrieg vor allem durch Beschädigungen der Fassade getroffen. Die Zonengrenze brachte die Stadt und den Hauptbahnhof in eine Randlage und nahm ihm einen Teil des Fernverkehrs.

1998 erfuhr man in der Ausstellung »Bahnhof der Zukunft« von Verschönerungsplänen. Im Katalog hieß es: »werden die Einbauten entfernt sowie die im Zweiten Weltkrieg zerstörten Fassadenteile, die Dächer und der nördliche Kopfteil wiederhergestellt.« Seitdem veränderte sich einiges auf dem Bahnhof wie die Inbetriebnahme der elektronischen Stellwerke am 29. September 2003 bzw. am 19. Dezember 2004 für die Strecke Bad Schwartau – Kiel, die Fernsteuerung der Strecke nach Büchen vom Mai 2008 an, die Vereinfachung der Gleisanlagen und endlich der elektrische Zugbetrieb von Hamburg seit 13. Dezember 2008.

Von 2003 bis 2007 wurden die Bahnhofshalle, das Empfangsgebäude und die dazugehörenden Anlagen des Personenbahnhofs grundlegend saniert und modernisiert. Neben den wiederhergerichteten, ebenfalls denkmalgeschützten Holztreppen auf der Südwestseite des Personenstegs erhielt jeder Bahnsteig auch zur Nordostseite eine zweite Treppe. Der Gepäck- und Poststeg wurde abgerissen.

Mannheim Hauptbahnhof

Dieser Bahnhof, einer der wichtigen Knotenpunkte im Netz der Fernzüge, bietet den Reisenden viele umsteigefreie Verbindungen zu den wichtigsten deutschen Großstädten und einen weitgehend vertakteten Nahverkehr.
Der erste Bahnhof, welcher wie fast alle der Frühzeit der Eisenbahn für die am 12. September 1840 eröffnete Strecke nach Heidelberg als Kopfbahnhof ausgeführt worden war, lag unweit des heutigen Hauptbahnhofs am sogenannten Tattersall. Dieser immer noch so benannte Platz erinnert an einen Engländer, dessen Familienname später zum Synonym für Pferdehandel und Reitbahnen wurde.

Das Empfangsgebäude und der Vorplatz wurden wiederholt umgebaut. Anfangs erstreckte sich vor dem Bauwerk eine Grünanlage. Slg. Blazek

Die zweite Strecke, die in den neuen Bahnhof eingeführt wurde, ist mit einem schwerwiegenden Fehler der Bahnbauer verbunden: Am 1. August 1846 wurde die Main-Neckar-Bahn von Frankfurt nach Friedrichsfeld in Betrieb genommen, wo sie zunächst endete. Nachdem man sich nicht über den Zielort Mannheim oder Heidelberg geeinigt hatte, endete die Bahn einfach in der Mitte zwischen beiden Städten und dies auch noch zum Unglück Badens in der preußischen Normalspur von 1435 Millimeter. Den Badenern blieb danach keine andere Wahl, als das Gleis zwischen Mannheim und Heidelberg in Normalspur umzubauen, so dass der Mannheimer Bahnhof von Gleisen verschiedener Spurweiten erreicht wurde.
Die am 4. August 1870 eröffnete direkte Strecke nach Karlsruhe brachte den Bahnhof Mannheim an die Grenze seiner Leistungsfähigkeit. Die Überlastung führte zu mehreren Plänen, einen neuen und größeren Bahnhof an anderer Stelle zu bauen. Zwischen 1871 und 1876 wurde nach Plänen des Oberbaurats Franz Keller der für damalige Verhältnisse stattliche Bahnhof an der heutigen Stelle errichtet und am 14. November 1876 als Durchgangsbahnhof mit fünf Bahnsteiggleisen unter einer dreischiffigen Halle in Betrieb genommen. Adolf Helbling entwarf ein Empfangsgebäude in Neorenaissanceformen, das mit dem im rechten Winkel auf den Bahnhofsplatz zuführenden Kaiserring ein städtebaulich sehr attraktives Ensemble bildete, sogar als Wahrzeichen der Stadt bezeichnet wird.
Das Empfangsgebäude und auch der Bahnhofsvorplatz wurden wiederholt den sich wandelnden Ansprüchen entsprechend umgebaut. Am umfangreichsten zwischen 1910 und 1914, als der Verschiebebahnhof nach Westen verlegt wurde. Der Personenbahnhof erhielt drei zusätzliche Bahnhofsgleise mit zwei Bahnsteigen und einem Gepäckbahnsteig; auch wurden die drei Bahnsteighallen modernisiert, eine vierte neu gebaut. Zwischen 1927 und 1929 sind das Bahnhofsgebäude und der Vorplatz grundlegend umgestaltet worden. Um im Empfangsgebäude zusätzlichen Raum zu gewinnen, wurden wesentliche Teile der Fassade abgetragen und zehn Meter zur Stadtseite verschoben mit gravierenden Eingriffen am Mittelbau, dessen Lichtkuppel und Säulen am Portal der Zweckmäßigkeit geopfert wurden. Für den Zugang zu den Bahnsteigen und die Abfertigung der Reisenden brachte dieser Umbau nachhaltige Verbesserungen. Trotzdem ein Vorwurf: Weil die Fassade nicht »im zeitgemäßen Baustil« hergestellt worden ist, habe die Bahn einen »humanistischen Aufguß der Gründerzeit« zugelassen.
Mit der Zerstörung Stadt 1942 – 1944 wurde auch das Bahnhofsgebäude erheblich beschädigt und bis 1956 nicht in der ursprünglichen Form wieder aufgebaut. Das Empfangsgebäude verlor seine Symmetrie. Die Bahnsteighalle wurde 1958 abgerissen.
Die Deutsche Bahn sanierte 2000 mit dem Erlös verkaufter Flächen das Bahnhofsgebäude gründlich. Sie ließ das Gebäude entkernen; nur die Sandstein-Fassade blieb erhalten oder wurde mit dem Material aus dem pfälzischen Steinbruch Leistadt ergänzt, aus dem vor 135 Jahren die Fassadenteile kamen. Sogar an die 1929 entfernte Glaskuppel hatte man gedacht, die jetzt der Bahnhofshalle viel Licht und damit Leichtigkeit spendet. Das Bahnhofsgebäude ist bis in das Kellergeschoss mit Geschäften, Cafés usw. durchsetzt.

An der wieder hübsch gemachten Fassade stören nur die Willkommen-Blechfiguren und die allgegenwärtigen Transporter (2003). Foto: Emersleben

Nürnberg Hauptbahnhof

Nürnbergs erster Bahnhof war bekanntlich der der ersten deutschen Eisenbahn von Nürnberg nach Fürth. Das Empfangsgebäude stand aber nicht am Platz des heutigen Hauptbahnhofs. Dessen Vorläufer war das Gebäude der Ludwigs-Süd-Nord-Bahn, für die am 25. August 1844 der Streckenabschnitt nach Bamberg eröffnet wurde.
Als die Bayerische Ostbahn am 9. Mai 1859 die Strecke Nürnberg – Hersbruck eröffnete, hatte sie ihr eigenes Bahnhofsgebäude, das östlich von dem der Ludwig-Süd-Nordbahn stand. Dort begannen auch seit 1. Dezember 1871 die Züge nach Neumarkt (Oberpf).
Der Bahnhof der Ludwig-Süd-Nordbahn reichte sonntags und im sommerlichen Reiseverkehr nicht aus. Deshalb beschloss der Bayerische Landtag 1892, den Bahnhof zu erweitern. Dazu kam es nicht, denn statt des Umbaus kam er für die auf 300.000 Einwohner angewachsene Stadt zum Neubau, dem sämtliche Bauten von 1844 weichen mussten. Initiator des Projekts war Nürnbergs Bürgermeister Dr. von Schuh, der am 17. September 1897 in München den Prinzregenten Luitpold listig bat, ein Reiterstandbild von »Höchstdemselben« vor dem Bahnhof aufstellen zu dürfen, das, als der Prinzregent zugestimmt hatte, nach Schuhs Meinung am besten vor einem neuen Bahnhof zur Geltung käme. Ausschlaggebend für den Neubau war nicht nur der Ehrgeiz eines Bürgermeisters, sondern die enorme Steigerung des Personenverkehrs infolge der mit dem 2-Pfennig-Tarif eingeführten Vorortzüge und des allgemeinen wirtschaftlichen Aufstiegs Deutschlands. Berger schreibt: »Es musste eine ganz neue Bahnhofsanlage geschaffen werden, die auch die Anforderungen der Zukunft berücksichtigte. Unter den alternativen Lösungen war auch der eines Kopfbahnhof, der aber wegen der vielen durchgehenden Züge nicht in Frage kam. Das Empfangsgebäude sollte näher an der Stadt liegen, und auch ein Inselbahnhof wäre die beste Lösung gewesen, doch scheiterte dessen Ausführung an den verfügbaren Flächen.
Bei der Anlage des Bahnhofs und der Höhenlage der Bahnkrone musste die Gleisführung in der Stadt berücksichtigt werden. Die Gleise um einen Meter anzuheben, hätte für die Straßenunterführungen genügt, doch der Zugang vom Empfangsgebäude zu den Bahnsteigen wäre ganz unbequem geworden. Die Bahnverwaltung entschied sich für 3,27 Meter über dem Fußbodenniveau des Erdgeschosses und der Personentunnel.
Wegen des starken Nahverkehrs sonn- und feiertags sollten östlich und

Nürnberger Traditionalisten waren verschnupft, weil Muschelkalk statt Sandstein für die Fassade verwendet wurde (2002). Foto: DB/Klee

westlich des Hauptbahnhofs je ein Vorortbahnhof mit unterirdischen Fahrkartenschaltern und Warteräumen entstehen. Man verzichtete dann doch darauf und sah stattdessen eine ausreichende Anzahl Bahnsteige vor, die dem Fern- und dem Nahverkehr dienen sollten. Der Platz wurde dadurch gewonnen, dass man sich in der Bahnsteigbreite beschränkte und Gepäckbahnsteige nur dort vorsah, wo mit starkem Post- und Gepäckverkehr gerechnet wurde.« [1]

Wo heute der Autoverkehr vorbei rauscht, konnte man 1906 noch flanieren. Slg. Blazek

Das neue Empfangsgebäude wurde am 10. April 1906 eingeweiht. Es stand vor

- zehn Zwischenbahnsteigen
- einem Hausbahnsteig
- drei Gepäckbahnsteigen
- 21 Bahnsteiggleisen und
- vier Durchfahrgleisen.

Diese Ausstattung entsprach einem Kopfbahnhof mit 28 bis 30 Bahnsteiggleisen. Theoretisch gesehen, besaß der Nürnberger Hauptbahnhof größere Verkehrsanlagen als der später eröffnete in Leipziger.

Das im Stil des späten Eklektizismus errichtete Empfangsgebäude ging auf einen Entwurf des Zentraldirektionsrates Carl Gustav Ritter von Zenger zurück. Es besitzt drei Hauptachsen: in der Mitte den Haupteingang mit der Empfangshalle für den Fernverkehr, im westlichen Risalit den Eingang und die Halle für den Nahverkehr, im östlichen Flügel die Ausgangshalle (und späteren Übergang zur U-Bahn). Aus diesen Achsen werden die Personentunnel zu den Bahnsteigen geführt. Damit war Zengers Absicht verwirklicht, die Verkehrsströme der Abfahrenden und Ankommenden zu trennen.

Den Tunneln zur Stadtseite vorgelagert waren in der Westhalle die Fahrkartenschalter für den Nahverkehr, in der kuppelgekrönten Mittelhalle die Fahrkartenschalter des Fernverkehrs. Demgemäß lagen in der Westhalle die Warte- und Wirtschaftssäle 1. und 2. Klasse, die »Räume für allerhöchste Herrschaften«, der Wartesaal und die Bahnhofswirtschaft 3. Klasse sowie die Aborte. In der östlichen Halle fand man die Handgepäckaufbewahrung, ein Reisebüro sowie Bade- und Frisierräume.

Das imposante Gebäude gefiel nicht jedermann, weil es nicht dem »Nürnberger Styl«, der mittelalterliche Bauweise, angepasst war, für die Fassaden nicht Sandstein, sondern Muschelkalk verwendet worden waren und eine »auswärtige Firma« die Maurer- und Steinmetzarbeiten ausgeführt hatte. Die »Nürnberger Zeitung« schrieb am 1. Oktober 1903: »Der alte Bahnhof Nürnberg war wenigstens stilgerecht dem Städtebild angepaßt. Der Bau des neuen Bahnhofs paßt gar nicht dazu. Lächerlich erscheinen namentlich die kleinen Fenster, welche in der ausgedehnten massigen Fassade wie Schießscharten in der Stadtmauer aussehen. Es wäre besser gewesen, den alten Bahnhof stehen zu lassen und mit Anbauten zu versehen, als ein derartiges architektonisches Ungeheuer auf einen viel zu kleinen Platz zu stellen.«

Aufsehen erregte seinerzeit die Bahnsteigüberdachung, die von 1907 bis 1909 aus Stahlbeton ausgeführt wurde, und zwar auf den Bahnsteigen 2 bis 7 drei zweistielige Hallen, auf den Bahnsteigen 8 bis 11 vier einstielige. Man konnte es nicht fassen, dass diese Ingenieurkonstruktion fast zur selben Zeit wie das Bahnhofsgebäude ausgeführt worden war.

1910, nach vier Jahren Nutzung, war nicht nur die Einwohnerzahl weiter gestiegen, auch der Hauptbahnhof wurde in einem Maße genutzt, wie man es nicht erwartet hatte. Um die Verkehrsströme zu entspannen, wurde zwischen der Mittelhalle und dem Mitteltunnel eine direkte Verbindung geschaffen, in den dreißiger Jahren die Fahrkartenausgabe von der Mittelhalle in die Osthalle verlegt und für Sonderschalter am Ostgiebel angebaut. In den Bombennächten des Jahres 1944 wurde der Bahnhof zu 42 Prozent beschädigt. Im Empfangsgebäude waren bis auf einen Wartesaal sämtliche Teile unbrauchbar. Der Wiederaufbau kam nur schleppend voran, bis schließlich 1956 anlässlich des 50. Geburtstages des Empfangsgebäudes die Bundesbahn feststellte, die Kriegsschäden seien weitgehend beseitigt. Die Mittelhalle erhielt wieder eine Kuppel, die bis 1974 ein Wahrzeichen der Stadt Nürnberg war. Am 10. Januar 1980 wurden im Verbindungsgang, auch Längshalle genannt, das Reisezentrum eröffnet und dabei die drei Fahrkartenausgaben zusammengelegt. Vorausgegangen war der Umbau, bei dem der Warteraum in das ehemalige Fürstenzimmer kam und einige Geschäfte entstanden. Die Bahnhofswirtschaft stand seit jeher im Mittelpunkt des Dienstleistungsangebots auf dem Bahnhof. Die Pächter erfreuten sich einer gewissen Popularität.

Als der Bahnhof 1998 in das »Revitalisierungsprogramm« der Deutschen Bahn aufgenommen wurde, stellte man fest: »Der äußerlich majestätisch wirkende Eindruck der gut erhaltenen Bahnhofsfassade setzt sich im Inneren des Gebäudes nicht fort. Nachträglich eingezogene Zwischendecken, Wandverkleidungen ab dem ersten Obergeschoß und die Negierung der Kuppel im Inneren, lassen wenig von dem einst prachtvollen Raumeindruck erahnen.«

Zur Sanierung des unter Denkmalschutz stehenden Gebäudes gehörte die Freilegung der historischen Bogenstruktur. Durch zurück gesetzte Fassaden sollte eine Galerie entstehen. Verglaste Satteldächer in den Seitenflügeln sollte Tageslicht bis ins Basement bringen, wo der Handel blüht. Die Modernisierung endete nicht 1998, wie geplant, sondern 2002. Mit ihr hatte sich die neue Bahn von der alten, angeblich verschnarchten Bundesbahn verabschiedet.

Die Galerie entstand bei der Modernisierung 1999 bis 2002, indem die historische Bogenstruktur freigelegt wurde.

Oldenburg (Old) Hbf

Am 15. Juli 1867 begann mit den ersten Regelzügen von und nach Bremen im Großherzogtum Oldenburg die Eisenbahn. Die Züge fuhren seit dem 3. September 1867 bis zum preußischen Heppens, dem späteren Wilhelmshaven; hinzu kam auf dem Oldenburger Bahnhof 15. Juni 1869 die Strecke nach Leer und am 15. November 1876 die nach Quakenbrück.
Der Bahnhof dieses Eisenbahnknotens mit zunächst wenigen Gleisen erhielt als Gebäude nur einen umgebauten Güterschuppen. Mit der Strecke nach Leer sind die Gleisanlagen vergrößert und ist ein für die Stadt angemessenes Empfangsgebäude sowie ein Direktionsgebäude gebaut worden, eröffnet am 21. Mai 1879.

Zierstück des Empfangsgebäudes ist der Uhrenturm in der Nordwestecke (2005)

Das Bauwerk im neogotischen Stil soll eindrucksvoll gewesen sein. Während die einen es rühmten, bezeichneten es andere als Fehlkonstruktion, die 1912 abgerissen werden musste. Bei der Planung war man davon ausgegangen, es gäbe keine durchgehenden Personenzüge. Wer dennoch durch Oldenburg reisen wollte, sollte hier umsteigen.
Mettegang, ein Architekt aus Mainz, und dessen Mitarbeiter Langewand entwarfen das dritte Bahnhofsgebäude. Was danach entstand, sollte eines der schönsten Werke der Zeit werden, das in Publikationen über die Eisenbahn unzählige Male abgebildet worden ist.
Zum Durchgangsbahnhof wurde das Gebäude in Seitenlage errichtet. Das Hauptportal mit der Eingangshalle kam in die Mittelachse des Vorplatzes. Rechts lagen die Fahrkartenschalter und die Gepäckabfertigung, im anschließenden Seitenflügel die Räume der Eilgutabfertigung. Links waren die beiden Wartesäle I. und II. sowie III./IV. Klasse angeordnet, mit Speisesaal und sogar einem Wirtsgarten.
Für Allerhöchste Herrschaften war ein kleiner Gebäudeflügel links vom Empfangsgebäude, die Fürstenhalle, vorgesehen (gegenwärtig ein nobles Speiselokal), dem sich das Postgebäude anschloss. Außer dem Personentunnel zu den vier Bahnsteigen und dem Hausbahnsteig besaß der Bahnhof noch den Post- und den Gepäcktunnel mit Aufzügen. Das architektonische Zierstück ist der schlanke Uhrenturm, angesetzt an den Nordwestgiebel.
Berger schreibt: »Eindrucksvoll ist auch die Innenarchitektur des Bahnhofsbaues, vor allem die mit verschiedenfarbigem keramischen Material dekorierten Stahlbeton-Bogenstellungen und Wölbungen der Eingangshalle, der kassettierten Massivdecke über dem Wartesaal III./IV. Klasse sowie ein Fresko des norddeutschen Eisenbahnnetzes mit dem Großherzogtum Oldenburg, eine später in Bahnhöfen vielfältig angewendete reizvolle Form der Wanddekoration mit Informationsgehalt.« [1]
Das Gebäude wurde am 1. August 1915 der Öffentlichkeit zugänglich gemacht – für 30 Pfennig Eintritt! Zwei Tage danach kam nach Mitternacht der erste Zug von Bremen auf der neuen Anlage an. Ohne Feierlichkeit, denn es war Krieg! Immerhin erschien am 4. August der Großherzog mit seinen Töchtern zur Besichtigung.
Die damals gelobte Grünanlage ist als Parkplatz geopfert worden. Die Deutsche Bahn nahm bei der Modernisierung des Bahnhofsgebäudes im Jahr 2000 ein wenig Rücksicht, einerseits blieb das durch das große, fünfteilige Bogenfenster einfallende Licht, andererseits stellte sie ihr Reisezentrum in den ehemaligen Wartesaal I./II. Klasse und ließ unter dem Hinweis auf eine Spielothek historische Anschriften verschwinden. Der Service-Point passt ebenfalls nicht zum historischen Ambiente. Wenigstens die Imbisskioske in den Nischen halten sich diskret zurück.

Das prächtige Wappen über den zum Edel-Restaurant mutierten Fürstenbau erinnert an die Zeit des Großherzogtums bis 1918 (2005).

Plauen (Vogtl) Oberer Bahnhof

Zur am 20. November 1848 eröffneten Strecke Plauen – Hof und dem Anschluss von Leipzig seit dem 15. Juli 1851 gehörte ein einfaches Bahnhofsgebäude. Einzige Zier waren der Renaissance-Segmentgiebel und die Bahnhofsuhr. Die Erweiterung des Zugbetriebes am 1. November 1874 nach Oelsnitz verlangte den Umbau des Bahnhofs und den Neubau des Empfangsgebäudes. Dieses stand wie der Vorgänger in Insellage mit einer Hofer und einer Oelsnitzer Seite. Die schlichte Architektur, die an die Diensthauptgebäude in Bayern erinnert, wurde noch vor der Jahrhundertwende derart umgebaut, dass ein prunkvoller Kopfbau im Stil der französischen Renaissance entstand, zu dem sicherlich das Bahnhofsgebäude von Altenburg Pate gestanden hatte.

Im dichtbesiedelten und industriereichen Vogtland war die Eisenbahn der wichtigste Verkehrsträger. Der Plauener Bahnhof war außerdem von den Durchgangszügen aus Leipzig und Breslau nach Bayern oder Böhmen belegt. In den dreißiger Jahren soll die Strecke Reichenbach – Plauen – Hof die am dichtesten befahrene zweigleisige Strecke in Deutschland gewesen sein.

Die Zäsur kam zum Ende des Zweiten Weltkriegs, als am 10. April 1945 ein Fliegerangriff die Stadt Plauen und dabei die Gebäude des oberen wie des unteren Bahnhofs zerstörte. Vorerst mussten sowohl Eisenbahner wie die Reisenden mit Baracken vorlieb nehmen. Vom alten Bahnhofsgebäude wurden nur einige Teile instandgesetzt, um die Abfertigung von Personen, Gepäck und Expressgut wenigstens behelfsmäßig zu ermöglichen. Als diese Bauwerksreste noch verputzt worden waren, sah der Bahnhof recht passabel aus.

Doch die rege Benutzung der Bahnhofsanlage erforderte einen Neubau, den der Entwurfs- und Vermessungsbetrieb der Deutschen Reichsbahn (Architekt Pietzsch) entwarf. Das Bahnhofsgebäude wurde am 21. Dezember 1973 eröffnet und wurde eine zeitlang zum Vorzeigeobjekt als schönster Neubau der Deutschen Reichsbahn. Mit dem Entwurf hatte es der Architekt nicht leicht, denn zwischen den Bahnanlagen und dem Stadtzentrum liegt der Aussichtspunkt Bärenstein. Seinetwegen musste das Hauptgebäude nach Osten bis an die Hangkante gerückt werden und wirkte dort als städtebaulicher Schwerpunkt in der offenen Bebauung an der Ausfallstraße. Pietzsch musste auch die Höhenunterschiede sinnvoll nutzen.

Vom ersten, in einen Barockbau verwandelten Gebäude blieben nur die Trümmer (1946).

Der vom Reichsbahn-Architekten Pietzsch entworfene Kubus und die Verknüpfung zu den anderen Verkehrsmitteln galten in den siebziger Jahren als vorbildliche Bahnhofsgestaltung (1999). Foto: Reiner Preuß

Von der Bahnhofshalle führt ein neuer Personentunnel zu den beiden Bahnsteigen. Der alte Personentunnel – mit Laubengang auf dem Vorplatz – ermöglichte einen direkten Zugang von der Straßenbahnhaltestelle zu den Bahnsteigen. Neu für DDR-Verhältnisse war der bequeme Übergang für die Bahnreisenden zur Straßenbahnwendeschleife und zu den Bushaltestellen. Zwischen den beiden vorhandenen Tunneln entstand ein zweigeschossiges Mehrzweckgebäude, das die Diensträume der Bahn und der Post aufnahm.

Im dreigeschossigen, 66 Meter langen und 48 Meter breiten Hauptgebäude lagen auf der Höhe des neuen Personentunnels die Schalterhalle mit den Abfertigungs- und gastronomischen Einrichtungen (Selbstbedienungsgaststätte und Restaurant) sowie die Kioske und der Raum für den Friseur. Ein Wandbild Plauener Künstler, Kunstschmiede und -schlosser beherrschte die Halle über dem Eingang zur Bahnhofsgaststätte. Es stellt ein Motiv der Stadt und ihrer schaffenden Menschen dar.

In der zweiten Etage befanden sich die Diensträume im dritten Geschoss der Kulturraum, Lehrkabinette, Filmvorführraum, Übernachtungs- und Aufenthaltsräume. Alle Räume wurden nach 1994 entbehrlich, zumal Plauen immer mehr vom Fernverkehr abgehängt worden ist. Was an Diensträumen benötigt wird, findet sich daneben im Haus der früheren Bahnmeisterei. 1999 wollte das Landratsamt in die oberen Etagen einziehen. Genutzt wird das große Gebäude für Seminarräume und von Geschäften.

Rolandseck

Der Bahnhof an der Strecke Köln – Koblenz wurde 1856 gebaut. Das Empfangsgebäude gilt als das schönste im Rheinland, als ein bedeutendes Kulturdenkmal der rheinischen Kunstgeschichte und des frühen deutschen Eisenbahnbaus, entworfen von Emil Hermann Hartwich (1801 – 1879). Als die Rheinische Eisenbahn gegründet wurde, gehörten zu den Aktionären reiche Leute, die in Rolandseck wohnten. Ihr Eifer bewirkte, dass die am 13. Februar 1844 eröffnete Strecke der Cöln-Bonner Eisenbahn von 1853 an von Bonn aus in Richtung Coblenz weitergebaut wurde.

Der Bahnhof bot im Zusammenhang mit dem nahe gelegenen und sagenumwobenen Rolandsbogen eine Atmosphäre rheinischer Romantik. Der Bahnhof wurde zum begehrten und vielbesuchten Ausflugsziel der Kölner und Bonner Bürger. In dem Gebäude fühlten sich die Gesellschafter der Rheinischen Eisenbahn nicht nur wohl; sie konnten mit ihm auch repräsentieren. Das Haus wurde zum Treffpunkt der Gesellschaft. Königin Viktoria von England, Kaiser Wilhelm II., Otto von Bismarck, Heinrich Heine, Ludwig Uhland, Karl Simrock, die Brüder Grimm und Friedrich Nietzsche waren hier, außerdem die Musiker Johannes Brahms, Clara Schumann und Franz Liszt. Bernhard Shaw schrieb über den Bahnhof und Guillaume Apollinaire verfasste hier einen Teil seiner frühen Gedichte. Es gab im alten Bahnhof viele Feste und Konzerte.

Für die Deutsche Bundesbahn war das Bauwerk nutzlos; es sollte 1958 abgerissen und durch ein kleines Empfangsgebäude ersetzt werden. Der Abriss verschob sich aber, so dass Johannes Wasmuth, ein Dekorateur aus Düsseldorf, 1964 einen Plan verkündete, der das Bahnhofsgebäude retten sollte. Es wurde 1965 an eine von Johannes Wasmuth, Stefan Askenase und Yaltah Menuhin gegründete Gesellschaft vermietet.

Wasmuth besorgte Geld, um das Bahnhofsgebäude als Wohnung, Galerie und Atelier für Künstler nutzen zu können. Dass die Rettungstat gelang, war wohl dem Repräsentationskalkül des Landes Rheinland-Pfalz zu danken. Anlässlich eines Künstlerfestes übergab Ministerpräsident Helmut Kohl 1969 die Rettungsurkunde an Stefan Askenase. Das Bundesland hatte sich durch einen Grundstückstausch mit der Bundesbahn arrangiert, eine Stiftung gegründet und Wasmuth zum neuen »Bahnhofsvorstand« berufen.

Der spätklassizistische Bahnhof wurde durch die Renovierung entschlackt. Das den Stil italienischer Landhäuser nachahmende Gebäude wurden auf

Alles vom Feinsten hatte die Rheinische Eisenbahngesellschaft bauen lassen, und alles ist wieder prächtig hergerichtet (2005).

Kaum als Bahnhofsgebäude erkennbar ist diese edle Villa auf der Anhöhe über dem Rhein (2005).

den Stand von 1906 gebracht, die Zwischengeschosse und Emporen im Ausstellungsbereich entfernt, alle Fenster ausgemauert, eines der beiden symmetrisch angeordneten Treppenhäuser eingesetzt, die größtenteils originale Dachkonstruktion gesichert und die Grundrissstruktur wiederhergestellt.

Viele Künstler kamen, so dass der Bahnhof zu einem Zentrum des kulturellen Lebens wurde. Nach dem Tod von Wasmuth 1997 endete das kulturelle Leben im Bahnhof, und auch die Bahnhofswirtschaft »Rosalka« verlor ihren Sterne-Koch. Die Arp-Stiftungsakte verlangte die schnellstmögliche Präsentation aller vorhandenen Werke. Dazu ist das Bahnhofsgebäude zu klein. Es wurde umgebaut und wurde zum Eingang des neuen Arp-Museums, das nach den Plänen des Stararchitekten Richard Meier aus New York oberhalb des Bahnhofs liegt.

Im Bahnhofsgebäude ist weiterhin die Stiftung Hans Arp zu Hause. Mag es drinnen festlich aussehen, draußen sieht der Besucher als Erstes die Gusseisen-Architektur dieses Bahnhofs-Palastes. Er ist von einem Bahnhofspark umgeben mit mächtigen alten Bäumen.

Uelzen

Den verunstalteten preußischen Bahnhof verwandelte das Büro des Architekten Friedensreich Hundertwasser in eine Sehenswürdigkeit (2002).

Die Architektur dieses Bahnhofs war alles Andere als des Aufschreibens wert. Indes pilgern seit 2000 sogar Busreisegruppen zu ihm, um zu staunen. An der am 1. Mai 1847 eröffneten Strecke Celle – Harburg stand ein hölzerner Notbau, seit 1853 ein massives Bahnhofsgebäude. Das nächste entstand 1887 nach der Verstaatlichung der Bahngesellschaften, entworfen von Hubert Stier (1838 – 1907) als eine Mischung von Renaissance und mittelalterlichem Ziegelbau in Insellage zwischen den einmündenden Strecken Lehrte – Harburg und Stendal – Bremen. Zwar überstand der »wilhelminische Bahnhof« einigermaßen unbeschädigt den Zweiten Weltkrieg, aber er wurde mit den Jahren rücksichtslos verändert.

Plötzlich soll die Idee da gewesen sein, der Maler, Ökologe und Architekt Friedensreich Hundertwasser (1928 – 2000) könnte doch das Bahnhofsgebäude und die Verkehrsanlage gestalten. Die Idee soll der Stadtrat Raimund Nowak geboren haben, als er 1995 in einer Lokalzeitung einen Leserbrief zu dem unansehnlichen Bahnhof las. Zwei andere Ratsherren unterstützten ihn und gründeten ein Zweckbündnis, worauf in Uelzen das einzige von Hundertwasser bearbeitete Bahnhofsgebäude entstand. Das wurde ein Projekt der Weltausstellung EXPO 2000.

Dass es dazu kam, lag auch an dem großen Sanierungsbedarf des Gebäudes. Unter den 45 von einer Jury ausgewählten EXPO-Projekten war der Bahnhof Uelzen zunächst nicht dabei. Die Stadt gab sich zufrieden; die Kreisverwaltung war ohnehin dagegen. Die Uelzener Projektgruppe suchte sich Befürworter, überarbeitete den Vorschlag, so dass das Projekt mit Unterstützung Gerhard Glogowskis, des Ministerpräsidenten von Niedersachsen, des 1. Bürgermeisters der Hansestadt Hamburg und der Deutschen Bahn in die nächste Bewerbungsrunde ging und am 22. April 1999 registriert wurde.

Die zur Vorstellung des großen Kulturbahnhofs angekündigte Abendveranstaltung wurde ein Fehlschlag, fehlte doch die Bewirtung, weil die Sponsoren absagten. Viele Gäste blieben nicht lange, auch hatte das Haus Hundertwasser das Modell noch nicht zur Verfügung gestellt. Immerhin hielt die Deutsche Bahn zur Stange. Einige Monate später wurde das Modell gezeigt, ein Minister erklärte die Sache zum »schönsten EXPO-Projekt«, das 25 Millionen Mark kosten sollte (120.000 Mark gab die Stadt dazu, was den kommunalen Kosten des Stadtfestes entsprach). Das Modell wurde zwei Tage in der Schalterhalle gezeigt.

Auch die Treppenaufgänge sind, bis auf das genormte Schild, voller fröhlicher Überraschungen (2010). Foto: Emersleben

Im November 1999 begannen die Bauarbeiten; 1997 hatten die Stadtwerke auf dem begrünten Bahnhofsdach eine Fotovoltaikanlage in Betrieb gesetzt. Hundertwasser, der »Kämpfer gegen den rechten Winkel«, störte das. Er beschwerte sich über die eckigen Solarmodule und bestellte für die Bahnsteigdächer, neue, abgerundete Module. Nach achtmonatiger Bauzeit waren die wesentlichen Bauarbeiten abgeschlossen. Das Richtfest und das Aufsetzen der Goldkugel auf die gläserne Kuppel wurden gebührend gefeiert.

Dass aus dem schmuddeligen Provinzbahnhof der angeblich »schönste Deutschlands« geworden war, stand spätestens Anfang 2001 in den Zeitungen in aller Welt. Nun wurde der Bahnhof auch von jenen besucht, die mit Hundertwasser oder dem Bahnfahren wenig am Hut haben. Neidvoll blickten sie auf die Veränderungen. Das Interieur ist ganz anders als man es von Bahnhofsgebäuden gewohnt ist. Im Gebäude finden wir eine durchgestaltete Toilette, das Reisezentrum, ein Café, viele weitere originelle Details.

Kunstausstellungen und Musikveranstaltungen finden auf diesem Umwelt- und Kulturbahnhof statt, der ganz ungewohnt von einer gläsernen Kuppel und goldenen Kugeln auf den Bahnhofszinnen bekrönt ist.

Worpswede

Der Bahnhof wurde am 24. Dezember 1910 mit der Strecke Bremervörde — Osterholz eingeweiht. Sie sollte den Fremdenverkehr zu beleben. Das Besondere am Bahnhofsgebäude ist, dass es durch den Widerstand der Heimatschutzbewegung und des Vereins für niedersächsisches Brauchtum in Bremen nicht nach den Entwürfen des Klein-Eisenbahnamtes in Hannover entstand. Dieses wollte alle Hochbauten der Strecke projektieren und ausführen. Der Verschönerungsverein von Worpswede befürchtete eine »unpassende Bahnhofsarchitektur« mit dem »nationalen Gepränge.« Vorsitzender des Verschönerungsvereins war der Grafiker und Kunsthandwerker Heinrich Vogeler (1872 – 1942), aber von größerer Bedeutung für die Anlagen der Bremervörde-Osterholzer Eisenbahn erwies sich die Baukommission des Vereins mit dem Vorsitzenden des Malers Hans am Ende (1864 – 1918).

Beide versuchten, den Landesbaurat und die Eisenbahngesellschaft, für den von ihnen ausgearbeiteten Vorbilderkatalog einzunehmen. In Hannover anerkannte man die Forderungen des Vereins, räumte jedoch ein, die Beamten hätten weder Zeit noch genügend Kenntnisse, um sich im notwendigen Maße mit der Heimatkunst auseinander zusetzen.

Vogeler wollte auch nach Inbetriebnahme des Bahnhofs vermeiden, dass die Gestaltung durch Plakate und Automaten verschandelt werde. Ihm ging es außerdem um eine geschmackvolle Inneneinrichtung. Der Verschönerungsverein verpflichtete sich, die Pflege des Gartens zu übernehmen.

Das Worpsweder Bahnhofsgebäude wurde das schönste an der Strecke. An der Südseite wurde das Mansardendach bis zum Erdgeschoss heruntergezogen und durch eine Laube vor den Eingängen zum Wartesaal 3. Klasse. An das Hauptgebäude wurden im Westen der Güterschuppen und im Osten ein Sommerwartesaal gebaut.

Die waschblau gestrichene Bahnhofshalle betrat man durch drei doppeltürige Eingänge vom Bahnsteig aus und erreichte den Fahrkartenschalter, die Zugänge zu den Wartesälen oder das Büro des Bahnhofsvorstchers. Links lag der Wartesaal 2. Klasse mit dem Durchgang zur Veranda. Vogeler stattete ihn mit gebeizten, eichenen Stühlen, Sesseln und Wandbänken aus, in deren Rückenlehnen ein Medaillon mit floralen Motiven eingeschnitzt war. Den Kontrast im graugrünen Fußboden lieferten der aus roten Ziegeln gemauerte Kamin und der kleine weißlackierte Tresen in Form eines Pavillons. Die sonnengelb gestrichene Veranda enthielt weißlackierte Möbel. Ganz im Gegensatz zum dunklen Wartesaal wurde sie vom Licht der elf Fenstertüren durchströmt. Der Wartesaal 3. Klasse war mit rotbraun gebeizten Stühlen mit ausgesägter Tulpe möbliert.

Am 14. und 15. August 1941 beschädigte ein Bombenabwurf den Sommerwartesaal. Bei den Reparaturen wurde die Zahl der Türen und Fenster eingeschränkt, was den Gesamteindruck des Baus störte. Mit den Jahren wirkte die Fassade scheckig, weil die verschiedenen Anstriche hervortraten. Auch der Schriftzug Worpswede war mehrfach zu sehen, darunter in der während des »Dritten Reichs« gepflegten Frakturschrift — doch Schönheitsreparaturen durften während der Kriegsjahre nicht ausgeführt werden.

Der einst so erhoffte Fremdenverkehr floss nach Worpswede — allerdings weniger mit den Zügen als im Autobus oder mit dem Pkw. So kam das Übliche: Am 1. Januar 1978 wurde der Personenverkehr eingestellt. Und abermals setzte sich der Verschönerungsverein bzw. dessen Nachfolger, die »Freunde Worpswedes«, für den Bahnhof ein. Sie pachteten das Gebäude, um es vor einem ungewissen Schicksal zu bewahren. Das Land Niedersachsen half insbesondere durch die Wissenschaftler des Instituts für Denkmalpflege und mit Geld. Die Räume werden wieder genutzt, wenn auch als Weinladen und Feinschmecker-Restaurant. Reisezüge fahren ebenfalls wieder, von Mai bis Oktober und nur sonnabends und sonntags, zwischen Stade und Bremen Hbf.

Nach einer Pause halten an den Sommerwochenenden wieder Züge auf dem Haltepunkt (2004). Foto: Wehmeyer

Das von Heinrich Vogeler entworfene Gebäude wurde das schönste an der »Moorbahn« (1911).

2.

Bekannte und vergessene Kopfbahnhöfe

Berlin Anhalter Bahnhof

Er genoss unter den Berliner Kopfbahnhöfen, Görlitzer, Hamburger, Lehrter, Potsdamer und Stettiner Bahnhof, den größten Ruhm. Die Literatur über ihn ist reich. In Berlin gelang das nicht, was in anderen Großstädten möglich geworden war: der Zentralbahnhof. Und so hatte der Reisende bei Bahnfahrten von und nach Berlin stets zu überlegen, welcher Bahnhof für ihn am zweckmäßigsten war.

Zur Erinnerung an die Zeit der Berliner Kopfbahnhöfe blieb wenigstens das Portal erhalten (1995).

Wie es der Name sagt, war der Anhalter Bahnhof für die Züge der Berlin-Anhaltischen Eisenbahn, aber auch für die nach Dresden zuständig. Die Berlin-Anhaltische Eisenbahn-Gesellschaft gab diesem Bahnhof den Namen, der in der Bevölkerung nur kurz »der Anhalter Bahnhof« genannt wurde. Die erste Bahnhofsanlage entstand, als am 1.Juli 1841 die Strecke nach Jüterbogk (Jüterbog) eröff- net wurde. Zum Bahnhofsgelände gehörten Remisen für 35 Personenwagen, drei Lokomotivschuppen, ein Kesselhaus und eine Werkstatt. Hinzu kamen die Anlagen für den Güterverkehr an der Ostseite.

Das Empfangsgebäude soll gleich einen großartigen Eindruck hinterlassen haben. »Der Hochbauteil des Berliner Bahnhofs wurden erheblich geräumiger und besser hergestellt als anfangs beabsichtigt war; auch die Hauptwerkstätten wurden hier, westlich von den Hauptgleisen, südlich vom Schafgraben untergebracht. Es wurde hier zum ersten Mal eine scharfe Scheidung der Anlagen für den Personen- und Güterverkehr durchgeführt, was freilich eine zweite Brücke über den Landwehrgraben, östlich von der für die Hauptbahn, erforderlich machte.« [5]

Da der Eisenbahnverkehr nach Berlin kräftig zugenommen hatte, musste sich die Berlin-Anhaltische Eisenbahngesellschaft entschließen, alle Anlagen zu erweitern. Damit begann der Architekt Franz Schwechten (1841 – 1924) im Sommer 1871, und im Herbst 1872 begannen Bauarbeiter mit der Errichtung eines provisorischen Gebäudes für den Personenverkehr mit Bahnsteigen für die Ankunft und Abfahrt. 1876 gingen die neuen Güterschuppen in Betrieb, und bis 1879 war die Wagenwerkstatt nach Tempelhof verlegt, die Lokomotivschuppen, die Lokomotivwerkstatt sowie die Gleisanlagen vollendet. Kein Bahnhofsbau in Berlin soll so gründlich vorbereitet worden sein wie dieser.

Das großartige Empfangsgebäude am Askanischen Platz wurde am 15. Juni 1880 eröffnet. Das »Wochenblatt für Architekten und Ingenieure« von 1880 rühmte: »Die Lage des Gebäudes am Askanischen Platze oder vielmehr an der Königgrätzerstrasse, einer der vornehmsten Verkehrsadern der Residenz, liess es geboten erscheinen, repräsentativ den Schwerpunkt der künstlerischen Durchbildung des Bauwerkes nach dieser Seite hinzulegen. Der Baumeister hat die schwierige Aufgabe geschickt gelöst, und die nicht allzu ausgedehnte Fassade an dem gefällig umgestalten und mit hübschen Pflanzungen versehenen Platze gewährt nunmehr ein neues anziehendes Bild, weiches der Stadt Berlin zu grosser Zierde gereichen wird.«

Die kolossale Bahnsteighalle mit 170 Meter Länge und 60 Meter Breite, Spannweite 60,5 Meter überdeckte sechs Gleise an zwei Mittel- und zwei Seitenbahnsteigen. Der Kopfteil nahm die Wartesäle auf; seitlich schlossen sich zwei Flügel mit Funktionsräumen und den Räumen für den König und dessen Gäste an. Das einst dort angebaute Fürstenportal befindet sich heute im Deutschen Technikmuseum Berlin.

Alles vorbei, wo einst die Luxuszüge an die Riviera, nach Neapel und nach Karlsbad abfuhren, Staatsgäste empfangen und verabschiedet wurden. Zum Ende des Zweiten Weltkrieges wurden die Bahnhofsbauten zerstört, am 18. Mai 1952 der letzte Zugbetrieb eingestellt, bis 1963 die Ruinen abgetragen. Vom berühmtesten Berliner Bahnhof blieb, abgesehen von der Güterabfertigung, einem Stellwerk, zwei Ringlokschuppen und das Beamtenwohnhaus nur der Portikus.

D 56 vor der Abfahrt nach Eger (Cheb) über Dresden – Bodenbach (1939). Foto: Tausche, Slg. Gottwaldt

Berlin Hamburger Bahnhof

Nach zweieinhalbjähriger Bauzeit ist am 15. Oktober 1846 der Zugverkehr Berlin – Boizenburg, am 15. Dezember bis Hamburg aufgenommen worden. Für die Berlin-Hamburger Eisenbahn-Gesellschaft entstand nach Plänen von Friedrich Neuhaus (1828 – 1901) und Ferdinand Wilhelm Holtz westlich des Invalidenhauses bzw. der Grundstücke der Charité und der königlichen Böttcherei ein Kopfbahnhof im spätklassizistischen Stil, der auch Vorbild für andere Bahnhöfe mitten in der Stadt werden sollte, wie für den Thüringer Bahnhof in Leipzig.
Nach Berger soll das Bahnhofsgebäude in den wohlabgewogenen Proportionen und der schlichten architektonischen Komposition eines der schönsten Bahnhofsgebäude von Berlin werden. Kein Ziegelrohbau, sondern geputzt und mit einer angedeuteten Quaderung versehen. [1]
Der Kopfbau wurde ein geschlossener, massiver Baukörper. Die beiden viereckigen Türme verliehen ihm mit den gut aufeinander abgestimmten Bogenstellungen der Durchfahrt und der darüberliegenden offenen Galerie eine eindrucksvoll beherrschende Stellung. Das Empfangsgebäude umschloss mit zwei fast symmetrischen Flügeln eine dreischiffige eiserne Bahnsteighalle, 103,47 Meter lang, 18,13 Meter breit und 13,18 Meter hoch. Im Erdgeschoss lagen die Wartesäle, Vestibüle, Räume für Allerhöchste Herrschaften, die Fahrkartenschalter, die Gepäckabfertigung sowie die Betriebs- und Inspektionsräume. Die zweite und dritte Etage nahm die Büros der Verwaltung, der Hauptkasse, das technische Büro und Wohnungen auf.

Die Kunst der Gegenwart wird im früheren Hamburger Bahnhof gezeigt (2002).

Blick vom Norden in die Bahnhofshalle (1865).
Slg. Deutsches Technik-Museum

Vier Hallengleise führten bis auf den südlichen Vorplatz zu einer Drehscheibe, die 1874 beseitigt und durch eine Schiebebühne im südlichen Hallende ersetzt wurde. Danach konnten die beiden großen Arkaden verglast werden, so dass die Zugluft entfiel. Für die abfahrenden und die ankommenden Züge gab es zwei Seitenbahnsteige.
Nachdem die Bahn 1884 verstaatlicht worden war, verlegten die Königlich Preußischen Staatsbahnen den Personenzugverkehr zum Lehrter Bahnhof. Der Hamburger Bahnhof war funktionslos geworden. Bahnsteighalle, Bahnsteige, Gleise und Toiletten wurden abgerissen. Im neuen Innenhof entstand eine Grünanlage. Das Gebäude wurde von 1886 an für die Verwaltung und zum Wohnen des Eisenbahnbetriebsamtes umgebaut. 1904 wurde nach langer Vorarbeit beschlossen, im Hamburger Bahnhof das Museum einzurichten und bis 1906 dafür umgebaut.
Am 14. Dezember 1906 ist in Anwesenheit des Kaiserpaars das Verkehrs- und Baumuseum des Eisenbahn-, Wasserbau- und Hochbauwesens eröffnet worden. Da das Museum bald aus allen Nähten platzte – es hatte auch Haarmanns berühmte Gleissammlung übernommen -, fügte man von 1910 bis 1916 dem Hauptbau zwei Seitenflügel an. Das hundertjährige Jubiläum der deutschen Eisenbahnen 1935 lieferte den Anlass für die letzte Erweiterung. Die Fliegerangriffe beschädigten 1943 Teile des Bahnhofsgebäudes. Das Museum blieb geschlossen.
Denn der Bahnhof lag im britischen Sektor, das Inventar verwaltete die Reichsbahndirektion Berlin. Die Deutsche Reichsbahn hatte in West-Berlin nur Betriebsrechte, aber das übrigens dringend sanierungsbedürftige Museum gehörte nicht zum Eisenbahnbetrieb.
Erst 1984 kam es zu einer Vereinbarung, nach der das Gebäude dem Senat von West-Berlin zur Nutzung als Museum übergeben wurde. Das neue Deutsche Technikmuseum in Berlin und das Verkehrsmuseum Dresden teilten sich die Sammlungsstücke. Anlässlich der Feier 750 Jahre Berlin ließ der Senat das Gebäude nach Plänen des Architekten Winnetou Kampmann renovieren, um es für Sonderausstellungen nutzen zu können. Nach weiterem Umbau und nun im Besitz der Stiftung Preußischer Kulturbesitz wurde es 1996 nach Plänen von Josef Paul Kleihues zum Museum der Gegenwart und danach der Ausstellungsort für die Kunst der Gegenwart.

Berlin Lehrter Bahnhof

Ausgangspunkt der Lehrter Bahn in Berlin war jener Bahnhof, der eigentlich die umständliche Bezeichnung »Lehrter Bahn in Berlin« trug. Er befand sich in westlicher Nachbarschaft zum Hamburger Bahnhof und diente nur dem Personenverkehr in Richtung Westen, wobei er sich diese Aufgaben mit dem Potsdamer Bahnhof und von 1882 an noch mit der Stadtbahn zu teilen hatte.

Für die Bahnhofsbauten der Lehrter Bahn hatte der Staat das Gelände Pulvermühle, westlich des Humboldthafens, bereitgestellt. Die Strecke sollte in Richtung Westen durch Moabit geführt werden. Für ihren Güterverkehr – vornehmlich Massengüter – benötigte die Bahn ein großes Gelände, das zwischen den Spreewiesen und der damaligen Birkenallee (heute Straße Alt-Moabit) gefunden wurde, seit den dreißiger Jahren als Güterbahnhof Spreeufer bezeichnet.

Alfred Lent (1837 – 1915) entwarf mit Scholz und Lapierre das Empfangsgebäude. Die 188 Meter lange Bahnsteighalle überspannte mit ihrer halbkreisförmigen eisernen Dachkonstruktion von 38,29 Meter Weite fünf Gleise, zwei Seiten- und einen Mittelbahnsteig, die an einem Querbahnsteig endeten. Seitenflügel, östlich für die Abfahrt, westlich für ankommende Reisende dienten der üblichen Verkehrsfunktion, während Kopfende und Einfahrt der Halle durch hohe, monumentale Schaufassaden abgeschlossen waren. Architektonisch unterschied sich das Empfangsgebäude wesentlich von allen anderen Berliner Bahnhofsbauten, die ihre Gestalt mehr oder weniger den klassizistischen Einflüssen dieser Stadt verdankten. Architekten ordneten das Bauwerk als Historismus in der Stilfassung italienische Hochrenaissance ein. Manche meinten, der Lehrter Bahnhof habe die vornehmste Ausstrahlung unter den Berliner Bahnhöfen besessen. Diesen Schein verdankte er einer Täuschung. Hinter dem triumphbogenartigen Hallenabschluss verbarg einer eine schlichte Hallenkonstruktion, die Fassadenteile bestanden aus Ziegeln und Formsteinen, täuschten aber durch Putz und Anstrich die Werksteinarchitektur vor.

Eröffnet wurde der Bahnhof am 27. November 1871, als Kaiser Wilhelm I., in einen Sonderzug zur Jagd in der Letzlinger Heide fuhr. Andere Prominente fuhren hier ab oder kamen an: 1890 Otto Fürst von Bismarck, nachdem er als Reichskanzler entlassen worden war, 1905 Lettow-Vorbeck nach der China-Expedition, 1913 die Gäste zur Hochzeit der Kaisertochter Viktoria Luise mit dem Prinzen von Braunschweig und auch die Kieler Matrosen im November 1918. Schließlich gab Adolf Hitler 1937 dem italienischen Diktator Benito Mussolini einen pompösen Abschied.

Im Fernreiseverkehr verblasste der Bahnhof gegenüber dem auf dem Anhalter Bahnhof. Die Abfahrtstafel enthielt nur 30 Züge, darunter seit 15. Mai 1933 den nun regelmäßig verkehrenden »Fliegenden Hamburger«. Der Bahnhof war außerdem Ausgangsstation eines regen Vorortverkehrs mit dampflokomotivbespannten Zügen nach Nauen und nach Wustermark.

Manche verwechseln diesen Bahnhof mit dem Lehrter Stadtbahnhof, zu dem es für Fußgänger eine Verbindung gab. Der Fernbahnhof wurde bei den Luftangriffen auf Berlin schwer zerstört, der spärliche Zugverkehr in der Nachkriegszeit endete am 29. August 1951. Zwischen 1957 und 1959 wurde die Ruine des Empfangsgebäudes und der Bahnhofshalle abgerissen. Es blieben der Hamburger und Lehrter Bahnhof (»HuL«) und der Stadtbahnhof, der aus Mitteln des Vermögens der ehemaligen Reichsbahn in West-Berlin (Mieten und Pachten) 1988 aufwändig saniert und denkmalgerecht als Stadtbahnhof-Typ rekonstruiert, dann jedoch für den Bau des Hauptbahnhofs Lehrter Stadtbahnhof vom 25. Juli 2002 bedenkenlos geopfert wurde.

Der neue Bahnhof sollte wieder Lehrter Bahnhof genannt werden. Doch der Vorstandsvorsitzende der Deutschen Bahn, Hartmut Mehdorn, wollte einen Hauptbahnhof (den es von 1987 bis 1998 als umbenannten Ostbahnhof gab). Er und der Senat von Berlin täuschten die Bevölkerung, dachten gar nicht daran, diesen historischen Namen wieder einzuführen.

Er galt als vornehme Erscheinung, doch die Fassade war nur Talmi (1938). Slg. Landesbildstelle Berlin

Der Stadtbahnhof vor seinem Untergang; rechts ist die Baustelle für den neuen Hauptbahnhof herangerückt (1999).

Braunschweig Hauptbahnhof

Wenn unsere Vorfahren verreisten, machte es ihnen nichts aus, dass sie auf dem Weg von Berlin nach Hannover zweimal einen etwas längeren Aufenthalt hatten: in Magdeburg auf dem Elbbahnhof und in Braunschweig. Auf diesen Kopfbahnhöfen mussten die Züge wenden. Längst war in Magdeburg ein neuer Zentralbahnhof entstanden, wo das »Kopfmachen« entfiel, aber der Kopfbahnhof in Braunschweig blieb. Seit 1868 waren Veränderungen geplant, die in der Nacht vom 1. zum 2. Oktober 1960 verwirklicht wurden. Die Deutsche Bundesbahn beendete eines der größten Bauvorhaben in der Nachkriegszeit, für das seit 1914 ein Entwurf vorgelegen hatte und mit dem 1938 begonnen worden war. Der Zweite Weltkrieg unterbrach das gewaltige Vorhaben, zu dem auch neue und verlegte Strecken zwischen Salzgitter und Wolfsburg gehörten.

Am Tag, als der neue Hauptbahnhof eröffnet wurde, waren sämtliche Gleise hochgelegt, so dass keine Schranken mehr den Straßenverkehr behinderten. Auch die Züge sollten sich auf der westlichen Seite – in und aus Richtung Hildesheim und Hannover – nicht behindern, so dass die zweigleisige Strecke Groß Gleidingen – Abzweigstelle Gabelung ein drittes und ein viertes Gleis erhielt. Gebaut wurde ein neues Bahnbetriebswerk, ein Abstellbahnhof am Ostende des Hauptbahnhofs, ein Kraftwagenbetriebswerk, neue Anlagen für den Ortsgüterverkehr und ein neues Heizwerk. Auch der vor dem Krieg begonnene Verschiebebahnhof wurde vervollständigt.

Das Gebäude des stark bombengeschädigten alten Hauptbahnhofs war nur noch mit den dringendsten Instandsetzungsarbeiten bedacht worden. Von den 51 Entwürfen des Jahres 1955 befriedigte keiner vollständig. Es wurden nur zweite Preise vergeben. Für den neuen Bahnhof bewilligten die Stadtväter, die ihre zerstörte Stadt nicht nur wieder aufgebaut, sondern neu gestaltet sehen wollten, 1955 eine Kredithilfe so dass nach dem »Entwurf 1955/1957« gearbeitet werden konnte.

Markant ist die Stahlbetonkonstruktion mit Pendelstützen des Empfangsgebäudes. Im Osten wurde die Bahnhofsgaststätte vorgesehen, und am Hausbahnsteig liegt das achtgeschossige, 98 Meter lange und 29 Meter hohe Dienstgebäude. Die Bahnhofsvorhalle wird von diesem sogenannten Ämtergebäude überragt. Die Deutsche Bahn benutzt es kaum noch. Es dient immer noch als architektonischer Abschluss der auf den Bahnhof gerichteten Kurt-Schumacher-Straße.

Nur ein Detail zeigt diese Postkartenaufnahme vom achtgeschossigen, 98 Meter langen und 29 Meter hohen Empfangs- und Dienstgebäude. Slg. Blazek

Vom einstigen Kopfbahnhof blieb das restaurierte und zu einer Bank umfunktionierte Bahnhofsgebäude (1996).

Bereits zur Eröffnung des neuen Hauptbahnhofs vergaßen die Redner nicht auf die Leistungsreserven der Anlagen hinzuweisen für den Tag, an dem die Zonengrenzen fallen. Ob man das glaubte, was gesagt wurde oder ob jemand ahnte, welche Geduld man bis dahin brauchte, lässt sich heute schwer sagen. Jedenfalls meinten gewisse Kreise in Braunschweig, jetzt müsse die Deutsche Bundesbahn mehr für den Nord-Süd-Verkehr tun, da der früher lebhafte Ost-West-Verkehr kaum mehr bestand.

Am 3. Dezember 1962 hatte Heinz Maria Oeftering, Erster Präsident der Deutschen Bundesbahn, seine Not den Herren der Industrie- und Handelskammer die gewünschte Infrastrukturverbesserung auszureden bzw. auf den unnötigen Aufwand hinzuweisen. Weder wollte die Deutsche Bundesbahn den Ausbau der Nebenbahn Braunschweig – Gifhorn – Wieren zur Hauptbahn noch die Weddeler Kurve mit dem Ausbau der Nebenbahn nördlich Lehre bis Fallersleben zur Hauptbahn. Dem Hauptbahnhof von Braunschweig blieb das Schicksal, Endpunkt des Schnellverkehrs nach dem Osten zu sein.

Vorerst, bis zur Grenzöffnung 1989. Zur ersten Aufwertung des Bahnhofs kam es durch die Interregios Berlin – Köln. Seit dem Fahrplanwechsel 1991 verkehrten auch Intercitys von Berlin nach Karlsruhe über Frankfurt (Main) Hbf und nach Basel über Köln. Als 1998 der Hochgeschwindigkeitsverkehr auf der Lehrter Bahn eröffnet wurde, die früher schon die schnellere war, bekam der Bahnhof wieder eine Nebenrolle. Nur durch die Verbindung Berlin – Frankfurt (Main) über Braunschweig erfährt der Bahnhof ein wenig Glanz vom Fernverkehr.

Die einst umständlich Verbindung Magdeburg – Hannover ist von einigen Fernzügen Leipzig – Oldenburg belegt, ansonsten blieb es beim Nahverkehr, der sich an dem Kopfbahnhof weniger gestört hätte.

Dresden Hauptbahnhof

Der Bahnhof, wie wir ihn kennen, entstand nach der Umgestaltung der Dresdner Eisenbahnanlagen nach 1890. 1892 hatte es eine Ausschreibung der Architektenentwürfe gegeben. Je einen ersten Preis gewannen Giese und Weidner sowie Roßbach, den zweiten Preis Skjöld Neckelmann in Stuttgart. Arwed Roßbachs (1844 – 1902) Entwurf wurde verwendet, aber Ernst Giese (1832 – 1903) und Paul Weidner (1843 – 1899) durften die Ausführungsprojekte erarbeiten. Ihre Idee war es, den Haupteingang an die Prager Straße zu legen, Zugänge von der Wiener und der Strehlener Straße zur Haupteingangshalle vorzusehen, eine Durchgangshalle zum Querbahnsteig der Kopfgleise und beiderseits Aufgänge zu den Hochgleisen mit weiteren Ausgängen zur Wiener und zur Strehlener Straße.
Die über zwei Geschosse reichenden Hallen und die Wartesäle erhielten dem Geschmack der Jahrhundertwende entsprechend Deckengemälde, 26 Wappen der sächsischen Amtshauptmannschaften, die Wartesäle Wandbilder aus Meißner Porzellan. Das Empfangsgebäude sollte dem Charakter der Residenzstadt entsprechen mit einer Mischung aus Renaissance und Barock, Historismus oder bürgerlichem Monumentalstil. Dazu trugen die große Kuppel über der Haupteingangshalle, Uhrtürmchen rechts und links und die »Saxonia« über dem Eingang bei. Sie sollte Wissenschaft und Technik verkörpern.
Der Bahnhof hatte auch einen Königspavillon mit direktem Zugang zu den Bahnsteigen auf der Nordseite für die Allerhöchsten Herrschaften erhalten. Nicht gebaut wurden die Pavillons vor dem Eingang der Wiener Straße. Das Innere des Bahnhofsgebäudes glich einem Schloss; es war der Kunstmetropole ebenbürtig.
Ein Anziehungspunkt nicht nur für die Reisenden, sondern für alle Dresdner war auch die Bahnhofsgaststätte. Vom Wartesaal 1. Klasse im Erdgeschoss führten Wendeltreppen zu den Sälen Pirna (mit Balkon) und dem Saal Moritzburg. Neben dem Wartesaal 3. Klasse konnte man die Säle Weesenstein und Meißen aufsuchen.
Der Hauptbahnhof ist ein Durchgangsbahnhof für die Strecken von Berlin und Leipzig nach Bodenbach, aber zugleich Kopfbahnhof für die Strecken Dresden – Görlitz und Dresden – Werdau. Am Westkopf ermöglichen die Gleisverbindungen einen unabhängigen, kreuzungsfreien Verkehr zwischen allen Bahnhofsteilen. Der Bahnhof besaß sechs ebenerdige Stumpfgleise, in Hochlage je drei Durchgangsgleise in der Süd- und in der Nordhalle, zwei Güterzuggleise neben der Südhalle sowie weitere Stumpfgleise auf dem so genannten Ostbau.
Der Zugverkehr sollte so organisiert sein:

- in Dresden endende und beginnende Züge von und nach Chemnitz, Leipzig oder Görlitz auf den Kopfgleisen
- Durchgangsverkehr nach und von Bodenbach sowie Güterzüge auf den Hochgleisen.

Am 19. Juli 1895 kam der erste Zug von Görlitz in die Südhalle des neuen Bahnhofs. Am 14. April 1898 waren der Hauptbahnhof und der Haltepunkt Wettiner Straße fertig. Die Eröffnungsfeierlichkeiten fanden am 16. und 17. April statt. Mit den Nacharbeiten und der Beseitigung von Provisorien war alles am 1. Dezember 1898 erledigt.
Wie bei anderen Bahnhöfen erwies sich auch dieser Bahnhof bald als zu klein. Der Landtag bewilligte 1914 700.000 Mark für Erweiterungen, die indes erst zwischen den beiden Weltkriegen und zum Teil unvollkommen ausgeführt wurden. Insbesondere der Ostbau erwies sich nicht als gelungen. Kamen sonntags in dichter Folge die Züge aus der Sächsischen Schweiz an, herrschte ein schlimmes Gedränge; die Bahnsteige wollten sich nicht leeren. Abhilfe schuf nach 1933 die Verbindung der Bahnsteige mit der Westseite und der Bau eines neuen Durchgangsgleises durch die Nord-

Zwischen den Seitenhallen für den Durchgangsverkehr liegt der Kopfbahnhof (1983). Foto: Sprang

Die Mittelhalle nach dem Luftangriff am 13. und 14. Februar 1945.

Auf dem Ostbau endeten die Züge aus der Sächsischen Schweiz. Nach 1945 wurde er fast nur noch zum Abstellen der Wagen und Züge benutzt (um 1930). Foto: Rbd Dresden

Viel Licht bringt die ungewöhnliche Dachkonstruktion Forsters in die Mittelhalle (2010). Foto: Emersleben

halle, über das die auf der Ostseite abgefertigten Züge durch die Nordhalle fahren sollten, ohne noch einmal am Bahnsteig anzuhalten.

Auf der Südseite wurde der Bürgersteig mit einer Betonkonstruktion überbaut, auf die das äußere Güterzuggleis gelegt und zwischen den Gleisen ein neuer Bahnsteig 1/2 errichtet werden konnte. Die Nordseite wurde nicht mehr, wie geplant, um 18 Meter verbreitert.

Ansonsten war die Zeit nach 1900 durch einen Geschmackswandel gekennzeichnet, der dadurch zum Ausdruck kam, dass man sich an die Entfeinerung machte und die Verzierungen entfernte. Das Altmaterial aus Eisen und Zink soll 18 Eisenbahnwagen gefüllt haben. Nun entdeckte man auch, dass die Nordseite ziemlich kahl aussah, ein Eindruck, der bis in die Gegenwart blieb.

In den dreißiger Jahren wurde die Zahl der Bahnsteige auf 23 erhöht, und nun sollte im Zusammenhang mit dem Umbau des Stadtzentrums am Standort des Haltepunktes Wettiner Straße ein neuer Hauptbahnhof entstehen. Der Beginn des Zweiten Weltkriegs verhinderte, all diese Vorstellungen umzusetzen. Nach der Zerstörung der Stadt und der Eisenbahnanlagen kam 1946 der Plan wieder aus der Schublade: ein 400 Meter langer und 186 Meter breiter Bahnhof mit dem Empfangsgebäude an der Könneritzstraße, 17 Durchgangsgleise mit sieben Insel- und acht Gepäckbahnsteigen, ein Stumpfgleis in Richtung Süden für die Züge von und nach Possendorf und zwei Stumpfgleise in Richtung Norden für die Triebwagenzüge.

Nach dem Wegfahren von 11.000 Tonen Trümmerschuttes in 700 Güterwagen bis Ende 1948 begann im Frühjahr 1949 der Wiederaufbau mit Reinigungs-, Putz- und Malerarbeiten, doch der Hauptbahnhof blieb bis in die jüngste Vergangenheit kriegsbeschädigt und unvollkommen. Von 1977 bis 1980 wurde viel Geld in die so genannte Rekonstruktion des Hauptbahnhofs gesteckt. Vorgesehen war der Bau zweier aufgeständerter Hochgleise, wie sie bereits 1914 geplant waren, doch nichts davon wurde erledigt.

Der Hauptbahnhof spielte einen Moment Weltgeschichte, als am 30. September und 4. Oktober 1989 die Flüchtlingszüge von Prag nach Hof fuhren und viele Dresdner die Chance sahen, in diese Zügen zusteigen zu können. Doch der Bahnhof war abgeriegelt, und 3000 Menschen lieferten sich mit den Sicherheitsorganen schwere Auseinandersetzungen und verwüsteten Teile des Bahnhofs.

Bereits 1990 entwarf die Tochtergesellschaft der Deutschen Bundesbahn, DE-Consult, einen Nutzungsvorschlag für den, wie man meinte, durch den Verkehrsrückgang überdimensionierten Bahnhof. Danach sollten die Gleise des Kopfbahnhofs zu einer Fläche kommerzieller Nutzung und nur noch die oben liegenden Durchgangsgleise befahren werden. In einer Studie des Entwurfs- und Vermessungsbetriebes der Deutschen Reichsbahn (der übrigens zwei Jahre später in DE-Consult aufging) von 1991, meinte man, für künftig 2.000 Züge reichten die Bahnsteige nicht; Fern- und S-Bahn-Verkehr müssten getrennt werden. Zwar fehlte im »Revitalisierungsprogramms« der Deutschen Bahn von 1996 der Bahnhof, im Herbst 2001 begann dann doch die grundlegende Modernisierung. Der Architekt Norman Forster hatte etwas Einmaliges entworfen: das aus einer Glasfaser-Teflon-Membrane bestehende lichtdurchlässige 25.000 m^2 große Dach, das über der 184 Meter langen und etwa 60 Meter breiten dreischiffigen Bahnhofshalle und die historischen Stahlträger schwebt.

Endlich am 10. November 2006 waren die auch durch das Hochwasser 2002 verzögerte Modernisierung, die Arbeit an den Tragwerken der Südhalle sogar erst 2007 abgeschlossen. Die Kuppelhalle im Empfangsgebäude wurde ebenfalls wiederhergestellt – bis auf ein Detail: Über Jahrzehnte baumelte in der Kuppelmitte ein Seil oder Kabel nutzlos von der Decke, so dass man sich »unterm Strick« verabredete. Der ist nun weg.

Der Bahnhof blieb, was er war: eine Kombination von Kopf- und Durchgangsbahnhof.

Frankfurt (Main) Hbf

Welcher Kopfbahnhof ist in Deutschland der größte? Dieser oder der von Leipzig? Zählt man die Bahnsteige, zählt man die Züge, zählt man die Reisenden? Der von Frankfurt am Main dürfte inzwischen das Rennen gewonnen haben, zumal er ein, wenn nicht der bedeutendste Verknüpfungspunkt der Fernzüge in Deutschland ist. Rödel äußert sich über den Kopfbahnhof in heller Begeisterung: »Wo gibt es einen solchen Bahnhof zum zweiten Male? Man muß weit reisen, um so etwas noch einmal ausfindig zu machen. Man wird vielleicht bis an alle Enden von Europa vergeblich reisen, wenn man sich auf die Suche macht. Denn er ist nicht nur groß, sondern auch großartig, er ist nicht nur schön, er ist voll Würde. [...] Er ist einer der stattlichsten Kopfbahnhöfe unseres Kontinents. 1250 Züge rollen täglich aus und ein. Es gibt Stunden, da liegt er da wie verlassen und verloren, und er träumt geradezu vor sich hin. Aber an jedem Werktag passieren ihn allein 110.000 Menschen.« [6]

Die Hessische Ludwigsbahn verfolgte die Idee eines Zentralbahnhofs von 1865 an, weil die Westbahnhöfe der einzelnen Bahngesellschaften, die als Main-Neckar-Bahnhof und als Main-Weser-Bahnhof jeweils eigene Anlagen besaßen, nach dem Anschluss der Hessischen Ludwigsbahn und der Strecke von Homburg den zunehmenden Zugverkehr und Reisendenstrom nach 1870/1871 nicht mehr aufnehmen konnten. Über den Entwurf dieses Zentralbahnhofs und die folgenden soll hier nicht geschrieben werden. Jedenfalls kam es zu einem heftigen Wettstreit der Architekten, als 1873 ruchbar wurde, dass das preußische Ministerium für Handel, Gewerbe und öffentliche Arbeiten beabsichtigte, die Eisenbahn-Direktion zu Kassel nach Frankfurt a. M. zu verlegen und hier einen Zentralbahnhof zu bauen. 1880 lag die Gesamtkonzeption eines Kopfbahnhofs vor, der damals ziemlich entfernt von der Stadtmitte (was sich rasch änderte) gebaut werden sollte. Und es wurde ein Wettbewerb für die Gestaltung des Gebäudes mit den Vorgaben Grundriss, Gleisanordnung, Abmessung der Hallen, Anordnung des Vestibüls im Empfangsgebäude ausgeschrieben. Die Architekten sollten keinen reinen Zweckbau entwerfen, sondern einen »Denkmalbau mit höchster künstlerischer Kraft«.

Der Berliner Landbauinspektor Hermann Eggert (1844 – 1920) erhielt den ersten Preis. Er entwarf auch das Ausführungsprojekt und wurde künstlerischer Oberbauleiter. Wie damals üblich, sollte die steinerne Architektur des Empfangsgebäudes vor die Hallenkonstruktion gesetzt werden.

Atlas, die Erdkugel tragend, die über eine Tonne schwere Figur von Gustav Herold bekrönt die Eingangshalle. Slg. Gottwaldt

Wir blicken in die Mittelhalle mit dem Abgang zur Bahnsteigunterführung und zum Querbahnsteig mit der unvermeidlichen Uhr (1893). Slg. Blazek

Der Hallengiebel der Seitenschiffe blieb dank niedriger Flügelbauten von der Stadt aus sichtbar. Schwerpunkt war die hochragende Eingangshalle, ein Sichtpunkt in der Achse der Kaiserstraße.
1883 begannen die Bauarbeiten. Die Bahnsteighalle von 186 Meter Länge und 168 Meter lichter Weite überspannte mit den drei Schiffen je sechs Gleise. Jeweils drei Gleise waren einer Gruppe zugeordnet entsprechend den hier ausgehenden sechs Strecken.
Das Empfangsgebäude umschloss seitlich in halber Länge die Bahnsteighalle. In diesen Räumen waren die Verwaltung der preußischen Staatsbahnen (südlich) und die der Hessischen Ludwigsbahn (nördlich) sowie das Maschinenhaus für die Beleuchtung und Heizung untergebracht.
Am Querbahnsteig, damals »Kopfperron« genannt, lagen beiderseits die Ausgangshallen, davor das 220 Meter breite und 32 Meter tiefe Empfangsgebäude mit der weit vorgezogenen Haupteingangshalle. Als angenehm wurden die treppenfreien Wege vom Vorplatz zu den Bahnsteigen angesehen. Beiderseits der Eingangshalle lagen die Fahrkartenschalter, die Gepäckabfertigungen, die Handgepäckaufbewahrung und andere Dienstleistungseinrichtungen. Von den Quergängen aus wurden die Wartesäle der I. bis IV. Klasse erreicht mit Speisesälen, Frauenräumen, Aborten, Wasch- und Baderäumen. An der südlichen Seite lag der Zugang zu den Räumen für die »Hohen Herrschaften«.
Am Hallenende verband ein Personentunnel die neun Zungenbahnsteige für die nur umsteigenden Reisenden. Selbstverständlich konnten die Ladeschaffner des Eilgut-, Gepäck- und Bahnpostverkehrs Aufzüge benutzen.
Entstanden waren der größte Bahnhof des Kontinents und der vorbildlichste im wilhelminischen Kaiserreich. Wenn der durch den Bahnhof hastende Reisende von heute viele der damals gelobten und auch die anfangs zitierten Vorzüge nicht mehr wahrnimmt, dann, weil die Bahnsteige mit einer Vielzahl von Verkaufsständen und Kiosken belegt sind, die gesamte Front des Empfangsgebäudes zur »Einkaufsmeile« wurde, er statt den Vorplatz überschreiten zu können, in ein unübersichtliches Tiefgeschoss gezwungen wird. Viele haben sich an heutige Bahnhofsausstattungen gewöhnt, so dass ihnen nicht mehr auffällt, dass die gemütliche bis exzellente Bahnhofsgaststätte fehlt, Räume zum Ausruhen spärlich und versteckt sind.
Ihm entgeht auch die Kunst am Bau, von 14 Bildhauern geschaffen, wie »Tag« und »Nacht« von Gustav Kaupert beiderseits des Uhrgehäuses auf dem Portal, der »Morgen« und der »Abend« von Franz Krüger an der Front des Querbahnsteigs, »Ackerbau« und »Handel«, zwei allegorische Figuren im Vestibül von Alexander Calandrelli. Im Mittelrisalit des Querbahnsteigs kann der Ankommende noch die den »Bergbau« und das »Heereswesen« von Josef Keller sowie »Hochzeitsreisende« von Carl Anton Rumpf und »Unterweisung auf der Reise« von Friedrich Schierholtz symbolisierenden Figuren sehen. Bekannt wurde »Atlas, die Erdkugel tragend«, die Krönung des Empfangsgebäudes. Diese über eine Tonne schwere Figur von Gustav Herold wird unterstützt von »Dampf« und »Elektrizität«.
Der Bahnhof musste sich einige Um- und Erweiterungsbauten gefallen lassen. Notwendig war er schon durch den enormen Verkehrszuwachs in der Zeit vor dem Ersten Weltkrieg. Die Zahl der Bahnsteige und Gleise war zu gering geworden. 1905 projektiert, aber wegen des Krieges erst 1924 abgeschlossen war die Erweiterung der Bahnsteiggleise von 18 auf 24, die Verlängerung und Anhebung der vorhandenen Bahnsteige auf 76 cm. Die seitlichen Flügelbauten wurden durch Seitenhallen für die Expressgutabfertigung, die Fernsprechvermittlung der Reichsbahndirektion Frankfurt (Main), Dienst- und Sozialräume sowie für Wohnungen ersetzt, die Eingangshalle und der Querbahnsteig für den Gepäcktransport unterkellert, unter dem Mittelbahnsteig ein Quertunnel gebaut. Auch die Zahl der Fahrkartenschalter wurde von 14 auf 28 verdoppelt, deswegen die Aborte in das Untergeschoss verlegt.
Nach dem Zweiten Weltkrieg wurde das schwer beschädigte Empfangsgebäude in äußerlich ursprünglicher Form, bis 1958, innen modernisiert, wieder aufgebaut. 1972 wurde der Nordflügel vorübergehend abgerissen, um für die S-Bahn in die Tiefe gehen zu können. Nach 1994, zur Zeit des Bahnchefs Heinz Dürr, kam wieder einmal der Plan auf die Tagesordnung, den Bahnhof ganz in die Tiefe zu verlegen, um ihn als umständlichen Kopfbahnhof abzuschaffen.
Am 6. Februar 2001 verschreckte das Eisenbahn-Bundesamt die Öffentlichkeit, als es ankündigte, den Bahnhof wegen des verrosteten Hallendaches stillzulegen. Mehdorn hätte am liebsten die gesamte Halle abreißen und dafür die flachen Bahnsteigdächer vom Typ Frankfurt aufstellen lassen. Drei Monate später war das Geld da. Von den über 230 Millionen Mark mussten die Steuerbürger 80 Prozent übernehmen, die Deutsche Bahn fast nichts. Bis nach 2006 wurde der Bahnhof saniert. Er behauptet sich mit durchschnittlich 1100 Zügen, 700 S-Bahn-Zügen und 350.000 Menschen an gewöhnlichen Werktagen als sicherlich eine der größten Verkehrsdrehscheiben in der Welt. Beliebt auch, weil er dank der Anlage als Kopfbahnhof, mitten in der Stadt liegt.

Die Bahnsteighalle wurde nicht abgerissen, sondern bis 2006 saniert und heller (2009). Foto: Emersleben

KEMPTEN (ALLGÄU) HBF

Seit 28. September 1969 halten die Reisezüge in Kempten auf einem neuen, aber gewöhnlichen Durchgangsbahnhof. Kaum erinnert sich noch jemand an die Zeit, als hier die Züge München – Lindau vor dem Gebäude enden, wenden mussten und erst nach diesem Zeitverlust weiterfahren konnten.
Am 1. April 1852 erhielt die Stadt Kempten durch die Ludwig-Nord-Süd-Bahn von Kaufbeuren aus einen Eisenbahnanschluss, fortgesetzt am 1. Mai 1853 bis Immenstadt. Das tief eingeschnittene Illertal machte die Suche nach dem geeigneten Platz für den Bahnhof recht schwierig, zumal die Stadt forderte, der Bahnhof müsse auch zu Fuß vom Stadtkern gut zu erreichen sein. Ein Durchgangsbahnhof hätte nur in zwei Kilometer Entfernung angelegt werden können. Das wollte man damals den Bürgern nicht zumuten. Da kam nur ein Kopfbahnhof in Frage, in den 1863 auch die Strecken von Memmingen, 1895 die von Pfronten-Ried und 1909 die von Isny eingeführt wurden.
Am Ende der Gleise und Bahnsteige stand das vierstöckige Betriebshauptgebäude mit dem einstöckigen Wartesaalbau. Beide Gebäude waren durch eine Mauer verbunden, an die sich das Bahnsteigdach anlehnte und sich bis zur Ladehalle fortsetzte. Der Reisende betrat unter einem Vordach das von Eduard Rüber (1804 – 1874) entworfene Empfangsgebäude an der Längsseite und ging zunächst in einen Vorraum, dessen drei Seiten das Billetexpeditionslokal, das Gepäckbüro und das Postbüro einnahmen. Ein Treppenhaus führte zum Zimmer der Kondukteure (Schaffner) und zum Lampenlokal und ein Korridor in den Wartesaalbau.
Schließlich bestand das Bahnhofsensemble aus den beschriebenen Gebäuden, zu denen zwei Ladehallen, der Lokomotivschuppen, zwei Torfmagazine, eine Güterwagen- und einer Personenwagenhalle sowie eine Bau- und eine Wächterhütte kamen. Der überdachte Bahnsteig mündete über eine Treppe auf den Bahnhofsvorplatz, zu dem zwei viertelkreisförmige Rasenflächen mit Blumenbeeten gehörten. 89 Gaslaternen erhellten den Platz.

Noch vor dem letzten Streckenzugang waren die Bahnhofsanlagen den Anforderungen, namentlich im Güterverkehr, nicht mehr gewachsen. 1885 lag der erste Entwurf für einen Durchgangsbahnhof vor, dessen Verwirklichung an den Kosten scheiterte, obwohl man damit Kempten gern an eine durchgehende Eisenbahnverbindung über den Fernpass nach Tirol und zur Brennerbahn anschließen wollte. Die Fernpass-Bahn kam nicht zustande, der neue Bahnhof auch nicht, aber die Königlich Bayerischen Staatseisenbahnen entschlossen sich, wenigstens einen neuen Rangierbahnhof und eine neue Anlage für die Lokomotiven zu bauen, und zwar südlich der Stadt, wo einst der Durchgangsbahnhof gebaut werden sollte.
Beim Bau dieser Anlagen zur Trennung von Personen- und Güterverkehr entstand von 1904 bis 1907 auch die sogenannte Umgehungsbahn – eröffnet am 1. Juli 1907. Dadurch konnten die durchgehenden Güterzüge München – Lindau sowie seit 1925 die internationalen Schnellzüge am Kopfbahnhof vorbei geleitet werden. Letztere hielten auf dem Bahnhof Kempten-Hegge. Zubringerzüge brachten die Reisenden zum 3,6 Kilometer entfernten Hauptbahnhof.
Sowohl die Deutsche Bundesbahn störte der Zubringerverkehr als auch die, die mit einer Sammelstraße den Straßenfernverkehr bündeln und so die Stadtmitte beruhigen wollte. Die neue Straße passte am besten in das Gelände des Kopfbahnhofs und auf die viergleisige Illerbrücke, die die Deutsche Bundesbahn entbehren könnte.
Die Umstellung vom Kopf- zum Durchgangsbahnhof ging mit Hilfe eines Landeskredits und einem Zuschuss der Stadt in zehn Schritten vom 30. Mai 1965 bis August 1969 vor sich. Zum Fahrplanwechsel am 28. September 1969 wurde der neue Bahnhof mit dem viergeschossigen Verwaltungsbau und vorgesetzter Schalterhalle sowie einem Zentralstellwerk (die »Allgäuer Käseschachtel«) in Betrieb genommen.

Im alten Bahnhof mussten die durchlaufenden Züge wenden. Foto: Rampp

Moderne Gebäude für Bahn und Post waren der Ersatz für den Kopfbahnhof (1999). Foto: Reiner Preuß

Leipzig Bayer Bahnhof

Die Kopfbahnhöfe der einzelnen Bahngesellschaften in Leipzig sind zwischen 1902 und 1915 mit den neugestalteten Leipziger Eisenbahnanlagen verschwunden, ihre Reste nicht mehr erkennbar. Geblieben waren der Eilenburger und bis zuletzt der Bayerische Bahnhof, der bahnamtlich Bayer Bf genannt wird. Er war sicherlich der älteste Kopfbahnhof in Deutschland.

Am 19. September 1842 eröffnete hier die Sächsisch-Baierische Eisenbahn-Compagnie ihre Strecke nach Altenburg, die in den folgenden Jahren bis Hof in Bayern verlängert worden ist.

Die gesamte Anlage ist vom Architekten August Eduard Poetzsch (1803 – 1898) entworfen worden, der nicht die Empfangs- und Verwaltungsgebäude trennte, sondern die Räume für die Verwaltung der Bahngesellschaft in die Personenhalle einbezog.

Die Reisenden gelangten durch die Vorhalle auf die Bahnsteige. Wer Fahrkarten lösen musste, ging durch den Wartesaal – gleichzeitig war er Restaurant – in das Vestibül. Für Droschken und Equipagen gab es überdachte Vorfahrten, so dass die abfahrenden oder ankommenden Reisenden bei Regenwetter trockenen Fußes von einem Verkehrsmittel in das andere wechseln konnten.

Am besten bekannt von diesem Bahnhof – und viel fotografiert – ist der Portikus, der an den byzantinischen Stil erinnert und mit seiner Inschrift, der Uhr und Glocke sowie den Hinweisen auf Abfahrt und Ankunft deutlich darauf hinwies, dass hier ein Bahnhof steht. Der Architekt hatte sogar die Idee, auf dem ansteigenden Platz vor dem Portikus eine Lokomotive mit schmückenden Elementen zu stellen, aber die Gesellschaft war dagegen, bezeichnete den gesamten Bau sogar als »Tempel der Verschwendung«.

Neben dem am 19. September 1844 fertiggestellte Bahnhofsgebäude gab es die Lokomotivstation mit einer Schmiede, eine Wagenhalle mit Lackieranstalt und Sattlerei sowie eine Güterhalle und ein Magazin, das Koks und Brennholz aufnahm.

Am 20. August 1878 ist eine neue, zweigleisige Verbindungsbahn in Richtung Connewitz eröffnet worden, so dass die Verbindung zu den anderen Bahnhöfen und Strecken hergestellt war. Die aus Bayern ankommenden Schnellzüge fuhren über die andere Verbindungsbahn zum Berliner Bahnhof – oder umgekehrt -, und so waren für die Reisenden gute Anschlüsse in Richtung Berlin und Magdeburg gegeben.

Als die nördlichen Bahnhofsanlagen in Leipzig umgebaut und der Berliner Bahnhof geschlossen worden war, kamen vom 1. Oktober 1912 an keine Schnell- und Eilzüge mehr zum Bayerischen Bahnhof. Die Königlich Sächsischen Staatseisenbahnen wollten aber den Bayerischen Bahnhof als Südbahnhof erhalten, sogar eine direkte Verbindung, eine Stadtbahn, vom Hauptbahnhof zu ihm schaffen. Dieser Gedanke wird seit 1999 als sogenannter City-Tunnel verwirklicht. Er wird wegen der Verdoppelung der Kosten als das »Milliarden-Loch« in die Geschichte eingehen.

Immer wieder einmal forderte die Stadt den Abbruch des Bahnhofs, der aber für den lokalen Güterverkehr und für den Berufsverkehr in Richtung Altenburg unentbehrlich schien. Der zweite Luftangriff auf Leipzig am 20. Februar 1944 zerstörte die Personenhalle. 1950 wurde die Dachkonstruktion abgetragen, der Bahnhof wurde immer unansehnlicher. Es gab Pläne, ihn zum Museumsbahnhof umzugestalten. Die Deutsche Bahn legte ihn am 16. Oktober 2001 still. Der nach 1990 renovierte Portikus blieb als Denkmal an den frühen Kopfbahnhof stehen, wurde 2010 sogar wegen des Tunnelbaus hin- und herbewegt. Bestimmt erhält eine Tunnelstation den Namen Bayerischer Bahnhof. Doch der Kopfbahnhof ist bald vergessen.

Vom Original blieb nur der obendrein unvollständige Portikus, unter dem man die Museumslokomotive 204 001, ex E 04 01, gestellt hat (1978). Foto: Rammelt

Leipzig Hauptbahnhof

Begünstigt durch die abgeschlossene Verstaatlichung und erzwungen vom Verkehrszuwachs musste auch in Leipzig wie in anderen deutschen Großstädten an die Zusammenfassung der Bahnhöfe gedacht werden. Hier aber mussten sich die Verwaltungen der preußischen und der sächsischen Staatsbahnen einigen, in welcher Form ein Zentralbahnhof entstehen sollte. Dass es ein Kopfbahnhof wurde, lag vor allem daran, dass fast sämtliche Züge in Leipzig endeten. Den Durchgangsverkehr leiteten die Königlich Preußischen Staatseisenbahnen über Halle. Der Kopfbahnhof bot auch diesmal den Vorteil, die Gleisanlagen weit in das Stadtinnere verlegen zu können.

Nach mehrjährigen Verhandlungen begann das gewaltige Bauvorhaben mit dem Ersten Spatenstich 1902 bei Wahren. Denn zuerst mussten neue Ersatzbahnhöfe errichtet werden in Schönefeld, Plagwitz, Gaschwitz, Mockau und Thekla. Am 1. Oktober 1906 wurde der Schnellzugverkehr Berlin – Hof zum Bayer Bahnhof verlegt, am 1. Oktober 1907 der Thüringer Bahnhof geschlossen.

Zu dieser Zeit lief noch der Wettbewerb für die Gestaltung des Empfangsgebäudes, an dem sich 76 Architekten beteiligten. Preisgekrönt wurde der Entwurf der Dresdner Architekten William Lossow (1852 – 1914) und Max Hans Kühne (1847 – 1942). Am 16. November 1909 wurde der Grundstein gelegt und mit der Gründung der Bahnsteighallen begonnen. Was dann folgte, stellte nach Berger alles in den Schatten, was es bisher im Stahlbau und im Stahlbetonbau gegeben hatte. [1] Der Bahnhof nahm 83.460 m² Grundfläche und 1.560.000 m³ umbauten Raum ein.

Das 300 Meter breite Empfangsgebäude wird von zwei Eingangshallen (Ost und West) gegliedert, die aus der Schaufront heraustreten und damit die Eingänge verdeutlichen. 1.620 m² Grundfläche nehmen die Bahnsteighallen mit 26 Meter lichter Höhe ein. Nicht ohne Hintersinn hatten die Architekten ihren Entwurf »Licht und Luft« genannt, denn die Oberlichtfläche und die hohen Fenster der Eingangsfront spendeten in den Hallen eine bis dahin bei solchen Bauten unbekannte Helligkeit.

10 Meter breite Freitreppen aus Lausitzer Granit führen zu dem 3,80 Meter höher liegenden Querbahnsteig, der die Personenströme verteilt. Von ihm gelangte man zu den Wartesälen, Restaurants und auch zu den Diensträumen. Die 276 Meter lange, 33 Meter breite und 27 Meter hohe Halle war wie die Eingangshallen mit einem Kappengewölbe aus Stahlbeton überdeckt, das sich auf sechs Stahlbetonbogen von 45 Meter Stützweite stützte. Auch der Querbahnsteig war hell und dem stärksten Reisendenansturm gewachsen.

Der mächtig wirkende Querbahnsteig war zu den Bahnsteigen bis 1957 mit Sperren abgeriegelt.

Der Hauptbahnhof ging am 1. Oktober 1915 in Betrieb, nachdem von 1910 an bereits schrittweise die Züge aus verschiedenen Richtungen ein- oder abfuhren. Nach Berger gilt der Hauptbahnhof »als der letzte Großbahnhof des 19. und als erster des 20. Jahrhunderts«. [1] Vorsorglich hatte man bereits eine 650 Meter lange U-Bahn-Strecke gebaut, die zum Bayerischen Bahnhof führen sollte. Auch waren unter den 26 Bahnsteigen fünf Tunnel für den Umsteigeverkehr sowie den Post- und Gepäckverkehr angeordnet.

Bis zum 1. Oktober 1934 war der Hauptbahnhof als Grenze der Reichsbahndirektionen Dresden und Halle administrativ geteilt. Auf den Bau-

Im Unterrichtsraum hing diese schöne Darstellung des Empfangsgebäudes aus dem Dresdner Architektenbüro Lossow und Kühne. Slg. Reichsbahndirektion Halle

körper hatte das Nebeneinander zweier Bahnverwaltungen, wie sie bis 1920 bestanden, keinen Einfluss. Selbstverständlich gehörten zu diesem Bahnhof eine Vielzahl von Stellwerken (26!), Dienststellen und Dienstleistungseinrichtungen für die Reisenden.

Die Luftangriffe auf Leipzig 1943 und 1944 beschädigten den Bahnhof schwer. Die Querbahnsteighalle, deren Abschlussbogen durch einen Bombentreffer einstürzten, bildete einen gewaltigen Trümmerhaufen. Bei laufendem Betrieb wurde der Bahnhof nach einem Auftrag der Regierung 1954 bis 1962 wieder aufgebaut bei weitgehender Wahrung des vorherigen Zustandes, im Laufe der Zeit dann aber doch die Hochbauten in der Instandhaltung vernachlässigt. Darüber konnte die Renovierung beispielsweise der großen Bahnhofsgaststätte nicht hinwegtäuschen.

Infolge der deutschen Teilung war dem Bahnhof auch ein großer Teil der Fernzüge genommen, sogar die Schnellzüge Berlin – München fuhren auf dem Güterring an ihm vorbei. Und nach der Wiedervereinigung blühte der Fernverkehr aus Gründen, die hier nicht erörtert werden sollen, auch nicht völlig auf. Die Intercityverbindungen von 1994 bzw. ICE-Verbindungen nach Berlin, Dresden, Frankfurt (Main), Norddeich, München von 2006 an dürfen nicht darüber hinwegtäuschen. Der Bahnhof erreicht nicht das Fahrgastpotenzial seines Konkurrenten in Frankfurt am Main.

Groß war die Aufregung (»Verschandelung eines Baudenkmals«), als für ein Parkdeck drei Gleise und zwei Bahnsteige entfernt wurden. Die Deutsche Bahn versuchte, die erzürnten Bürger zu beruhigen: »Der alte Kopfbahnhof […] bleibt äußerlich weitgehend erhalten, innen wird alles so gut wie neu.« [8] Vom Frühjahr 1996 bis Herbst 1997 wurde der Bahnhof zum Einkaufszentrum mit Gleisanschluss umgebaut mit dem Reisezentrum sowie 100 Fachgeschäften, Dienstleistungs- und Gastronomiebetrieben im Unter- und im Erdgeschoss. Für die Zu- und Aufgänge musste der Querbahnsteig durchbrochen werden. Optisch deutlich getrennt ist die Welt des Kommerzes im Bahnhof von der des Zugbetriebs an den Bahnsteigen.

Die nächste große Baustelle mit vorübergehender Stillegung von Gleisen und Bahnsteigen kam durch den Bau des City-Tunnels, der den Durchgangsverkehr fördern soll, inzwischen von Vielen als unnötig bezeichnet wird, weil der Verkehr ohnehin auf dem Hauptbahnhof »gebrochen« wird. Inzwischen hat der Geschäftsbereich DB-Netze kräftig rationalisiert. Zum Beispiel sind die vielen Stellwerke durch elektronische ersetzt worden, bedient von der Betriebszentrale aus, die sich in der nahe dem Bahnhof gelegenen Niederlassung befindet. Auch wurden viele vermeintlich überflüssige Gleise abgerissen.

Doch das mächtige Gebäude des Hauptbahnhofs thront weiter in der Stadtmitte und ist gewissermaßen ein Wahrzeichen der Stadt.

Für manche war die Öffnung des Querbahnsteiges für den Kommerz ein Sakrileg, andere freuen sich über das Treiben auf dem Bahnhof (2009). Foto: Emersleben

Ludwigshafen (Rheinl) Hbf

Am 29. Mai 1969 wurde nach 122 Jahren seines Bestehens der mitten in der Stadt gelegene Kopfbahnhof stillgelegt und durch den Neubau eines Durchgangsbahnhofs an der Peripherie, ersetzt. Für die Stadt bedeutete der Abbruch des alten Bahnhofs die Beseitigung eines städtebaulichen Hindernisses ersten Ranges, für die Reisenden hingegen die Inkaufnahme vieler Nachteile.

Der in der Nachbarschaft zu Mannheim Hbf gelegene Bahnhof wurde einmal als modernster Bahnhof Deutschlands gepriesen; zudem geadelt dadurch, dass alle Fernzüge zum Wenden halten mussten. Das ist vorüber; sie fahren seitdem durch, obwohl Ludwigshafen eine Großstadt mit über 165.000 Einwohnern ist.

1847 erreichte die bayerische Pfalzbahn von Neustadt und von Speyer her bei der Rheinschanze den Rhein, genau an der Stelle, wo später die Stadt Ludwigshafen heranwuchs. 1853 wurde die Strecke nach dem nördlich gelegenen Worms fertiggestellt und 1867 die erste Brücke über den Rhein nach dem benachbarten, im großherzoglich badischen Ausland gelegenen Mannheim gebaut.

Die Rheinbrücke lag etwa zwei Kilometer südlich des damaligen Bahnhofes, welcher senkrecht auf den Rhein ausgerichtet war, so dass die Gleise zwischen Bahnhof und Brücke einen Halbkreis beschrieben, innerhalb dessen sich nach und nach das Stadtzentrum entwickelte. Außerhalb dieses Halbkreises wuchsen die Stadtteile Nord und Süd heran, welche immer durch die Bahnanlagen von der Stadt und ihrem Zentrum abgetrennt waren. Diese Lage sollte einer der Anlässe für die Verlegung des Hauptbahnhofs werden.

Bis zur Zerstörung im Zweiten Weltkrieg besaß der Hauptbahnhof ein durchaus repräsentatives Empfangsgebäude, welches parallel zu den Gleisen auf deren Südseite lag. Der Bahnhofsvorplatz wurde eingerahmt von dem ebenfalls im Krieg zerstörten Verwaltungsgebäude der 1937 aufgelösten Reichsbahndirektion.

Die elf Bahnsteiggleise endeten vor einem Querbahnsteig. 1913 ist bereits der Bebauungsplan für einen Durchgangsbahnhof aufgestellt worden; selbst im Kriegsjahr 1943 wurde ein weiterer Entwurf fertiggestellt, der nach Kriegsende verwirklicht werden sollte. Die erheblichen Kriegszerstörungen änderten an den Bahnanlagen nur wenig, lediglich das Empfangsgebäude wurde nach dem Entwurf von Ernst Geissler in spartanischer Form wieder aufgebaut, indem zwei stehen gebliebene Flügelbauten durch eine Schalterhalle verbunden wurden.

1958 erreichte die Elektrifizierung Ludwigshafen. Die Deutsche Bundesbahn dachte an die Fortführung der Elektrifizierung nach Norden und den dadurch möglichen Durchlauf der Lokomotiven. Deshalb war die Umgestaltung der gesamten Bahnanlagen nur noch eine Frage der Zeit. Die schwersten betrieblichen Nachteile des alten Bahnhofs hatte die Deutsche Bundesbahn durch die am 31. Mai 1959 in Betrieb genommene Verbindungskurve beseitigt, so dass die von Mannheim kommenden und nach Norden fahrenden Züge durchfahren konnten, nicht mehr wenden mussten. So vorteilhaft die Verbindungskurve für den Betriebsdienst und der Zeitgewinn für die Fernreisenden war, so groß waren die Nachteile für die Bürger von Ludwigshafen: Von einem Tag zum anderen hatte sich die Zahl der haltenden Fernzüge fast halbiert. Die Schnellzüge Basel oder München – Köln fuhren in Sichtweite vorbei.

Die Verlegung des Hauptbahnhofes wurde zum ständigen Thema zwischen der Stadtverwaltung und der Bundesbahndirektion Mainz. Angelegt wurde der neue Bahnhof in Form eines etwa gleichschenkeligen Dreiecks. Da in alle Richtungen kreuzungsfreies Fahren möglich sein sollte, sind die Gleisanlagen in zwei Ebenen angelegt, was den Reisenden beträchtliche Wege abverlangt. Völlig unauffällig und unbedeutend ist das Empfangsgebäude ausgefallen. Es schmiegt sich östlich an die Hochbahnsteige an und liegt als einstöckiges Bauwerk teilweise unter einer mehrspurigen Straßenbrücke, von keinem Bahnsteig aus zu sehen. »Das Ingenieurbauwerk hat über die Architektur gesiegt.« [3]

Der 80 Meter hohe Pylon ist die Sichtmarke des Hauptbahnhofs (2005). An ihm hängt die Autobahn 650, und unter ihr ist eine Ebene des hässlichen Bahnhofs, die andere ist im Hintergrund zu erkennen. Foto: Wehmeyer

München Hauptbahnhof

München als Haupt- und Residenzstadt des Königreiches Bayern verdankt seinen ersten Eisenbahnanschluss dem privaten Engagement wichtiger in München und Augsburg ansässiger Handelshäuser, die am 28. November 1835 die München-Augsburger Eisenbahn-Gesellschaft gründeten. Der Vorsitzende war Joseph Anton von Maffei, der im Englischen Garten in München ein Eisenwerk betrieb, aus dem später die berühmte Lokomotiv- und Maschinenfabrik J. A. Maffei hervorgehen sollte.

Nach gut 18 Monaten Bauzeit wurde am 25. August 1839 der erste 12,6 Kilometer lange Abschnitt nach dem Dorf Lochhausen eröffnet. Am 4. Oktober 1840 war die Strecke bis Augsburg fertiggestellt. Westlich der seinerzeit 89.000 Einwohner zählenden Residenzstadt entstand bis zum 25. August 1839 auf dem zur Gemeinde Neuhausen gehörenden Marsfeld, etwa auf der Höhe der heutigen Hackerbrücke, ein Provisorium von Bahnhofsgebäude aus Holz.

Bereits 1843 waren drei Projekte für den Neubau des Münchner Bahnhofes ausgearbeitet. Das Projekt des Baurates Josef Ulrich Himbsel der Lokalbaubehörde sah den heutigen Standort auf dem Gelände der Schießstätte vor, etwa auf halbem Wege vom Karlsplatz zum Marsfeld gelegen. Am 1. April 1847 wurde für den Neubau des Centralbahnhofes ein »Königliches Bauamt« unter der Leitung des Baurats Friedrich Bürklein (1813 – 1872). Der Zufall beendete das Provisorium am 4. April 1847, ein Feuer vernichtete bis auf die Lokremise und den Torfschuppen alle Gebäude. Für die Reisenden wurde es noch primitiver. Für sie musste eine hölzerne Bahnsteigüberdachung genügen.

Aber im Sommer 1847 begann der Bau des neuen Bahnhofs. Am 22. September 1849 ging der Centralbahnhof in Betrieb. Der Neubau im »Bürkleinschen Stil« bestach durch seine nach italienischem Vorbild gestaltete Terrakotta-Fassade mit gelb und rot abgesetzten Streifen. Insgesamt erinnerte der im »antik-römischen« Baustil errichtete Bahnhof an eine altchristliche Basilika des 5. und 6. Jahrhunderts, ein Baustil, den König Ludwig I. besonders schätzte.

In den Folgejahren bauten die Staatsbahnen einige von München ausgehende Strecken, ohne dass sich die Bahnhofsanlage wesentlich veränderte. Seit August 1857 baute die privilegierte Ostbahngesellschaft ihren Bahnhof an der Nordseite des Centralbahnhofs. Gegenüber dem Staatsbahnhof war er vollkommen eigenständig, lediglich ein Verbindungsgleis erlaubte den Fahrzeugübergang zwischen den Anlagen beider Bahngesellschaften.

Der Kopfbahnhof scheint in der Stadtmitte, vor der Frauenkirche zu liegen (1965). Foto: DB/Steidl

Bürklein verlängerte 1859/1860 die Front des Staatsbahnhofs durch Anbauten zweier Säulengänge, jeweils durch einen Portalbau für die Hofeinfahrten unterbrochen, und je eines dreigeschossigen Nord- und Südpavillons mit Büro- und Wohnräumen, so dass die Symmetrie gewahrt blieb. Hinter dem Nordpavillon entstand die viergleisige, 145 Meter lange und 24 Meter breite Bahnhofshalle der Ostbahn. Damit besaß München für die beiden nebeneinander liegenden Bahnhöfe zweier Bahngesellschaften immerhin eine einheitliche Front zur Stadt hin.
Mit dem im Jahre 1873 im Wesentlichen vollständigen Streckennetz um München war die Leistungsfähigkeit des Centralbahnhofs überschritten, der zusammen mit der Halle des bisherigen Ostbahnhofs neun Bahnsteiggleise umfasste. Bürklein begann um 1870 mit den Entwürfen für die Baukonzeption des neuen Centralbahnhofs. Nach Bürkleins Tod 1872 übernahm Jakob Graff die weiteren Planungen. Bereits im Herbst 1876 begannen die Bauarbeiten, ohne dass dadurch der laufende Eisenbahnbetrieb leiden durfte.
Mehr aus der Not heraus wurde das Vorgänger-Gebäude beibehalten. Die Bahnsteighalle wurde um die Hälfte gekürzt und diente nun als Schalterhalle. Daran schloss sich das quergelagerte Betriebshauptgebäude mit den Wartesälen und Gaststätten an. Im Obergeschoss waren Räume der Bahnhofsverwaltung und Wohnungen. An der Südseite zur Bayerstraße sowie an der Nordseite zur damaligen Salzstraße flankierte je ein mehrgeschossiger Flügelbau den Querbau. Im Mai 1884 war das Empfangsgebäude fertiggestellt. Der Bahnhofsbereich bestand aus drei Zonen: der inneren für den Personen-, Eilgut- und Stückgutverkehr sowie dem Bierversand, der mittleren für den Wagenladungsverkehr und als Rangierbahnhof sowie der äußeren für den Maschinen- und Werkstättendienst.
Bald erwies sich der neue Bahnhof wieder als zu klein. 1889 wurden die Grundsätze für die Erweiterung des Bahnhofes festgelegt. Besonders wichtig war die Verlegung des Rangierverkehrs. Er kam in den Jahren 1893 bis 1896 nach Laim, der Stückgut- und Wagenladungsverkehr zur Nordseite. Schließlich wurden für den Vorortverkehr eigene Flügelbahnhöfe gefordert, um die Haupthalle hiervon zu entlasten. 1893 ging der provisorische Starnberger Flügelbahnhof mit sechs Gleisen an der Nordseite der Bahnsteighalle in Betrieb. Am 1. Mai 1904 wurde der Centralbahnhof in Hauptbahnhof umbenannt. Im Sommer 1910 erhielt der Starnberger Bahnhof weitere drei Gleise, so dass dem Hauptbahnhof 25 Bahnsteiggleise zur Verfügung standen. Nachdem das Provisorium des Starnberger Flügelbahnhof im März 1914 beendet worden war, begannen die Bauarbeiten für die beiden endgültigen Flügelbahnhöfe nördlich und südlich der Bahnsteighalle. Im Februar 1915 wurde, wieder nur als Provisorium, der südliche Holzkirchner Flügelbahnhof eröffnet. Beide Flügelbahnhöfe konnten erst am 30. April 1921 in Betrieb genommen werden. Die Bahnsteiggleise der Haupthalle behielten ihre bisherigen, von Süd nach Nord gezählten Bezeichnungen 1 bis 16, die des Starnberger Bahnhofes wurden in gleicher Reihenfolge zu den Gleisen 17 bis 26, die sechs Bahnsteiggleise des Holzkirchner Bahnhofes in entgegengesetzter Reihenfolge zu den Gleisen 27 den 32.
Erste Forderungen, den Centralbahnhof zu verlegen, kamen vom Journalisten Friedrich Graf in einem Zeitungsbeitrag am 17. Februar 1889. Er forderte eine Dezentralisierung des Eisenbahnverkehrs. Dadurch entstünde in der Stadt Platz für deren Entwicklung, und der im Betrieb hinderliche Kopfbahnhof wäre beseitigt. Derartige Vorstellungen kamen immer wieder. Schließlich machte der Ingenieur Theodor Lechner durch seine Vorschläge von sich reden. Auch er wollte die Kohleninsel als Mittelpunkt eines Eisenbahnnetzes innerhalb Münchens, allerdings mit einem Bahnhof in Hochlage als Vorortbahnhof neben dem bisherigen Centralbahnhof für den Fernverkehr.
Eine Denkschrift des Jahres 1911 enthielt verschiedene Modelle zur Verlegung des Hauptbahnhofs. Auch in den zwanziger Jahren wurden erneut Vorschläge zur Verbesserung der Bahnanlagen diskutiert. Obendrein missfiel die Fassade als einer Großstadt unwürdig. Andere Städte hatten inzwischen monumentalere Bahnhofsbauten erhalten. Im »Dritten Reich« sollte es neben einer fast vollständigen Umgestaltung der Bahnanlagen zu einem Durchgangsbahnhof für die »Hauptstadt der Bewegung« kommen, einem gigantischen Kuppelbau von 265 Meter Durchmesser, 136 Meter hoch, wie ihn die Firma August Klönne 1939 vorstellte.
Doch weder kam es dazu, noch zur Einführung von vier Gleisen der 3-Meter-Breitspurbahn, sondern zur Zerstörung des Bahnhofs bei Luftangriffen von 1942 bis Anfang 1945.
1949 musste die Bahnsteighalle abgebrochen werden, 1950 wurden die Ruinen gesprengt, und der wiederaufgebaute Starnberger Bahnhof eingeweiht. Ein Ende 1952 ausgeschriebener Architektenwettbewerb sollte die Gestaltung eines neuen Hauptbahnhofes auslösen. 1955 entschied sich die Deutsche Bundesbahn für einen Neubau mit einer auf der gesamten Breite einheitlich hohen Front. Am 8. März 1958 ist die neue Schalterhalle dem Betrieb übergeben worden, bis zum 1. August 1960 war die Bahnsteighalle erneuert und auch das neue Empfangsgebäude fertiggestellt.
Der bis 1884 geschaffene Grundriss des Bahnhofs blieb erhalten. Der Kopfbahnhof erfüllt noch immer seine Funktion.

Bürklein und Graff entwarfen den Centralbahnhof als Kopfbahnhof.
Slg. Blazek

STUTTGART HAUPTBAHNHOF

Kein anderer deutscher Bahnhof sorgte in jüngster Zeit für so viele Schlagzeilen wie der Stuttgarter Kopfbahnhof in Stuttgart. Die Auffassungen, ob der Umbau dieser Anlage zu einem Durchgangsbahnhof mit weniger Gleisen, obendrein als Tiefbahnhof sinnvoll ist, gehen auseinander.

Auseinandersetzungen über den »richtigen« Bahnhof haben, nicht nur, in Stuttgart Tradition. In den 1840er-Jahren planten die Königlich Württembergischen Staatseisenbahnen die Hauptbahn von Bruchsal bzw. Heilbronn nach Ulm, unbedingt über die Residenzstadt Stuttgart. Wegen deren Lage in einem Talkessel legte man die Bahnhofsanlage weit nördlich vor die Stadt, sah sie als Durchgangsbahnhof vor, oder sollte sie besser ein Kopfbahnhof werden? Karl Etzel (1812 – 1865), Baumeister der württembergischen Eisenbahn, setzte sich vehement für den Kopfbahnhof nahe der Innenstadt ein. Auch die Stadtverwaltung wollte das so. Stuttgarts erster Bahnhof wurde in der Stadt an der Schlossstraße, der heutigen Bolzstraße, gebaut, ganz nahe zum Neuen Schloss.

Ein seinerzeit avantgardistisches Bauwerk mit Hotel und Turm (rechts) und einem Flügeln (links), der wegen »Stuttgart 21« abgerissen werden soll. Slg. Blazek

Das Empfangsgebäude war ein seltsames Bauwerk: ursprünglich ein eingeschossiger fünfbogiger Torbau mit Figuren über den Bögen. Wenig später wurden die Figuren entfernt und über das Eingangsgeschoss mit den Torbögen zweieinhalbe Obergeschosse und ein Walmdach gelegt. Dadurch fiel der Bahnhof in der dichten Reihe der anderen Bauten der Schlossstraße nicht mehr sehr auf. Der Personenbahnhof bestand aus dem Empfangsgebäude und einer Perronhalle, die vier Gleise überdachte. Es gab zwei Seitenbahnsteige und dazwischen zwei Betriebsgleise. Betriebswerkstätte und Güterbahnhof lagen stadtauswärts neben dem Schlossgarten.

Am 12. September 1846, dem 65. Geburtstag König Wilhelms, kam von Cannstatt kommend die erste Lokomotive an. Der Regelverkehr wurde zwischen Ludwigsburg und Cannstatt am 15. Oktober 1846 aufgenommen. Nach wenigen Jahren erwies sich die Anlage als viel zu klein; die Staatseisenbahnen mussten sie erweitern. Und so breitete sich der Centralbahnhof schneller als ursprünglich gedacht aus, auch infolge der Eröffnung mehrerer Strecken.

Mit seinen nur vier Bahnsteiggleisen entsprach er nicht mehr dem Reiseverkehr zum Ende des 19. Jahrhunderts. Ein neuer Bahnhof wurde benötigt. Sollte der neue ein Kopfbahnhof werden, oder sollte man auf die alten Pläne des Durchgangsbahnhofs zurückgreifen? Oder sollte man die Gleise in der Stadt mit Hilfe von Tunnelbauten absenken und einen tiefliegenden Durchgangsbahnhof bauen? Auf das Für und Wider reagierten die Staatsbahnen mit dem Argument: Nur fünf Prozent der nach Stuttgart kommenden Reisenden sind auf der Durchreise. Daraufhin bestimmte König Wilhelm II. 1907, dass wieder ein Kopfbahnhof gebaut werde; nun rund 400 Meter weiter stadtauswärts.

1910 schrieb die Königliche Generaldirektion der Württembergischen Staatseisenbahnen den Wettbewerb für das Empfangsgebäude aus. Nach den Erinnerungen Paul Bonatzs (1877 – 1956) beabsichtigte er, von einer Reise nach Sizilien zurückgekehrt, nicht an dem Wettbewerb teilzunehmen. Dass er doch einen Entwurf einreichte, dazu soll ihn sein Freund Friedrich Eugen Scholer (1874 – 1949) ermuntert haben. Bestimmt war, die der Schillerstraße zugewandte Hauptfassade mit einer Breite von etwa 200 Meter wegen der vorgesehenen 16 Bahnsteiggleise, die westlichen acht für die Vorort-, die anderen für die Fernzüge.

Die Architektur sollte der großen Bedeutung des Bauwerks entsprechen; aber auch den Grundsätzen höchster Sparsamkeit. Bombast war unerwünscht. Dazu gingen 70 Entwürfe ein. Den ersten Preis gewannen Bonatz und Scholer. Selbst wenn das tatsächlich gebaute Gebäude vermeintlich nicht mit Bonatz' und Scholers Entwurf übereinstimmte, der Bauherr hatte sich für ein Bauwerk entschieden, das den örtlichen Gegebenheiten und den betrieblichen Erfordernissen entsprach, außerdem durch eine klare Gestaltung anders als andere deutschen Großstadtbahnhöfe war.

Besonders eindrucksvoll gestalteten die Architekten die Eingangshalle mit breitem Treppenaufgang zur Querhalle. Dieser monumental wirkende Raum ist mit dem großen bogenüberwölbten Portikus-Fenster wohl der schönste im Bahnhof. Raffiniert wurde die Hauptausgangshalle mit zehn Meter breiter Treppe gestaltet und ihr Ausgang in der Giebelfront völlig unbetont gelassen, um den Gegenverkehr von Personen weitgehend zu vermeiden. [1]

Ein Zugeständnis an die Auffassung, wie ein repräsentatives Bahnhofsgebäude auszusehen hat, war der 57 Meter hohe Turm, der lediglich einen Warteraum, einen Sitzungssaal sowie auf mehreren Etagen gastronomische Betriebe aufnahm und als Aussichtspunkt attraktiv ist. Er aber hält das rie-

sige Bauwerk optisch zusammen, das kriegsbedingt erst am 21. Oktober 1922 eingeweiht wurde, die gesamte Anlage einschließlich Hotel, Querbahnsteighalle und einigen Gleisen sogar erst 1928.
Weil es im Kriege am Stahl mangelte, der Bauabschnitt aber beendet werden sollte, entschloss sich die Reichsbahndirektion Stuttgart, hölzerne Hallen zu errichten. Diese »Notdächer« gefielen selbstverständlich vielen Bürgern nicht, auch die nach 1945 angebrachten Hallendächer aus Stahl, gestützt auf den Gepäckbahnsteigen, waren zwar ein wirtschaftlicher Ersatz, aber nicht das, was dem Bonatz-Scholer-Entwurf einmal vorschwebte. Das hätte nur eine riesige Bahnsteighalle sein können.
Über Jahre beschäftigte sich die Öffentlichkeit mit der Qualität des Hauptbahnhofs. Die einen bewunderten ihn, andere bezeichneten ihn als reaktionär, imperial oder neoägyptisch. Im Zweiten Weltkrieg brannten die hölzernen Bahnsteighallen ab, wurde die Fassade am Bahnhofsplatz und an der Cannstatter Straße schwer beschädigt und auch die Dächer der Querbahnsteighalle sowie der beiden Schalterhallen. Der Wiederaufbau, auch unter Bonatz' Beteiligung, zog sich über viele Jahre hin. Trotz mancherlei Neuheiten wie anderes Material für das Dach des Querbahnsteiges oder die bereits genannte Bedachung der Bahnsteige aus Stahl, auf die früher verzichtet worden war, und nach verschiedenen Modernisierungen in den sechziger und siebziger Jahren blieb der typische Charakter dieses Kopfbahnhofs. Anders dagegen die Umgestaltung des Bahnhofsvorplatzes (Arnulf-Klett-Platz), der dem Autoverkehr geopfert wurde, während Straßenbahnen und Fußgänger in den Untergrund, die Klett-Passage, verbannt wurden. Dadurch wurde zumindest optisch der Bahnhof von der Stadt getrennt, ging die von Bonatz beabsichtigte Gesamtwirkung von Vorplatz und Empfangsgebäude verloren.
In den Untergrund verbannt wurden nicht nur die Fußgänger, auch für die S-Bahn wurden 1971 bis 1978 unter den Vorortbahnsteigen ein Tunnelbahnhof und zwei zweigleisige Tunnel angelegt. Kam daher die Idee, den gesamten Personenverkehr in den Tunnel zu verlegen? Was als »Stuttgart 21« seit der Ära des Vorstandsvorsitzenden der Deutschen Bahn, Heinz Dürr, propagiert wurde, gehörte zu mehreren ähnlichen Projekten mit dem Gedanken, im Tunnel einen Durchgangsbahnhof zu schaffen und über Tage die frei gewordenen Flächen zu verkaufen. In Stuttgart wurde der Plan dadurch versüßt, dass der Flughafen von den Fernzügen erreicht wird.
»Stuttgart 21«, kurz »S 21« genannt, spaltete die Bevölkerung in der Meinung, ob die Aufgabe des Kopfbahnhofs sinnvoll sei. Man bedenke: Nach wie vor steigt der größte Teil der Reisenden in Stuttgart aus oder zu. Dieser hat keinen Gewinn vom Durchgangsbahnhof. Ohnehin wechseln bei der großen Zahl der Wende- und Triebzüge selten die Lokomotiven, so dass dieser betriebliche Nachteil eines Kopfbahnhofs vernachlässigt werden kann.
Die Politiker und die Deutsche Bahn unternahmen viel, um mit richtigen und falschen Argumenten für das Projekt zu werben. Vollendete Tatsachen schufen sie, indem die Ortsgüteranlagen stillgelegt wurden, damit auf dieser Fläche Bürobauten entstehen konnten. Außerdem wurde die Instandhaltung des Kopfbahnhofs vernachlässigt, dieser als Nadelöhr im Zugverkehr bezeichnet, Alternativen zum Tunnelbahnhof nicht erörtert.
Schlimm ist auch der Angriff auf das geniale Bonatz-Bauwerk, von dem ein Teil abgerissen werden soll. Obwohl das Geld für wichtige Verkehrsprojekte fehlt, begann der Umbau des Hauptbahnhofs am 2. Februar 2010, um – laut Pressemitteilung der Deutschen Bahn – »die Gleise um ca. 120 Meter nach Norden zu versetzen. Damit entsteht zwischen der Kopfbahnsteighalle und den nach vorne geschobenen Gleisen der für die weiteren Bauaktivitäten notwendige Freiraum. [...] Weitere Baumaßnahmen, wie das Vorverlegen der Bahnsteige, die Änderung der bestehenden Gleis- und Signalanlagen und die Verlegung der S-Bahn Rampe (Verbindung S-Bahn-Tunnel tief mit dem Stuttgarter Hauptbahnhof oben) folgen. Insgesamt sind für die bauvorbereitenden Arbeiten im Gleisvorfeld 61 Bauphasen vorgesehen, wovon 37 im Jahr 2010, 17 im Jahr 2011 sowie 7 im Jahr 2012 realisiert werden. [...] Nach Abschluss der Vorbereitungsmaßnahmen können die Arbeiten für den neuen Durchgangsbahnhof, für die Tunnelstrecken und den Umbau des kompletten Stuttgarter Bahnknotens anlaufen.«
Deutschland hat dann wieder einen Kopfbahnhof weniger, obendrein einen in seiner Anlage und Architektur einzigartigen.

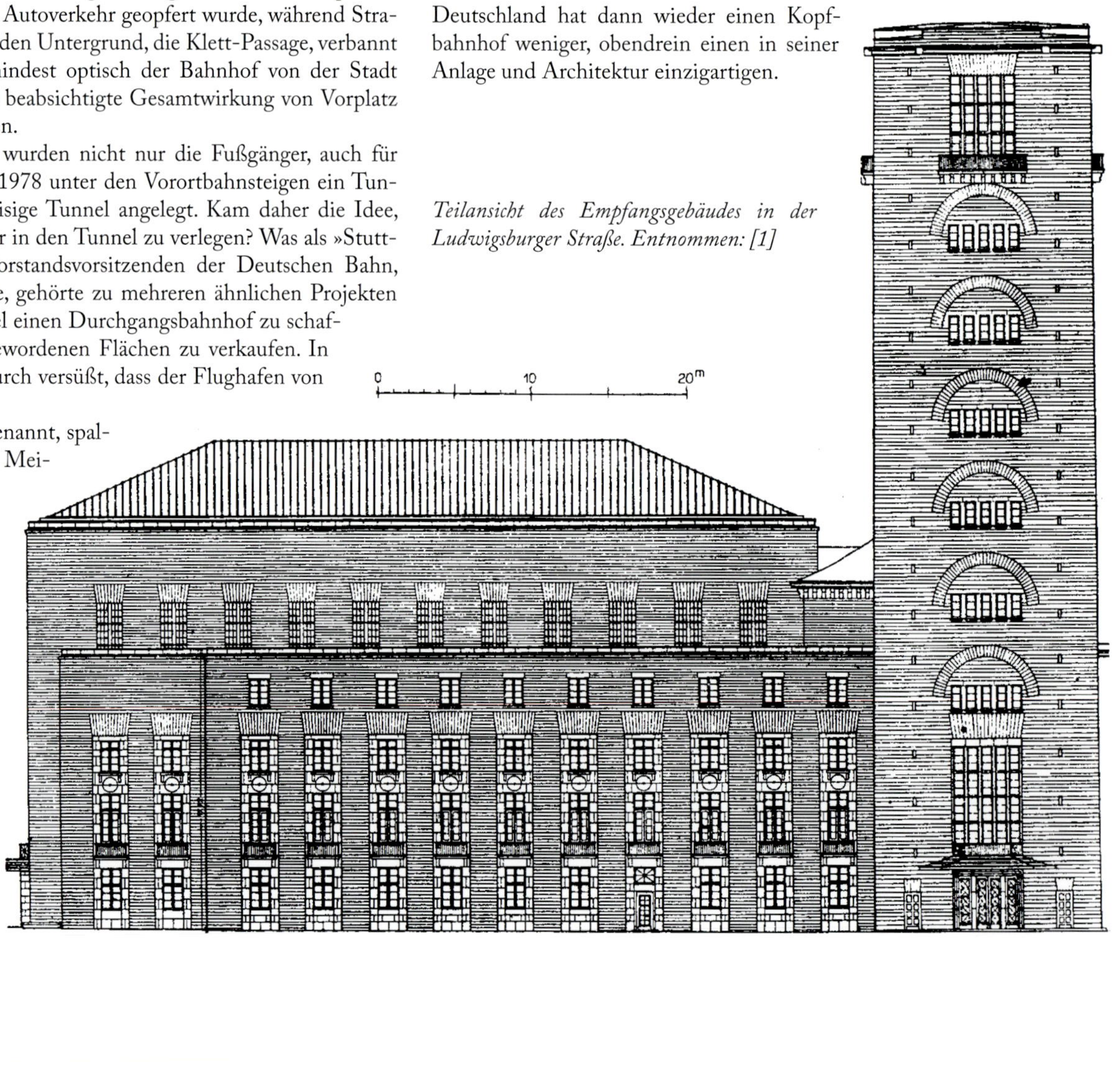

Teilansicht des Empfangsgebäudes in der Ludwigsburger Straße. Entnommen: [1]

Wiesbaden Hauptbahnhof

Die drei dem Personenverkehr dienenden Bahnhöfe an der Rheinstraße, der Taunusbahnhof, 1840 eröffnet, der Rheinbahnhof, 1854 eröffnet, und der Hessische Ludwigsbahnhof, 1879 eröffnet, reichten nicht mehr aus, als die Einwohnerzahl der Stadt von 18.054 im Jahre 1860 auf 74.133 im Jahre 1895 gestiegen war. Den Ausschlag, die drei Bahnhöfe stillzulegen und einen Centralbahnhof zu planen, gab die neue Ringstraße, der die Strecke nach Schwalbach weichen sollte. Die hessische Regierung beschloss am 14. Oktober 1891, den Centralbahnhof zu planen und die Bahnanlagen umzugestalten. Kaiser Wilhelm II., der oft nach Wiesbaden kam, hörte davon, mischte sich sogleich bei der Projektierung und auch beim Bau ein. Er forderte einen der schönsten Bahnhöfe Deutschlands.

1897 ließ die Eisenbahndirektion in Frankfurt am Main nach ihren betriebstechnischen Vorgaben den Architekten Fritz Klingholz (1861 – 1921) die ersten Entwürfe ausarbeiten. Die sahen eine achsgleiche Anlage wie beim Frankfurter Hauptbahnhof vor, ausgehend von einer in der Mitte gelegenen Hauptschalterhalle.

Da die drei bisherigen Bahnhöfe bereits umbaut waren, musste der neue Bahnhof an andere Stelle, im Salzbachtal, etwa 700 Meter südlich der Rheinstraße gebaut werden. Hier war ein Durchgangsbahnhof nicht möglich, der Kopfbahnhof ohnehin günstiger wegen seiner Lage an der Hauptverkehrsader der Stadt. Wer vom Zug kam, brauchte keine Treppen zu steigen. Architekt Cornelius meinte dann auch: »zur großen Bequemlichkeit der Reisenden, insbesondere der vielen Kranken, die in Wiesbaden Heilung suchen.«

Wegen des Fremdenverkehrs und dessen Beziehung zum städtischen Leben einerseits, des Markt- und Lokalverkehrs andererseits wurde die Lage der Gleise bestimmt: die Richtungen nach Frankfurt (Main), Köln und Mainz kamen auf die östliche Seite des Bahnhofs, der Nahverkehr auf die westliche Seite, was aufwändige Bauten für die kreuzungsfreie Einführung der Gleise erforderte, wodurch die Ein- und Ausfahrten aber nicht behindert wurden.

Die breite Bahnsteighalle erscheint überdimensioniert (2000). Der Fernverkehr ist weitgehend nach Mainz und Frankfurt (Main) verlegt worden.

Ausgesprochen wilhelminisch: So war und ist der Eindruck vom Gebäude des Bahnhofs in der einstigen Kur- und inzwischen hessischen Landeshauptstadt. Slg. Blazek

Der Bau des neuen Bahnhofs begann im Herbst 1904 mit der Neuanlage der Strecke nach Dotzheim. Vom Frühjahr bis Ende 1905 ruhte der Bau, weil der Kaiser wieder eine Änderung des Projektes verlangte. Dann wurde nur am vorderen Teil des Empfangsgebäudes gearbeitet, Ende November 1905 an der Querbahnsteighalle. Trotz aller Hindernisse und Verzögerungen war der Bahnhofsbau nach 18 Monaten am 15. November 1906 vollendet; der Fürstenbau im Mai 1907. Im Jahr der Eröffnung verkehrten von und nach Wiesbaden Hbf täglich 450 Züge.

Das Empfangsgebäude umschließt mit dem U-förmigen Grundriss die Gleise der Bahnsteighalle. Wer in die Empfangshalle eintrat, fand rechts die Fahrkartenschalter und Auskunft, links die Gepäckannahme und Handgepäckaufbewahrung. Ging er weiter, kam er in die 16,65 Meter breite und 99 Meter lange Halle des Querbahnsteigs. Von ihr aus erreichte man die Wartesäle I., II. und III./IV. Klasse sowie die Toiletten. Östlich führte der Weg in die Ausgangshalle mit der Gepäckausgabe und Handgepäckaufbewahrung, und von ihr kam man zum Halteplatz der Droschken. Auf der Westseite war der Ausgang für jene Reisenden, die von Nahverkehrs- und Ausflugszügen kamen. Der Bahnhof war perfekt organisiert, das Publikum nach Standesunterschieden getrennt.

In den seitlichen Flügelbauten fanden östlich die Diensträume um einen Hof (wegen des Tageslichts!), westlich die Post ihren Platz. Darüber waren die Aufenthaltsräume der Stationsarbeiter und die der Zug-, Wagen- und Lokomotivbeamten. Im Obergeschoss wohnte der Bahnhofsvorsteher mit seiner Familie und ganz oben, im Dachgeschoss, der Pförtner.

Über die architektonische Gestaltung des neuen Bahnhofsgebäudes gingen die Meinungen auseinander. Dass es ein Gemenge aus Elementen des Barocks, der Renaissance und des Jugendstils geworden war, lag am Einfluss des Kaisers, dem die damalige in Kurorten gepflegte Architektur besonders gefiel. Die Architekten hatten ihre liebe Not, dem wilhelminischen Geschmack zu entsprechen.

Mondänes Publikum wird in Wiesbaden, der hessischen Landeshauptstadt, nicht mehr erwartet. Der Bahnhof wird, sicherlich weil er ein Kopfbahnhof ist, vom Fernverkehr weitgehend umgangen.

3.

Für Höchste und andere Herrschaften

Gleis
2
Richtung Giessen
D EMS

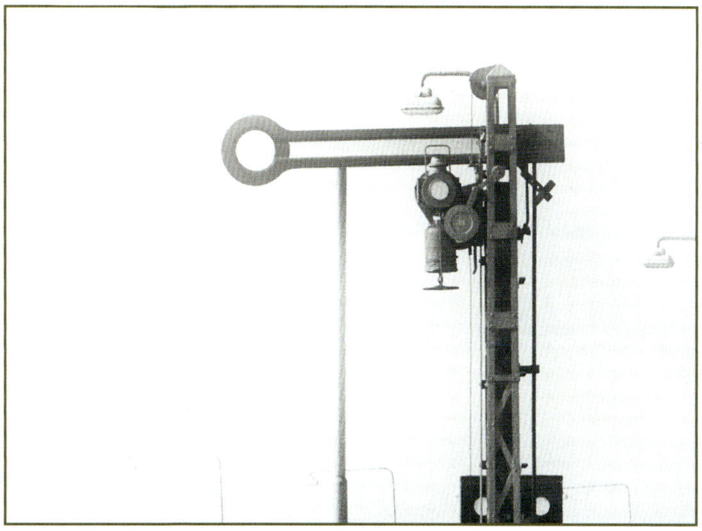

Bad Ems

1858 eröffnete die Wiesbadener Eisenbahn-Gesellschaft die Strecke von Oberlahnstein nach Bad Ems. Der Bahnhof wurde wegen gekrönter Häupter bekannt, die in das einst weltberühmte Bad reisten, und zwar standesgemäß mit der Eisenbahn. Nachdem das seit 1806 bestehende Herzogtum Nassau 1866 in das Königreich Preußen einverleibt worden war, fuhr der preußische Prinzregent und spätere König Wilhelm I., der schließlich deutscher Kaiser wurde, in den Badeort an der Lahn. Hier trafen auch andere Staatsoberhäupter und ihr Anhang ein, wie die französische Kaiserin Eugénie, der König von Belgien und der russische Zar mit der »Gattin zur linken Hand« der Fürstin Dolgoruki.
Bad Ems wurde auch bekannt durch ein internes Telegramm, die Emser Depesche. Jemand hatte am 13. Juli 1870 Bismarck in Berlin über die Vorgänge im Kurort unterrichtet. Hier hatte der französische Botschafter Vincent Benedetti vom König Wilhelm I. von Preußen gefordert, die Hohenzollern sollten auf die spanische Thronfolge verzichten. Bismarck verwendete den Inhalt der Depesche noch am selben Tag für eine Pressemitteilung. Die französischen Übersetzungen erschienen tags darauf, am französischen Nationalfeiertag. Die französische Öffentlichkeit reagierte, wie von Bismarck vorhergesehen, mit nationaler Empörung. Frankreich erklärte bald darauf dem Königreich Preußen den Krieg, den die Franzosen 1871 verloren.
Ein solcher Badeort, in dem sich die Höchsten Herrschaften aus aller Welt einfanden, brauchte einen entsprechenden Bahnhof. Das erste Empfangsgebäude war sehr einfach; nach älteren Darstellungen glich es einem Bahnwärterhaus. Das neue Bauwerk nach dem Standard der Lahntalbahn des Architekten Heinrich Velde (1827 – 1905) im neuromanischen Stil, das den ankommenden Fürsten und Königen gefallen sollte, war 1862 fertiggestellt und enthielt auch einen Fürstensaal.
Dennoch war der Bahnhof nicht fein genug. Vor allem störte der Regen, wenn man aus dem Zug stieg oder auf ihn wartete. Deshalb wurde 1875 der Zugang zu den Bahnsteigen überdacht, immer noch nicht fein genug. Der »Rheinische Courier« berichtete am 1. Mai 1875: »... und zeichnete sich durch leichte und schöne Construction aus. Leider werden die Räume des Bahnhofs durch dieselbe etwas verdüstert.« Einen Monat später formierte sich eine Art Bürgerinitiative, die gegen die »Verunstaltung des Landschaftsbildes« durch die Überdachung des Bahnübergangs und den Bahnsteigzugang Unterschriften sammelte. Der Bahnhof war ja nicht irgendeine Station, weshalb sich am 9. März 1908 das preußische Abgeordnetenhaus mit der Erweiterung des Bahnhofs beschäftigte. Den Nationalliberalen Heydweiller störte die Bahnhofshalle, sie »versperrt den Durchblick auf den südlichen Stadtteil, so dass dieser für die ankommenden Fremden verschwindet.« Die Eisenbahndirektion Frankfurt erklärte im Dezember 1905: »An Stelle des jetzigen düsteren und sehr ausbesserungsbedürftigen Wellblechdachs ist mit Rücksicht auf das Badepublikum und den zahlreichen Fürstenbesuch eine geschlossene, beide Bahnsteige überspannende Halle und für Salonwagen und Hofzüge, die jetzt im Freien stehen müssen und für die geeignete und ausreichende Gleise nicht vorhanden sind, ein einfacher Schuppen aus Holzfachwerk vorzusehen.«
Bis 1910 kamen die in Gustavsburg bei Mainz hergestellten Hallenteile an. Am 4. Februar 1910 wurde die alte Halle abgebrochen, im Juni waren die neuen Personenverkehrsanlagen fertiggestellt, wie sie im Wesentlichen noch heute bestehen. Doch, wie anderenorts ebenfalls, blieb der Adel nach dem Ersten Weltkrieges dem Badeort fern. Lediglich die wie auf eine grüne Wiese hingestellte Bahnhofshalle (»die kleinste in Deutschland«) zeugt von einst besseren Zeiten. Fast hätte eine Umgehungsstraße diesen eigenartigen Bahnhof beseitigt. Die Landratssitzung am 2. November 1993 beschloss, das Bahnhofsgebäude aus Gründen des Denkmalschutzes und aus finanziellen Erwägungen in seiner bisherigen Form zu belassen.

Unter der kleinsten Bahnsteighalle Deutschlands stiegen früher Blaublütige ein und aus (1996).

Bad Homburg

Gekrönte Häupter und andere Höchste Herrschaften kamen in den Bade- und Kurort, der sich seit 1912 den Zusatz Bad zulegte, nach 1945 Kreisstadt des Hochtaunuskreises wurde und korrekt als »Bad Homburg vor der Höhe« zu bezeichnen ist.
Homburg erhielt am 10. September 1860 die Eisenbahnverbindung zum Main-Weser-Bahnhof in Frankfurt und erst 1901 bis Friedberg an der Strecke Kassel – Frankfurt (Main). Dieser Streckenbau war der Anlass, den Kopfbahnhof mit dem »Alten Bahnhof« aufzugeben (wurde Rathaus) und sich ein neues, der Bedeutung des Ortes und der anreisenden Herrschaften entsprechendes Bahnhofsgebäude zuzulegen. 1905 begann der Bau 100 Meter südöstlich des bisherigen Bahnhofs nach dem Entwurf des hochbautechnischen Dezernenten der Eisenbahndirektion Frankfurt, Armin Wegner, der auch eine doppelschiffige Bahnsteighalle vorsah. Am 26. Oktober 1907 ging der neue Bahnhof in Betrieb. Nun fuhren die Züge der »Bäderbahn« von Wiesbaden über die Strecke Höchst — Rödelheim nach Bad Homburg und weiter über Friedberg bis Bad Nauheim. Eine solche Verbindung freute nicht nur Kaiser Wilhelm II., der den Bahnhofsbau begutachtet hatte, jetzt kamen auch Fernzüge mit Kurswagen von Nancy, Oostende und Hoek van Holland nach Homburg; der Kurbetrieb florierte schon wegen der guten Zugverbindungen.
Der Kaiser und die fürstlichen Gäste sahen das Innere des Empfangsgebäude nicht, sie gingen vom Hausbahnsteig zum als Fürstenbau bezeichneten Extragebäude, das für 120.000 Goldmark den Fürstenpavillon von 1884 ersetzte. Das Gleis führte in eine Wagenhalle, in der die Fahrzeuge des Hofzuges oder der Gäste abgestellt werden konnten.
Der Fürsten- und der Hauptbau harmonierten so gut, dass man beide als ein Bauwerk ansah. Der seinerzeit obligatorische Uhrturm und die Bahnsteighalle wurden als malerisch bezeichnet. Eine Gartenanlage schmückte den Vorplatz und vermittelte dem Ankommenden sogleich den besten Eindruck vom Städtchen.

Die Bahnhofsgebäude, selbst die östlich gelegene Güterabfertigung waren im Stil der Spätrenaissance gebaut worden mit Anklängen an die alte hessische Bauweise. Giebelformen, Bekrönungen von rotem Mainsandstein mit Schiefer- und Kupferdächern passten sich der Landschaft an. Für den Fürstenbau wurden selbstverständlich edle Baustoffe verwendet. Vorhalle und das Treppenhaus waren aus grauem Sandstein, die Säulen aus Nassauer Marmor. Für die Wandtäfelung des Salons hatte man hellen Ahorn, ungarische Esche und Vogelahorn geholt. Die Wände waren mit Stoff bespannt, die Fußböden aus Eichenriemen in Asphalt, mit Teppichen vollständig oder mit Läufern belegt. Empfangsgebäude und Fürstenbau wurden durch eine Niederdruckheizung erwärmt.
Als nach dem Ersten Weltkrieg die Kurgäste und der Adel wegblieben, verminderte sich das Zugangebot entsprechend; die Fernzüge fehlten ganz. Die Luftangriffe auf Homburg verschonten die beiden Bahnhofsgebäude. Der Fürstenbahnhof diente nun den amerikanischen Besatzern, die US-Militärgouverneure Eisenhower, Clay und Cloy wohnten hier. Am Bahnsteig stand ständig ein Militärzug mit Heizlokomotive, und es verkehrten für die Besatzungsmächte Schnellzüge von Berlin und Bremerhaven nach Frankfurt (Main) über Bad Homburg.
Für die Zivilbevölkerung verbesserte sich der Fahrplan im Nahverkehr ständig, seit 23. Mai 1954 bestand der 30-Minuten-Takt nach Frankfurt (Main) Hbf. Seit 28. Mai 1978 verkehren die S-Bahnzüge im 20-Minuten-Takt. Dabei vernachlässigte die Deutsche Bundesbahn die bis 1907 geschaffenen Gebäude. 1961 wurde unter dem Protest der Bevölkerung aus angeblich wirtschaftlichen Gründen die Bahnsteighalle abgerissen. Das Fürstenhaus wurde zum Café, der Wasserturm zur Wohnung. Seit der Vorplatz als Parkplatz und für die Bus-Bahnsteige genutzt wird, ging viel von der einstigen Schönheit verloren. 2010 war die Renovierung des von der Bahn wenig geschätzten Gebäudes im Gange.

Vom einstigen Kaiserbahnhof Bad Homburg mit der Bahnsteig- und Wagenhalle hielt sich nicht viel, nur der Fürstenbau als Café (2000).

Bremerhaven Columbusbahnho

Die Columbuskaje an der Weser war seit jeher die Anlegestelle für die Personenschifffahrt nach Amerika. Hier verließen Tausende Auswanderer Europa, in dem sie ihre Familien nicht ernähren konnten, beispielsweise 1913 rund 240.000 Emigranten. Der Norddeutsche Lloyd unterhielt hier ein Abfertigungsgebäude, das auch von den Königlich Preußischen Staatseisenbahnen als Bahnhofsgebäude genutzt wurde. Nach dem Kai wurde der Bahnhof benannt.

Je größer die Schiffe wurden, insbesondere als Hapag-Lloyd die BREMEN, COLUMBUS und EUROPA in Dienst stellten, reichte das Gebäude nicht mehr, insbesondere nicht der Zollbehörde. Denn hier kamen schlagartig Tausende Menschen an, für die »Stauräume« zur Verfügung gestellt werden mussten. Ohnehin waren die Rangierbewegungen für die gruppenweise laufenden Passagiere eine Gefahr.

Die Deutsche Reichsbahn ließ von 1924 bis 1927 ein Bahnhofsgebäude mit Zoll- und Gepäckabfertigung bauen, ein Gebäude, das beeindruckte. Die Stilrichtung des Neubaus war die »Neue Sachlichkeit«: zweckmäßig, schlicht, konstruktiv. So sollte der neue Bahnhof sein, den die Architekten des Hafenbauamts Bremerhaven Claussen und Andresen (für die Anlage) und Jacobs (für die Bauten) entworfen hatten.

Für die Überseedampfer war eine 1000 Meter lange Kaimauer gebaut worden, an der parallel zum 700 Meter langen Pier das 230 Meter lange Empfangsgebäude angeordnet worden ist. Es enthielt die Columbushalle sowie die Wartesäle I., II. und III. Klasse, Wirtschaftsräume und zum Kai hin auf 70 Meter Länge verglaste Aussichtsräume, die immer noch gern besucht werden, wenn Kreuzfahrtschiffe ankommen oder ablegen.

Beängstigendes Treiben um die Rangierfahrt, als die Passagiere an Bord der »Columbus« gingen. Slg. Gottwaldt

Die »Bremen« legt neben dem neuen Bahnhofsgebäude ab, in das eine Gang für die Passagiere gelegt wurde. Slg. Gottwaldt

In dem fünfstöckigen Hauptgebäude waren auch die Dienst-, Post-, Fahrgast- und Polizeiräume untergebracht. Im 150 Meter langen, 20 Meter tiefen stützenfreien Flachbau lag die Zoll- und Gepäckhalle und vor ihr auf Landseite ein Gepäckbahnsteig mit zwei Gleisen und anschließend der Inselbahnsteig für die Reisenden.

Nördlich von den 351 Meter langen Gleisen folgte die Gleisgruppe mit sechs zuglangen Gleisen. Der Bahnhof konnte (und musste) in kurzer Zeit sechs bis sieben Züge aufnehmen, so dass in kurzer Zeit 2000 Passagiere vom Schiff an Land gingen bzw. umgekehrt in den Zoll- und Gepäckabfertigungshallen für die Heimreise abgefertigt werden konnten. Ausreisende Fahrgäste kamen auf den zwei Gleisen an der Kaiseite direkt vor den Schiffen an und gingen ohne Zollkontrolle an Bord.

Die alte Lloydhalle wurde für die Ausflügler des Seebäderverkehrs nach Helgoland und Wangerooge weiter benutzt, wurde 1944 vollständig zerstört und ist nicht wieder aufgebaut worden.

Zwar wurden die Stadt und der Columbusbahnhof im September 1944 vernichtet, nicht restlos der Bahnsteig. Den nutzten die Armee und die Navy der USA als Nachschubhafen. In den Jahren des Wirtschaftswunders 1949 bis 1952 wurde der Bahnhof mit der Columbuskaje wieder aufgebaut, aber südlicher als vorher. In dieser Zeit entstanden auch die fahrbaren und verdeckten Landungssteige, mit deren Hilfe der Passagier über die Rangiergleise auf dem Kai hinweg ins Obergeschoss des Gebäudes gelangte.

Damals fuhren etwa 60 Prozent der Passagiere mit Schnellzügen weiter. Bereits auf hoher See über Funk bestellte Sonderzüge wurden rechtzeitig disponiert. Diese perfekte Organisation war vom Anfang der sechziger Jahre an nicht mehr notwendig, weil mit der Zunahme des Luftverkehrs der Amerika-Linienverkehr rapide zurückging. Auch der Bahnhof verlor an Bedeutung. Derzeit kommen allenfalls Sonderzüge zu diesem Bahnhof, denn an der Columbuskaje legen nur noch Kreuzfahrtschiffe an. Für die An- und Abreise dieser Passagiere mit Autobussen wurde ein großer Teil der Bahnsteiganlage umgebaut.

Dagebüll Mole

Der Triebwagenzug 628/928 071 der Taunusbahn, der wegen des beim Unfall beschädigten Triebwagens der Nordfriesischen Eisenbahn aushilft, wird die IC-Kurs- und den Gepäckwagen nach Niebüll bringen. Neben der Mole liegt MS »Nordfriesland«. Foto: Wehmeyer

Inzwischen ist es ein Kuriosum, dass zu diesem Endpunkt einer Nebenbahn, obendrein einer, die nicht zur Deutschen Bahn gehört, noch Intercitys fahren. Wenn es auch nur Kurswagen der Züge Dresden, Frankfurt (Main), Stuttgart – Westerland auf Sylt sind. Die Deutsche Bundesbahn und die Deutsche Bahn hatten sich ansonsten von den Kurswagen verabschiedet. Ihr Ab- und Zusetzen war ihnen unwirtschaftlich, sollten die Reisenden doch gefälligst umsteigen. Wer mit der Bahn die Ferienziele der Nordseeinseln Föhr und Amrum erreichen möchte, darf sitzen bleiben und diese Annehmlichkeit des Reisens noch genießen. Neben den »normalen« Zügen der Norddeutschen Eisenbahngesellschaft Niebüll (neg) fahren noch die rot-weißen Wagen der Deutschen Bahn bis an die Nordseeküste.
Hier steigen »die Gäste«, wie man dieses Klientel vom Festland tituliert, auf die Fährschiffe um. Seit 13. Juli 1895 ist das möglich. Vorher bestand nur eine Schiffsverbindung von Westerland zum Seebad Wyk, die eine Stunde länger brauchte, abgesehen von der umständlichen Anreise zur Insel Sylt. 1895 nannte sich der Bahnhof noch Dagebüll Hafen, und die Gleise waren meterspurig.
Als nach 1920 wegen der neuen Grenzziehung zwischen Dänemark und dem Deutschen Reich Sylt eine neue Verbindung zum Festland benötigte und sie auch 1927 mit dem Hindenburgdamm erhielt, wollte die Gesellschaft der Kleinbahn Niebüll – Dagebüll ihre Strecke nicht mehr in der Meterspur belassen und baute sie bis 1926 in Normalspur um und 1936 ein eingeschossiges Empfangsgebäude. Rechtzeitig zur Badesaison begann am 1. Mai begann der Zugverkehr mit direkten Wagen aus dem Reichsbahn-Netz. Nach 1933 kamen Züge mit bis zu zehn Schnellzugwagen an. 1951/1952 wurde der Anleger, die Mole, gebaut, 1961/1962 verlängert, 1972 bis 1974 nochmals wegen des angestiegen Kraftfahrzeugverkehrs. Die Züge fuhren nun bis zur Mole, der Hafenbahnhof wurde nur noch für den Güterverkehr, aber auch bei Hochwasser und Sturmflut benötigt. Sind die Deichtore geschlossen, fahren die Personenzüge zu dieser Gleisanlage.
Da die Anreise der Urlauber mit dem Pkw weitgehend überwog, kamen schon lange keine kompletten Schnellzüge mehr nach Dagebüll, sondern nur noch Kurswagen, die den von leistungsstarken Triebwagen geförderten Zügen der Nichtbundeseigenen Eisenbahn beigestellt wurden. Die Erweiterung der Mole 1982 war allein dem Auto-Fährverkehr geschuldet.
Seit 1971 müssen die Schifffahrpläne keine Rücksicht mehr auf Ebbe und Flut nehmen, der Fahrweg nach Wyk auf Föhr und nach Amrum war tideunabhängig geworden. Der Vermerk in den Fahrplänen der Deutschen Bundesbahn »Den passenden Anschlußzug zu den Schiffen nach und von den Inseln Föhr und Amrum finden Sie leichter, wenn Sie zuerst die Abfahrt- bzw Ankunftzeit des Schiffes in Dagebüll für den Reisetag aus dem Fahrplan […] entnehmen« war unnötig geworden. Im Unterschied zum Tidefahrplan nach und von Wangerooge konnte sich der Fahrplan hier wegen der Anschlüsse in Niebüll nicht den Gezeiten anpassen.
Selbstverständlich wird der »Bahnhof« Dagebüll Mole auch von den Einheimischen benutzt, aber er ist eine wesentliche Zwischenetappe der Urlauber, die vom Zug nur wenige Schritte zum Fährschiff zurücklegen brauchen.

EDENKOBEN

Wenn König Ludwig und seine Gäste regelmäßig anreisten, dann sollte das Empfangsgebäude ein wenig der Villa Ludwigshöhe gleichen. Slg. Blaz

Das pfälzische Winzerstädtchen Edenkoben besaß einen »richtigen« Bahnhof, der sogar recht prominent war. Fast wäre es dazu gekommen, dass hier kein Zug hielt. Denn nur der benachbarte Bahnhof Kirrweiler sollte damit beglückt werden. Die zahllosen Proteste bewirkten zunächst nichts.

»Wie sollte die Stadt Edenkoben die Empfänge des Königs, der doch seinen Sommersitz auf Edenkobener Gelände erbaut hat, durchführen auf einem Bahnhof, der nicht auf dem Edenkobener Banne liegt?«, fragte Sturm in seiner Geschichte der Strecke Neustadt – Landau. [10] Sie ging als erster Abschnitt der Pfälzischen Maximiliansbahn am 18. Juli 1855 mit fünf Personenzugpaaren, je einem Güter- und Kohlenzugpaar in Betrieb. Der Zugverkehr nahm derart zu, dass bereits nach zehn Jahren zwischen Neustadt, Landau und Wörth das zweite Streckengleis verlegt werden musste. Die Pfalzbahn bemühte sich erfolgreich, den Kohlenverkehr aus dem Saargebiet und auch die Schnellzüge von den badischen Strecken auf ihr Netz zu ziehen. Der Bahnhof Edenkoben erhielt erheblichen Durchgangsverkehr, der bis in die sechziger Jahre auch anhielt.

Die bayerischen Könige und auch andere »Höchste und Allerhöchste Herrschaften« reisten mit den Zügen zur Villa Ludwigshöhe. Dann hielt der durchfahrende Schnellzug, dem ein Salonwagen beigestellt war, auch wenn er keinen Regelhalt hatte. Schon wegen des Schlosses und dieser Prominenz ließ die Bahnverwaltung als kleines Abbild zum Schloss ein Bahnhofsgebäude im italienischen Landstil errichten, das seit 26. November 1855 den Reisenden zur Verfügung stand. Im Erdgeschoss befanden sich die Diensträume, die Eingangshalle und die Bahnhofswirtschaft, im Obergeschoss Wohnungen. Die Bürgermeister forderten auch, dass die seit 1857 im pfälzischen Eisenbahnnetz verkehrenden Schnellzüge in Edenkoben halten. Mit Erfolg seit 1860.

Am 5. Januar 1945 traf eine Bombe einen Munitionszug auf den Bahnhof, wobei das Bahnhofsgebäude wegrasiert wurde. Als Ersatz musste eine Baracke helfen. In der Bundesbahndirektion Mainz entwarf Heinz Falck (1905-1996), seit 1951 Architekt im Hochbaudezernat, ein Gebäude im Pavillonstil, elegant, mit großen Fenstern, kleiner Gaststätte und als Anbau auf der Südseite die Güterabfertigung. Das Gebäude konnte seit dem 11. Oktober 1956 benutzt werden. In ihm hatten der Dienstvorsteher, der Fahrdienstleiter, der Fahrkartenverkäufer ihren Arbeitsplatz. Über das Bauwerk schrieb er in der Zeitschrift »Die Bundesbahn« 1956, »aus optischen Gründen [habe er] dem flachen Empfangsgebäude durch Übersteigerung der Maßverhältnisse eine besondere Mächtigkeit gegeben.«

Noch immer pilgern die Ausflügler zum Schloss Ludwigshöhe, das über der Stadt und den Weinanbauflächen der rheinischen Ebene liegt. Im Bahnhofsgebäude gibt es eine Wartehalle und – immer noch – eine Bahnhofsgaststätte. Ansonsten ist die Anlage auf den Nahverkehr reduziert worden, ein Haltepunkt mit Blockstelle, die seit Mai 1999 vom elektronischen Stellwerk in Neustadt (Weinstraße) bedient, zumindest überwacht wurde, am 17. Dezember 2006 in die Betriebszentrale Karlsruhe verlegt. Da auf örtliches Personal verzichtet werden sollte, ist ein neuer Außenbahnsteig mit Unterführung errichtet worden.

1956 wurde das infolge einer Explosion 1945 vernichtete Bahnhofsgebäude durch den Pavillon ersetzt (2009).

Frankfurt (Main) Flughafen

Der Typ des Flughafenbahnhofs, der Station speziell für die abfliegenden und ankommenden Reisenden, wurde zuerst in Frankfurt (Main) geschaffen. Am 14. März 1972 übergab Bundespräsident Gustav Heinemann das Terminal Mitte des Frankfurter Flughafens, an dem gleichzeitig 36 Flugzeuge abgefertigt werden konnten, darunter 16 sogenannte Jumbo-Jets. Vor allem dieser Jumbo-Typ macht die An- und Abreise zu und von den Flughäfen problematisch, bringt er doch zu bestimmten Schwerpunktzeit, meist am frühen Morgen, eine Flut von Fernflugpassagieren.

Die beste Abbeförderung konnte nur mit einem Massenverkehrsmittel, mit der S-Bahn, erreicht werden. Hierzu wurden gleichzeitig die »Flughafenbahn« und der Bahnhof Frankfurt (Main) Flughafen in Betrieb genommen. Er liegt unmittelbar vor den Ankunft- und Abflughallen, 12 Meter unter der Erde. In 12 Minuten ist man auf dem Hauptbahnhof. Mit der Flughafenbahn begann der S-Bahn-Betrieb im Rhein-Main-Gebiet.

Der Bahnhof liegt an einer etwa 7 km langen »Querspange«, die in Frankfurt (Main)-Schwanheim von der Strecke Frankfurt (Main) Hbf – Mainz abzweigt und am Westkopf des Bahnhofs Kelsterbach in diese wieder eingebunden wird. Mehr als 2 km davon liegen im Flughafenbereich im Tunnel. Zugelassen ist die Geschwindigkeit von 120 km/h.

Die ersten Züge waren sogleich zu 70 Prozent besetzt, bald waren zusätzliche Wagen nötig, um alle Reisenden aufnehmen zu können. Seit 28. Mai 1972 verkehrten auch Nahverkehrszüge zwischen Frankfurt (Main) Hbf und Mainz über den Flughafen-Bahnhof, wobei die Deutsche Bundesbahn erklärte, man denke »vorerst nicht daran, die Fernzüge über den Flughafen-Bahnhof zu leiten.«

Das zweite Kapitel Flughafenbahnhof begann 1977 begann mit dem Bau zweier Gleise von Frankfurt (Main) Hbf bis zur Abzweigstelle Schwanheim, die 1980 in Betrieb genommen worden sind, so dass in diesem Abschnitt die S-Bahn vom Fernverkehr getrennt ist.

Jetzt wurden auch die schnellfahrenden Züge zum Flughafenbahnhof geleitet. Bis 1994 hatte sich folgendes Fahrplansystem eingespielt: S-Bahn-Verkehr Wiesbaden – Frankfurt (Main) Hbf alle 10 Minuten, wobei jeder zweite Zug zum Tiefbahnhof fuhr. Eilzüge berührten den Flughafenbahnhof nicht, aber alle schnellfahrenden Züge mit Ausnahme weniger Nachtzüge. D 202/203 Amsterdam – Basel – Amsterdam fuhren traditionell zum Flughafenbahnhof, aber mieden den Hauptbahnhof.

Drittes Kapitel Flughafenbahnhof: Am 1. Oktober 1997 legten Bundesverkehrsminister Matthias Wissmann und DB-Vorstandsvorsitzender Johannes Ludewig den Grundstein für einen neuen 700 Meter langen und 50 Meter breiten Flughafenbahnhof. Der Bahnhof Frankfurt (Main) Flughafen Fern wurde, drei Jahre vor dem Beginn des Hochgeschwindigkeitsverkehrs Köln – Rhein/Main, am 27. Mai 1999 eröffnet. Am selben Tag erhielt der erste Bahnhof die Bezeichnung Frankfurt (Main) Flughafen Regional, auf dem nun außer nachts keine Fernzüge mehr halten. Man schätzte, auf dem Fernbahnhof werden täglich bis zu 30.00 Passagiere vom Flugzug zum Zug und umgekehrt umsteigen. Das ist ein Zehntel des Aufkommens vom Frankfurter Hauptbahnhof, aber das Dreifache des bisherigen Flughafenbahnhofs. Tatsächlich sind es rund 23.000, immer noch beachtlich. Täglich halten, auf diesem Bahnhof ausschließlich, 210 Fernzüge.

Architektonisches Hauptmerkmal sind seine Verglasung, der obere Abschluss mit Hilfe einer 34.000 m^2 großen Stahlbetonplatte und die 15 Meter hohe, 40 Meter breiten und 135 Meter lange Glaskuppel, die das Bauwerk in der Gebäudemitte nach oben öffnet. Der Bahnhof besitzt vier Gleise mit zwei 420 Meter langen Zwischenbahnsteigen. Zwei Gleise sind der Richtung Köln – Frankfurt (Main) und umgekehrt vorbehalten, die Innengleise der Richtung Frankfurt (Main) Hbf bzw. Süd – Mannheim und umgekehrt. Noch innerhalb des viergleisigen Abschnitts sind drei Gleistrapeze angelegt, so dass die Bahnsteigseiten, wenn es nottut, auch gewechselt werden können.

Der Gepäcktransport ist besonders problematisch, weil eine dreigeschossige Tiefgarage im Weg steht. Die Deutsche Bahn stellte sich darauf ein, dass die Reisenden auf dem Weg vom Zug zum Flugzeug und umgekehrt das Gepäck tragen. Sie sähe es am liebsten, gäbe beispielsweise der Reisende sein Gepäck in Köln Hbf auf und holte es erst in Bangkok am Gepäckband ab. Gegen diesen intermodalen Verkehr hegen Zoll und Luftsicherheit ihre Bedenken.

Eine 15 Meter hohe, 40 Meter breite und 135 Meter lange Glaskuppel bringt Licht in den Tunnel des Fernbahnhofs (2008). Foto: Emersleben

KIERBERG

Wer im Regionalexpress Köln – Gerolstein aufmerksam die vorbei huschenden Schilder erkannte, dem fiel in Kierberg der Hinweis auf den »Kaiserbahnhof« auf. Kaiserbahnhof? Welcher Kaiser stieg hier aus und zu? Tatsächlich war das Schild die Idee eines Gastronomen, der damit Gäste aus Neugier nach Kierberg locken wollte.

Der kleine Ort nahe dem Schloss Brühl erhielt ziemlich spät Eisenbahnanschluss, denn die Rheinische Eisenbahn-Gesellschaft reagierte nicht auf die Wünsche der Anlieger. Erst gegen 1860 sprach sich Gustav von Mevissen, Präsident der Handelskammer in Köln und zugleich Präsident der Rheinischen Eisenbahn-Gesellschaft, für die Strecke Köln – Euskirchen – Kall – Trier aus.

1871 hatte die Bahngesellschaft immer noch nicht mit den Vorarbeiten begonnen, so dass das in Koblenz ansässige Königliche Eisenbahnkommissariat die Rheinische Eisenbahn-Gesellschaft ultimativ aufforderte, die Strecke Euskirchen – Köln in Richtung Brühl oder Sechtem zu bauen, sie zumindest provisorisch dort einmünden zu lassen. Jetzt wurden die Planungen beschleunigt. Man musste allerdings auf die Höhensprünge des Vorgebirges Rücksicht nehmen, aber wollte keinen Tunnel bauen. Andererseits lockte die Braunkohlenindustrie mit dem Versand von Massengütern, so dass der Abschnitt Kierberg – Liblar mitten durch die Braunkohlenfelder trassiert wurde.

Am 1. Oktober 1875 wurde die zunächst eingleisige Strecke Kalscheuren – Euskirchen ohne Feierlichkeit eröffnet. Die neue Strecke förderte die Braunkohlenindustrie. Die Strecke erhielt bis 1904 das zweite Gleis, und Kierberg war bis in die sechziger Jahre deren Übergabebahnhof.

Was Kierberg von anderen Bahnhöfen unterschied, war das Empfangsgebäude. Es wurde in einen Park voll seltener Bäume gestellt und im Stil einer großbürgerlichen Villa in Renaissanceform gebaut, das die glänzende wirtschaftliche Lage und die herausragende Stellung der Rheinischen Eisenbahn herausstellen sollte. E. Wulff, Leiter der Hochbauabteilung, schrieb über die Vergnügungsstation Kierberg, »welche mit allen für solche Stationen wünschenswerthen Anlagen, als da sind Laubengänge, Terrassen für schöne Aussichten, Musikhalle, Aussichtsthurm, Parkanlagen, Spielplätze für die Jugend etc., im reichlichsten Maße versehend sind, für die Vergnüglinge aus Cöln.«

Der am Hang des Vorgebirges gelegene Bahnhof war, zumindest bis zum Beginn des Ersten Weltkriegs, ein beliebtes Ausflugsziel für die »zugleich kaufmännisch und carnevalistisch angehauchte Bevölkerung Cölns«. Dass er ein »Kaiserbahnhof« geworden ist, lag an der Ankunft Kaiser Wilhelm I., König von Preußen, der mit der Gemahlin Augusta und Gefolge während der in der Eifel stattfindenden Herbstmanöver im Schloss Brühl wohnte. Er soll mit dem Hofzug von Kierberg zu den Truppen bei Lommersum gefahren sein.

Als sich der Besuch des Kaisers 1877 ankündigte, fehlte es noch an einer Zufahrt. Lediglich ein Fußweg führte durch den Bahnhofspark zum Schloss Brühl. Die Gemeinde dachte gar nicht daran, eine Straße zu bauen, so dass die Rheinische Eisenbahn dafür aufkommen musste.

Auch als Ausflugsziel war der Ort den Kölnern nicht mehr sehr beliebt. Offensichtlich fehlte es am Glanz der Monarchen. Die Bundesbahn verkaufte 1977 das Gebäude, nachdem sie den Bahnhof in eine Blockstelle verwandelt und für ihren Blockwärter und die Bedürfnisse der Reisenden einen kleinen Zweckbau errichtet hatte. Die Deutsche Bahn löste 2009 die Blockstelle auf. Zurück blieb ein unbesetzter Haltepunkt. Das Empfangsgebäude war Gaststätte und Wohngebäude geworden. Die Anlage um das Gebäude wird sommers gern wegen des Biergartens aufgesucht.

Eine solche Villa, dem sich seitlich ein Musikpavillon anschloss, ist kaum als Bahnhofsgebäude zu erkennen, nährt eher die Legende von kaiserlichen Besuchen. Slg. Reinshagen

Norddeich Mole

Der Bahnhofsname Norddeich riecht nach Urlaub. Dafür ist der Bahnhof auch gebaut worden und haben die Fernzüge aus ganz Deutschland ihr Ziel. Die Königlich Preußischen Staatseisenbahnen eröffneten die Nebenbahn Emden – Norden – Wittmund am 15. Juni 1883, nahmen aber am 1. August 1906 den Abschnitt Emden – Norden in neuer Trassierung als Hauptbahn in Betrieb. Der 5,7 Kilometer lange Anschluss zur Mole an der Nordsee kann seit dem 15. Juni 1892 befahren werden.

Der Bahnhof auf der Mole liegt auf dem Boden des Niedersächsischen Hafenamtes. Auf ihm geht man über auf das tidefreie Fährschiff nach Norderney oder das nach Juist, das allerdings die Ebbe und Flut berücksichtigen muss. Bis in die achtziger Jahre fuhren von hier auch Fährschiffe nach Baltrum oder im Sonderverkehr zu den anderen Nordseeinseln ab.

Vor dem Beginn des elektrischen Zugbetriebs am 28. September 1980 wurde der Bahnsteig von der Ost- zur Westseite verlegt, so dass der Weg zu den Fährschiffen kürzer geworden ist. Die kurze Bahnsteighalle wurde abgerissen und durch eine Schutzwand ersetzt, die vor dem starken Seewind schützt. Das »Gebäude« ist nicht gerade geschmackvoll, mehr Zugangshalle als Gebäude. Im benachbarten Bahnhof Norddeich wurde die Drehscheibe abgerissen, die man für das Wenden der Lokomotiven bei elektrischer Traktion nicht mehr benötigte.

Abgerissen wurde im Molenbahnhof auch das zweite Gleis östlich des Bahnsteigs, an der Kaimauer, von dem aus Gut vom Wagen auf das Schiff umgeladen werden konnte. Ansonsten sah die Umgebung des Molenbahnhofs bis Ende der siebziger Jahre ziemlich einfach aus.

Die Anlage wird bei der Deutschen Bahn weiter als Bahnhof definiert, wenn sie auch nur aus einem Gleis besteht und, was die Fahrdienstvorschrift eigentlich verlangt, Kreuzungen und Überholungen zulassen müsste. Man kann sich Norddeich Mole eher als Bahnhofsteil von Norddeich vorstellen, um der bahninternen Definition von einem Bahnhof auch zu entsprechen.

Für ein Umsetzgleis war auf der Mole schon früher kein Platz. Die Züge werden zwischen den Bahnhöfen Norddeich und Norddeich Mole als Rangierfahrten bewegt. Die Geschwindigkeit ist auf 10 km/h beschränkt.

Nach dem Aussteigen der Reisenden drückt die Lokomotive den Zug in den Bahnhof Norddeich zurück. Sie wird abgehängt, wenn eine Rangierlokomotive den Zug zurückzieht. Oder der Zug wendet und wird von einer anderen Lokomotive für den Streckendienst bespannt. Bei Regionalzügen wird das Verfahren durch den Wendezugverkehr erleichtert.

Der Zugführer hat im Bahnhof Mole zu beachten: »Fertigmeldung aller Züge 3 Minuten vor Abfahrt an den Fahrdienstleiter Bf Norddeich«. Danach schloss der Wärter vom Stellwerk »Nnw« die Schranke und erledigt den Auftrag des Fahrdienstleiters, das Einfahrsignal S auf Fahrt zu stellen. Der Zug hält in aller Regel dann nochmals am Bahnsteig des Bahnhofs Norddeich. Seit 2006 wurde an einer Straßenunterführung gebaut, so dass keine Schranken mehr bedient werden müssen. Das war die Voraussetzung, um vom 3. bis 7. November 2008 das elektronische Stellwerk in Betrieb zu nehmen. Die Betriebsverfahren werden vereinfacht. Hoffentlich nicht soweit, dass das Klientel der Feriengäste sich bei der Anreise zu den Nordseeinseln ganz umstellen muss.

Umsteigen nach Norderney! Seit der Aufnahme 1968 sind der Bahnsteig auf die linke Seite verlegt, die kleine Bahnsteighalle und das rechte Gleis beseitigt und statt des Abfertigungsgebäudes eine hässliche Wand errichtet worden. Foto: Rotthowe

Veitshöchheim

Das auffällige Bahnhofsgebäude mit der einstigen Wandelhalle steht an einer stark befahrenen Güterzugstrecke (1998). Foto: Reiner Preuß

Etwa sieben Kilometer außerhalb der Stadt Würzburg liegt Veitshöchheim mit seinem Schloss und dem an Plastiken reichen Barockpark. In seiner prunkvollen Ausführung als »Fürstenbahnhof« entstand er nach dem Regierungsantritt des bayerischen Königs Maximilian II. Die Projektanten des Bahnhofs hatten es nicht leicht, einen geeigneten Platz zu finden, denn westlich lagen die hochwassergefährdeten Mainauen, östlich stiegen hinter dem Hofgarten die Weinberge an. Durch das Dorf sollte die Strecke nicht führen, und so planten die Bahningenieure die Trasse durch die Lindenallee mitten im Hofgarten. Kein Baum sollte Schaden nehmen, und wer von einer Parkseite zur anderen die Gleise überschreiten musste, sollte kleine Treppen benutzen, die man über die Strecke bauen wollte.

Doch König Ludwig I. genehmigte diese Linienführung nicht, zeichnete vielmehr auf dem Entwurf die Alternative hinter der östlichen Hofgartenmauer ein. So wurde sie am 1. Oktober 1854 von Würzburg – bis Kahl hinter der bayerischen Landesgrenze eröffnet. Königlichen Glanz erhielten weder das Schloss, denn als Sommerresidenz wurde es nicht genutzt, noch Bahnhof. Er blieb unbedeutend. König Ludwig I. mochte das neue Verkehrsmittel nicht. Zwar reiste sein Nachfolger häufig mit der Eisenbahn, meist jedoch inkognito.

Dafür war das Schloss zum Ausflugsziel der Bürger geworden. Nach Veitshöchheim mussten sogar Sonderzüge eingesetzt werden, wofür der Bahnhof 1856 eine Drehscheibe erhielt. Auf ihr konnte die Lokomotive für die Rückfahrt wenden.

Architekt des Bahnhofs war Gottfried Neureuther 1811 – 1887, der die Gebäude der Ludwigs-Westbahn gewissermaßen standardisiert hatte. Das von Veitshöchheim kam in die Kategorie III: kleine Durchgangsstation in Seitenlage. Trotzdem entsprach es in seinem Aussehen keinem anderen der Strecke. Der König genehmigte Neureuthers Entwurf mit der Bedingung: Das Gebäude darf nicht die Aussicht vom Schloss aus versperren! Als die ersten Züge verkehrten, stand hier nur ein Behelfsbau. An das endgültige Bahnhofsgebäude schließt sich eine 30 Meter lange gedeckte Halle an, die das »Zimmer für Seine Majestät den König« mit dem Empfangsgebäude verbindet.

Die Fassade des Empfangsgebäudes fällt durch die Rundbogen auf, dem Mittelteil (die Veranda oder »Wandelhalle«) sollte durch rankendes Grün seine Kahlheit genommen werden, vor allem sollte es eine Wand zur Gleisseite hin schaffen. Als Baumaterial war Sandstein aus Heigenbrücken verwendet worden, die Dachsteine kamen aus dem Rheinland.

Der 20 m^2 große Königssalon bestand aus einen kleinen Pavillon in antiker Form. Er war nach einem kurzen Fußweg vom Schloss aus zu erreichen. Durch ein wappengeschmücktes Portal gelangten die Allerhöchsten Herrschaften auf den Perron, ohne näheren Kontakt mit dem gemeinen Volk zu finden. Gedacht war auch daran, dass dort der Hofzug oder wenigstens ein Salonwagen steht. Vermutlich wegen des starken Ausflugsverkehrs wurde 1895 auch nördlich des Empfangsgebäudes eine Art Wandelhalle angebaut – gut für den Fall, dass es regnete…

Nach Veitshöchheim fahren nicht mehr die Massen von Bahnreisenden, geblieben sind die einzigartigen Hochbauten. Den größten Einschnitt in die Bahnhofsanlage brachte der Bau des Würzburger Verschiebebahnhofs bis 1909. Nun reichten dessen Gleise bis zu diesem »Fürstenbahnhof«. Die Deutsche Bundesbahn wusste mit den Bauten nichts rechtes anzufangen, schon gar nicht mit dem Königszimmer, zu dem 1989/1990 von der Veranda aus ein Eingang gebrochen wurde. Immerhin befinden sich die Bauten in einem guten Zustand, hat doch die Gemeinde Veitshöchheim 1990 die Gebäude renoviert und nutzt sie für ihre Bibliothek. Die Regionalbahnzüge halten auf diesem Bahnhof.

Westerland (Sylt)

Bis nach dem Ersten Weltkrieg blieb die Insel Sylt ohne Eisenbahnanschluss. Man erreichte sie vom Festland mit dem Dampfer von Hamburg und seit 1891 von der Hoyerschleuse aus. Als nach einer Abstimmung 1920 infolge der neuen Grenzziehung zwischen Dänemark und dem Deutschen Reich die Hoyerschleuse zu Dänemark kam, wurde von Niebüll nach Westerland eine Strecke gebaut, dazwischen mit einem bereits 1910 begonnenen Damm allein für die Eisenbahn (seit jeher begehrt vom Straßenverkehr), am 1. Juni 1927 eingeweiht vom Reichspräsidenten Paul von Hindenburg, nach dem auch der Damm benannt worden ist.

Die Reichsbahndirektion Altona hatte für den Endbahnhof in Westerland ein Empfangsgebäude vorgesehen, das einerseits modern sein, andererseits zu den Bauten auf der Insel passen sollte. Dennoch gehört das Gebäude, das mit seinem mächtigen Dach an friesische Bauernhäuser der Region erinnert, nicht zum »deutschen Heimatstil« Auf der häufig von Sturm und Regen umtosten Insel waren die Klinkerfassaden, Dachformen und andere Details damals die beste Lösung.

Nicht nur die äußeren Konturen, auch der Grundriss des Bahnhofsgebäudes ist norddeutschen Bauernhäusern in gewisser Beziehung verwandt: die Empfangshalle wurde wie ein zentraler Tennenraum von allen betriebs- und verkehrswichtigen Räumen umgeben. Gegensätzlich dazu ist jedoch das durch die gesamte Hallenbreite reichende Fensterband, das die Halle direkt beleuchtet.

Westerland wurde ein beliebtes, wenn auch teures Ferienziel der deutschen Feriengäste, sicherlich das wichtigste an der Nordsee. Für das erhebliche Verkehrsaufkommen der einst durch eine meterspurige Inselbahn verbundenen Badeorte erhielt die Raumgruppe der Gepäckabfertigung besonders große Flächen in sehr zweckmäßiger Anordnung, so dass Gepäckannahme, -ausgabe und -transport für die Reisenden ebenso wie für das Gepäckpersonal in jeder Hinsicht möglich waren. Auch dadurch nahm das Empfangsgebäude eine Sonderstellung ein.

Es steht in Schleswig-Holstein unter Denkmalschutz und durfte daher, wie es die Bundesbahndirektion Hamburg erwog, nicht abgerissenen werden. Obwohl die Bahn durch die anreisenden Feriengäste und auch die Kraftfahrer, welche die in dichter Folge pendelnden Autozüge benutzen, viel Geld verdient, war ihr das Bahnhofsgebäude nur wenig Mühe wert. Die »Sylter Zeitung« stellte 1971 fest: »Es gibt nur einen so verschmutzten Bahnhof!« Und der stand in Westerland.

Endlich, 1988/1989, wurde das Bahnhofsgebäude instandgesetzt. Nach der Substanzsicherung und -erneuerung am Dach und der Fenster folgte nach Entwürfen der Architektin Frauke Büscher die Renovierung der Empfangshalle mit ihrer expressiven Ausstattung. Um sie von Einbauten freizuhalten, stimmte das Landesamt für Denkmalpflege zu, das von der Deutschen Bundesbahn gewünschte Reisezentrum in einem Anbau einzurichten. Die ehemaligen Schalteröffnungen wurden durch Entfernen der Brüstungen zu Eingangstüren des Reisezentrums und zur stilgerechten Ausstattung Keramikteile nachgeformt.

Am 28. Juni 1996 ist das renovierte Bahnhofsgebäude als »erster Touristischer Bahnhof Deutschlands« eingeweiht worden. Nach der Presseinformation der Deutschen Bahn ist ein solcher Bahnhof »in besonderer Weise auf die Bedürfnisse des Urlaubsreisenden zugeschnitten. Hohe Service-Qualität und umfassendes Informationsangebot sollen dazu beitragen, daß der Erholungssuchende das Angebot des Feriengebiets bequem benutzen kann.«

1997 begann der Umbau des Bahnhofsvorplatzes und des Zentralen Omnibusbahnhofs, der seinen Platz auf dem Gelände des Bahnhofs der bis 1970 bestehenden Inselbahn fand.

Eine originelle Begrüßung vor dem geschmackvollen Bahnhofsgebäude, das oft vom Nordseewind umbraust wird (2003). Foto: Emersleben

WILDPARK

Der Begriff Kaiserbahnhof wird inzwischen für viele Bahnhöfe verwendet. Völlig zutreffend ist er indes für den Bahnhof Wildpark, den die Deutsche Bahn am 30. Mai 1999 in Potsdam Park Sanssouci umbenannte. Am Hofe nannte man die Anlage »Hofstation in Wildpark«. Von ihr fuhr der als »Reisekaiser« apostrophierte Wilhelm II. mit dem Hofzug nach Bad Homburg, Kassel-Wilhelmshöhe, Kiel, Wiesbaden, Wilhelmshaven und vielen anderen Zielen in der Welt.

Der Kaiserbahnhof wurde 1909 als nicht öffentliche Anlage mit der 90 Meter langen Bahnhofshalle, einem Gleis für den Hofzug mit Bahnsteig fertiggestellt. Dadurch konnte der vorher benutzte hölzerne Pavillon verschwinden. Für das Volk gab es ein einfaches Empfangsgebäude, das Hartmut Mehdorn, Vorstandsvorsitzender der Deutschen Bahn von 1999 bis 2009, abreißen lassen wollte, weil es zum renovierten Kaiserbahnhof schäbig wirkte. Der Protest der Potsdamer verhinderte das. Der Bahnhof Wildpark ist ansonsten eine ausgedehnte Anlage, die im Nahverkehr häufig benutzt wird, und bis um 2000 auch dem örtlichen Güterverkehr, bis 1990 auch oft dem Abstellen von Reisezügen diente.

Das Gebäude des Kaiserbahnhofs, nach den Entwürfen vom Hofbaumeister Ernst Eberhard von Ihne (1848 – 1917) separat zur Bahnhofshalle errichtet und doch eine Einheit bildend, gleicht einer Villa im Tudorstil und entspricht damit überhaupt nicht jener vom Kaiser oft zum Ausdruck gebrachten Gesinnung, die von ihm besuchten Bahnhofsgebäude in barocken Formen zu gestalten.

Blickfang ist der achteckige Turm mit Uhr und wilhelminischer Schweifhaube, der teilweise in den Baukörper eingezogen ist. Der Turm enthält einen der drei Zugänge zum Gebäude. Eine außen an der Bahnsteighalle entlanggeführte, seitlich offene Treppe mit Schleppdach beginnt unweit des Eingangs. Sie ermöglichte der Dienerschaft den direkten Zugang zum Bahnsteig. Das »Landhaus« ist aus asymmetrisch angeordneten, verschachtelten Baublöcken zusammengesetzt, an drei Seiten umschlossen von einem Lichthof, dessen vierte Seite die Bahnsteighalle bildet. [13]

1919 kam der Hofzug zum letzten Mal nach Wildpark, ohne Kaiser und Kaiserin. Am 19. April 1921 hielten hier einige Sonderzüge, als die im Exil gestorbene Kaiserin Auguste Viktoria im Antikentempel beigesetzt wurde. 1933 benutzte das Militär die Gebäude. Der Bahnhof wurde von 1945 bis 1952 zur Endstation des »Blauen Express«, eines Urlauberzuges für das sowjetische Militär. Danach zog die Bezirkskasse der Deutschen Reichsbahn ein, belegte ihn die Betriebsberufsschule, benutzte ihn die Transportpolizei als Lagerraum. Einige Räume mussten baupolizeilich gesperrt werden.

Nach 1990 sollte der Kaiserbahnhof vor allem vor dem Verfall gerettet und auch renoviert werden. Doch über Jahre der Projekte und Ideen

Die Trauerfeierlichkeiten für die Kaiserin Auguste Viktoria mit dem Kaiserlichen Leichenwagen begannen im Hof des Kaiserbahnhofs (1921). Slg. Gottwaldt

In der renovierten DB-Akademie wird die Halle des Hofzuges für Empfänge genutzt (2005).

geschah nichts. Weder entstand ein Lesesaal noch kam die Erlebnis-Gastronomie über den Entwurf hinaus. Dann erbarmte sich die Deutsche Bahn des seit 1977 unter Denkmalschutz stehenden Gebäudes. Sie richtete nach Entwürfen des Architekten Markus Derfler ihre Akademie für Führungskräfte ein. Dafür gibt sie das Schloss Zabeltitz bei Großenhain als in der Provinz zu abgelegen auf.
Im Sommer 2003 begannen die Bauarbeiten. Vieles wurde nach Abdrücken in Handarbeit gefertigt, alles teurer als ein Neubau, vermutliche Kosten: mindestens 25 Millionen Euro.
In die Gleishalle wurden Abteilwagen mit großzügiger Innenraumgestaltung für die Gruppenarbeit gestellt. Im Sockel der Gleishalle entstanden Büroräume und beidseitige Zugänge zu den neu gegrabenen Untergeschossen, in denen sich ein halbrundes Auditorium für 175 Personen und vier große Seminarräume befinden. Kaisersaal, Gefolgesaal und auch die Kaisertreppe wurden nach alten Vorlagen kopiert.

Die Deutsche Bahn renovierte das Gebäude, um es von 2005 an als Führungsakademie nutzen zu können.

4.

Bahnhöfe und ihre Begebenheiten

wald bahn

210
0

Basel Badischer Bahnhof

1851 verhandelte die Großherzogliche badische Regierung mit der Schweizer Regierung, unter welchen Umständen ihre Strecke von Karlsruhe über Basel nach Waldshut fortgesetzt werden könne. Die Schweizer Eidgenossenschaft erlaubte das in dem Staatsvertrag vom 27. Juli 1852. Baden durfte in Kleinbasel einen Bahnhof einrichten. Am 4. Februar 1856 rollten die Züge bis Säckingen, ohne dass ein »endgültiges Bahnhofsgebäude« gebaut worden war.

Am 1. Mai 1862 wurde der Sandsteinbau seiner Bestimmung übergeben. Seit 1863 konnte man durchgehende Züge bis Konstanz benutzen. Hinzu kam 1873 die bedeutendste Strecke zwischen der Schweiz und dem Deutschen Reich, die Verbindungsbahn Badischer Bahnhof – Centralbahnhof (später als Basel SBB bezeichnet). Dieser Verkehr löste Pläne für ein neues Bahnhofsgebäude aus, worauf es am 3. Februar 1893 in Basel sogar zu einer Konferenz kam. Beide Regierungen schlossen am 24. und 31. März 1900 einen Vertrag, nach dem das Bauwerk 1905 vollendet sein sollte. Die Schweiz erwartete: »daß die gesamte Anlage des Personen- und Güterverkehrs geräumig und zweckmäßig gebaut werde und ein architektonisch schönes Aufnahmegebäude der Stadt zur Zierde gereichen solle.«

Der Generalentwurf von Adalbert Baumann (1844 – 1929) sah je einen Personen-, Verschiebe- und Güterbahnhof vor. Der mehr bekannte Personenbahnhof des Architekten Karl Moser (1860 – 1936) wurde am 13. September 1913 eröffnet.

Baden demonstrierte mit der Größe des Bauwerks ein erhebliches Selbstbewusstsein. Besonders eindrucksvoll sind der grobkörnige, dunkelgelbe Haustein, der Uhrenturm und der von Carl Burckhardt (1878 – 1923) geschaffene Brunnen »Rhein und Wiese«. Was an der Schwarzwaldstraße gebaut worden war, ist mit großem Beifall als »eine der gewaltigsten, mustergültigsten Bahnhofsanlagen Europas« beschrieben worden.

Dass die Bahnen ihre Gebäude im Ausland errichteten, war nicht einmalig. Das gab es in Reichenberg (Liberec), Eger (Cheb), und es gab auch Gemeinschaftsanlagen. Aber der Badische Bahnhof in Basel mit seinen früher rund 1000 Eisenbahnern hat(te) seine Merkwürdigkeiten. Dazu gehört ihre Entlohnung in Schweizer Franken und die einstige Residenzpflicht der Eisenbahner in wichtigen Funktionen.

Die Schweiz achtete auch darauf, dass ihre politische Neutralität beachtet wird, ließ nach Beginn des Ersten Weltkriegs den Bahnhof schließen, aber nach 1933 zu, dass er Basel Reichsbahn genannt wurde, duldete sogar die Hakenkreuzfahnen auf den Bahnsteigen. Im Zweiten Weltkrieg verkehrten Korridorzüge, ohne auf dem Bahnhof anzuhalten. Da einige Reisende es wagten, abzuspringen, kontrollierten die SS-Wachen immer rigoroser. Die Korridorzüge bestanden schließlich nur noch aus einem Wagen. Der Bahnhof war eben kein Fluchtpunkt in die sichere Freiheit.

Am 8. Juni 1945 stellte der Bundesrat die Anlagen unter Schweizer Treuhandverwaltung. Erst 1948 begann wieder der internationale Zugverkehr

Baden und später das Deutsche Reich waren in Basel mit einem properen Bahnhofsgebäude vertreten (1996).

und normalisierten sich die Verhältnisse. Die Reichsbahndirektion Karlsruhe schrieb nach Bern: »Nach fast hundertjähriger Tradition gemeinsamer Zusammenarbeit wird das Personal des Badischen Bahnhofs wieder den Vorschriften der Deutschen Eisenbahnverwaltung unterstehen; hierbei darf aber nicht außer acht gelassen werden, daß die deutschen Eisenbahner auf schweizerischem Hoheitsgebiet tätig sind und als Vertreter ihres Landes das Gastrecht der Schweiz genießen. Würde und Anstand gebieten es, daß das gesamte Personal sich dessen stets bewußt bleibt.«

Feuer, Wasser, Luft und Erde sollen die Figuren über dem Haupteingang symbolisieren (1996).

Bayerisch Eisenstein

Grenzbahnhöfe, obendrein Gemeinschaftsbahnhöfe gab es einige. Das wäre keine Besonderheit. Allenfalls die, dass die Bahnhofsgaststätte mit ihrer rustikalen Ausstattung, dem Angebot und der Art der Bewirtung angenehm aus dem Rahmen fällt, insbesondere, wenn man sie mit ähnlichen Einrichtungen (Bistro oder »Service-Store«) auf anderen Bahnhöfen der Deutschen Bahn vergleicht.

Das Berichtenswerte ist auch nicht die waldreiche Umgebung und auch nicht der Wächter, der 1456 Meter hohe Große Arber, der über dem Bahnhof thront, sondern dass der Bundeskanzler Helmut Kohl und der tschechische Ministerpräsident Petr Pithart Höchstselbst erschienen, um 1991 den Grenzübergang wieder zu öffnen.

Das Königreich Bayern und das Kaiserreich Österreich-Ungarn hatten sich 1873 in einem Staatsvertrag geeinigt, die Strecke Landau an der Isar – Pilsen (Plzen) über Eisenstein zu führen. Am 20. Oktober 1877 begann der Bahnbetrieb zwischen Neuern (Nyrsko) und Eisenstein. Das Bahnhofsgebäude wurde quer zur Grenze gebaut, so dass durch seine Mitte die Grenze verläuft (so etwas gab bzw. gibt es auch bei Bergbauden!). Auf einer Hälfte waren die bayerischen Eisenbahner im Dienst, auf der anderen die österreichischen. Man vertrug sich.

Hinzu kamen Lokomotivschuppen beider Bahngesellschaften. Bis zum Ersten Weltkrieg gab es einige durchgehende Züge, sogar zwischen Bodenbach (Děčin hl. n.) und München, die hier ihre Lokomotiven und das Zugbegleitpersonal wechselten. Nach 1918, als die Tschechische Republik selbstständig geworden war, endeten die Züge aus den beiden Richtungen auf dem Bahnhof. Die Reisenden mussten umsteigen. Auch als das Sudetenland »heim ins Reich« geholt wurde, blieb es dabei.

Dass es keine durchgehenden Zugverbindungen mehr gab, wird nur Wenigen missfallen haben, denn der Grenzübergang wurde auch wenig benutzt. Wegen der Trassenführung im Gebirge blieben die Reisezeiten sowohl im Bayerischen als auch im Böhmerwald lang. Andere Verbindungen über die Grenze waren attraktiver. Dann senkte sich der »Eiserne Vorhang«. Bis 1953 wurden nur noch Güterwagen ausgetauscht, danach der Grenzübergang geschlossen, die Schienen entfernt. Ein Metallzaun riegelte die Grenze ab.

Von beiden Seiten verkehrten weiter die Züge für die Urlauber und Wanderfreunde, von Plattling bis Bayerisch Eisenstein, von Klatovy (Klattau) bis Železna Ruda (Böhmisch Eisenstein), die Deutsche Bundesbahn setzte sogar Kurswagen von Hamburg-Altona und Dortmund ein, stellte den Nahverkehrszügen auch Intercity-Wagen bei. Doch insgeheim plante sie bis 1982 die Stillegung der Strecke für den Personen- und bis 1983 für den Güterverkehr.

Als der Eiserne Vorhang gefallen war, sah das Bundesverkehrsministerium die Wiedereröffnung des Grenzbahnhofs vor. Nun musste eilig der Abschnitt von Zwiesel hergerichtet werden, damit ihn die beiden Staatsmänner um einen Monat verspätet, am 2. Juni 1991, eröffnen konnten. Seit 2006 fährt die Waldbahn im Auftrag der DB-Regio mit Triebwagen und fahren einige Züge über die Grenze hinweg bis und ab Spicák (Spitzberg), hauptsächlich wegen der Wanderer.

Am 30. März 1994 eröffnete der Bayerische Localbahn-Verein im früheren Ostbahn-Heizhaus ein Museum. Der deutsche Teil des Bahnhofsgebäudes gehört inzwischen dem Naturpark Bayerischer Wald. Der tschechische Teil ist ebenfalls gepflegt wie man in der Umgebung des Bahnhofs noch viel von der typischen Eisenbahnersiedlung erkennen kann, wie sie früher an solchen Punkten entstanden.

Ein geteilter oder doppelter Bahnhof? Links die deutsche, rechts die böhmische Seite (2006).

Bebra

Der Bahnhof war seit jeher ein wichtiger Eisenbahnknoten im Ost-West-Verkehr, seitdem 1848 und 1849 die Kurfürst-Friedrich-Wilhelm-Eisenbahn die Strecken nach Guxhagen (- Kassel) und nach Gerstungen in Betrieb nahm. Zum Knoten wurde der Bahnhof durch die Nord-Süd-Verbindung der Bebra-Hanauer Eisenbahn mit ihren Strecken 1866 nach Hersfeld und weiter nach Frankfurt am Main sowie 1875 nach Eschwege.

Das 1869/1870 gebaute Bahnhofsgebäude kam in eine Insellage; die Bahnsteige erhielten lebhaften Umsteigeverkehr wie sich auch der 1902 östlich angelegte Rangierbahnhof und die 1919 abgebrannte und 1924 wieder aufgebaute Umladchalle mit erheblichem Güterverkehr der Zugauflösung, Zugbildung und Umladung von Stückgutwagen auszeichneten. Bebra erhielt auch zwei Lokomotivstationen bzw. Bahnbetriebswerke für Personen- und für Güterzüge.

Von diesem »Drehkreuz« des Eisenbahnverkehrs mitten in Deutschland profitierten Hotels wegen der Einkehr von Eisenbahnern und Reisenden, die Stadt, deren Einwohnerzahl ständig zunahm, und schließlich der Bahnhofswirt. Der Aufenthalt in seinem Refugium fand auch in der Literatur eine Stelle: »Nachts saßen die Menschen in der Bahnhofswirtschaft und warteten auf den Frühzug. Da spielte ein Mann auf der Zither ganz leise auf und trug dazu bei, daß die Zeit verging.«

Damit die Schnellzüge Berlin – Frankfurt (Main) keine Zeit durch das »Kopfmachen« in Bebra verloren, ist 1914 zwischen Faßdorf und Blankenheim die »Berliner Kurve« gebaut worden, so dass von diesen Zügen nun die meisten an Bebra vorbei fuhren.

Trotzdem blieb Bebra einer der wichtigsten Bahnhöfe in der Reichsbahn- bzw. Bundesbahndirektion Kassel, später Frankfurt (Main). Der bekannte Eisenbahn-Schriftsteller Karl-Ernst Maedel erinnerte daran: »Ob man nun von Eichenberg kommend über die beiden großen Kurven in den Bahnhof einfuhr oder vom Seulingswald herab den Ort erreichte, man rollte in ein Konglomerat von Lokomotiven, Zügen, Rangierlärm, Auspuffgetöse, Gestank und Hektik hinein, überdeckt von einem sich selbst erneuernden Rauchbaldachin, bedrohlich erscheinend, wenn der Zug sozusagen in den Dunst >eintauchte<. Egal, ob man nun von Osten, Norden oder Süden sich der Stadt näherte, man muß einfach vom Fluidum dieses Bahnhofskomplexes gepackt werden.«

Vorbei! An Bebra wurde jeder Interzonen-, Transit- oder »West«-Reisende der DDR erinnert wegen der bevorstehenden oder beendeten Kontrollen. Willi Stoph, DDR-Ministerpräsident, und Bundeskanzler Willy Brandt hatten hier Aufenthalt bei ihren Staatsreisen nach Kassel bzw. Erfurt. Brandt gab vom geöffneten Wagenübergang aus den auf dem Bahnsteig stehenden Journalisten ein Interview. Der Bahnhof wurde am 11. November 1989 von den »Ossis« gestürmt.

1977 war entschieden, Bebra wird nicht vom Hochgeschwindigkeitsverkehr berührt. Seit dessen Eröffnung 1991 in Kassel hielten nicht mehr die bislang im dichten Takt eingesetzten Intercity-Züge zwischen München, Basel und Hamburg zum Aus- und Einsteigen und zum Personalwechsel. Seit 28. Mai 1995 fahren die Züge Berlin – Leipzig – Frankfurt (Main) wieder über die Verbindungskurve, die Mitte-Deutschland-Verbindung Dortmund – Kassel – Erfurt – Chemnitz erlebte nicht die erwartete Wiedergeburt. Der Rangierbahnhof, nur noch ein Knotenpunktbahnhof, ist am Wochenende und sonst stundenweise tot. Die Bundesbahn und mehr noch die Deutsche Bahn rationalisierten kräftig. Von 1970 noch 4000 Eisenbahnern des Dienstorts waren 1989 ganze 1400 geblieben. Inzwischen sind es viel weniger.

Die politischen, auch verkehrspolitischen Veränderungen führten die Eisenbahnerstadt in die Bedeutungslosigkeit. Auch die Eisenbahn hatte ihr Rheinhausen (dort gab es den größten wirtschaftlichen Niedergang im Ruhrgebiet).

Der »Interzonenzug« vor der Abfahrt nach Leipzig (1965). Manche meinen, auf dem Bahnsteig seien Tränen vergossen worden. Foto: Rotthowe

BERLIN FRIEDRICHSTRASSE

Selbst Berliner verirren sich in den Gängen und auf den Treppen dieses Labyrinths, Bahnhof Berlin Friedrichstraße genannt. Die komplizierte Anlage entstand durch die Verknüpfung von hochgelegener Stadtbahn in der Ost-West-Richtung, S-Bahn sowie U-Bahn in der Nord-Süd-Richtung im Keller sowie die zahlreichen Zu- und Abgänge.
Gänzlich unübersichtlich wurde der Bahnhof, als er nach dem 13. August

Der Zug mit der Lokomotive 38 2130 wird seine Fahrt gleich fortsetzen, während auf dem Bahnhof wieder einmal ein Umbau im Gange ist (nach 1930).

1961 die Funktion eines Grenzbahnhofs erhielt, obgleich streng darauf geachtet wurde, dass niemand den »falschen Weg« geht. Monate vor diesem Einschnitt in das Berliner Leben und Verkehrswesen begannen die »Maßnahmen«. Für den Bahnsteig C wurden Fahrstraßenwechsel eingerichtet, damit die vom Osten einfahrenden S-Bahn-Züge wenden und vom selben Gleis wieder nach Osten fahren konnten. Die mit dieser Aufgabe betraut waren, ahnten nicht, wozu das wirklich gut sein sollte. Sie dachten, mit einer zusätzlichen Zuggruppe, die hier endet und beginnt, solle der Berufsverkehr verbessert werden.
Tatsächlich wurden der S-Bahn-Verkehr Ost am Bahnsteig C und der S-Bahn-Verkehr West am Bahnsteig B getrennt. Bahnsteig A war für die Fernzüge abgeschirmt durch eine Stahlwand zwischen Bahnsteig B und C sowie Sichtblenden auf der Brücke über der Friedrichstraße und in Richtung Lehrter Stadtbahnhof. Der Bahnsteig D im Tunnel wurde vor allem von West-Berlinern benutzt, die an den Intershop-Kiosken billig einkauften, sofern ihnen nicht der West-Berliner Zoll Minuten später das Schnäppchen vermasselte.
Bekannt oder berüchtigt wurde der »Tränenpalast« auf der Nordseite, jenes blaue Gebäude als Zugang zu den Bahnsteigen für West-Berliner, Ein- und Ausreisende. Im Erdgeschoss des Bahnhofsgebäudes standen die Kabinen, mit deutscher Gründlichkeit, in die die Reisenden, streng sortiert Herkunft und Art der Reise, ihre Pässe zu reichen hatten, ehe mit lautem Schnarren die Türöffner betätigt wurden.

Den Tränenpalast durchströmten nach der Grenzöffnung Tausende Menschen, bis vom 2.Juli 1990 an nicht mehr kontrolliert wurde, die S-Bahn nicht mehr in Friedrichstraße endete und seitdem, wie früher, die Treppen zu den Bahnsteigen benutzt werden konnten.
Die Eisenbahner dieses Bahnhofs wurden sorgfältig ausgewählt und ständig überprüft. Sie konnten ein Sicherheitsrisiko (Fluchtgefahr!) sein. Im Bahnhof befand sich nicht nur eine gut geführte MITROPA-Bahnhofsgaststätte, sondern auch die Reisestelle, wie sie auf anderen Bahnhöfen unbekannt ist. In der mussten sich die Eisenbahner, die nach West-Berlin fahren durften, sofern sie kein Dauer-Visum besaßen, ab- und wieder anmelden. Überschritten sie die normale Reisezeit, wurden Späher entsandt, um sie zurückzuholen. Wehe dem, der keinen triftigen Grund für seine Verspätung nachweisen konnte! Er musste mit Strafe oder der Aberkennung des Privilegs, ein Reisekader zu sein, rechnen.
Von Ende 1995 bis 1998 ist der Bahnhof unter denkmalpflegerischen Gesichtspunkten renoviert worden, aber auch, um ihm für den Kommerz tauglich zu machen. 3000 Terrakotten wurden aus Waldsassen in Bayern geliefert, nun erhielt auch die Südseite eine Klinkerfassade. Unübersichtlich blieb der Bahnhof. Architekt Jürgen Hamann versprach: »Die Klaustrophobie von einst verliert sich im offenen Raum.« Den findet man in diesem Bahnhof nicht.

Fast von der gleichen Stelle aufgenommen, aber etwa 70 Jahre danach. Am 2. September 1999 wurde der vorerst letzte Umbau abgeschlossen.

Berlin Olympiastadion

Die erste Anlage war der am 23. Mai 1909 in Betrieb genommene Bahnhof Rennbahn, an der Strecke Charlottenburg – Spandau gelegen, vor allem für die An- und Abreise der Besucher von Pferderennen gedacht. Als er am 23. August 1928 erstmals von der S-Bahn bedient wurde, erhielt er die Bezeichnung Stadion – Rennbahn Grunewald.

1933 begannen die baulichen Vorbereitungen für die Olympischen Spiele 1936. Auch das Reichsverkehrsministerium bzw. die Reichsbahndirektion Berlin waren in die Vorbereitungen des sportlichen Großereignisses einbezogen worden. Dem sollte der Bahnhof angepasst werden. Schwerpunkt war der Osteingang, durch den zu und von den Wettkämpfen jeweils 70.000 Besucher gehen sollten.

Generalsekretär Diem vom Olympischen Komitee wandte sich am 11. Mai 1933 an die Reichsbahn mit der Bitte, möglichst über den zweiten Osteingang zu entscheiden. Ein neuer Osteingang, so schrieb Diem, »würde sich für die Eisenbahn unbedingt lohnen, denn das Stadion wird nach seiner Modernisierung in ganz anderer Weise genutzt werden als früher.«

Der Umbau sollte für die Ewigkeit sein. Die Reichsbahndirektion Berlin begann noch im selben Jahr mit dem Umbau der Fahrkartenausgabe am vorhandenen Empfangsgebäude und baute eine Kehrgleisanlage an der Ostseite des Bahnhofs Charlottenburg. 1934/1935 wurde die eiserne Bahnsteigüberführung errichtet.

Schließlich wurde der »Rennbahnhof« in Reichssportfeld umbenannt und weiter umgebaut mit einem zusätzlichen Zugang an der Trakehner Allee, dem Abriss des hölzernen Fachwerkbaus von Empfangsgebäude und Ersatz durch die langgezogene Pfeilerhalle sowie deren Anbindung an das neue Empfangsgebäude. Vorgesehen waren neben den zwölf Fahrkartenschaltern Reserve-Schalter am Eingang; es sollten sogar bei Bedarf »tragbare Schalterhäuschen« aufgestellt werden. Zu diesem erneuerten Bahnhof (manche bezeichneten ihn als »riesig«) mit fünf Bahnsteigen brachten die Züge im August 1936 täglich zwei Millionen Sportler und Zuschauer. Stündlich verkehrten je Richtung 24 Züge, in Spitzenzeiten zusätzlich sechs dampflokomotivbespannte Züge, die binnen einer Stunde 50.000 Menschen aufnehmen konnten.

Nach den Olympischen Spielen wurde es einigermaßen bis ganz ruhig um den Bahnhof. Die Anlage erlitt im Zweiten Weltkrieg kaum Schäden. Am 29. Mai 1960 holte die Reichsbahndirektion Berlin nach, was 1936 angebracht gewesen wäre. Sie benannte den Bahnhof als Olympiastadion, doch fehlten ihm der Massenverkehr und die Züge. Der fehlte erst recht nach dem vom Deutschen Gewerkschaftsbund 1961 wegen des Mauerbaus ausgerufenen S-Bahn-Boykotts. Lediglich Fußball-Ereignisse, Konzerte in der Waldbühne oder der Papst-Besuch am 23. Juni 1996 (eine Messe mit 130.000 Katholiken) brachten für kurze Zeit etwas Trubel auf die Gleise und Bahnsteige.

Nach dem Ende des S-Bahn-Streiks am 17. September 1980 blieb der Bahnhof unbenutzt, weil der S-Bahn-Verkehr Charlottenburg – Spandau eingestellt worden war. Die Anlagen verfielen. Es schien, als hätten die Reichsbahndirektion Berlin bzw. die Tochtergesellschaft der Deutschen Bahn, die S-Bahn Berlin, die Bahnhofsanlage vergessen. Bei der Wiederherstellung der S-Bahn-Strecke Charlottenburg – Spandau bis Ende 1998 wurde auch der Bahnhof wieder hergerichtet. Am 16. Januar 1998 fuhr wieder ein S-Bahn-Zug in die Anlage mit den Stumpfgleisen. Böse Zungen sagen nach den Sparmaßnahmen der Deutschen Bahn, die S-Bahn sei nicht mehr in der Lage, Massenverkehr wie früher von und zu diesem Bahnhof zu übernehmen.

Acht Gleise können für Sonderzüge genutzt werden, sofern genügend S-Bahnen zur Verfügung stehen (2006). Foto: Emersleben

Berlin Ostbahnhof

Der erste Ostbahnhof stand in Berlin am Küstriner Platz (Franz-Mehring-Platz), als 1866/1867 der Bahnhof der Niederschlesisch-Märkischen Eisenbahn neu gebaut und für ihn ein Ersatz benötigt wurde. Vom 1882 stillgelegten Kopfbahnhof wurden die Gebäude für andere Zwecke benutzt, bis sie 1945 zerstört worden sind.

Der zweite Ostbahnhof erhielt wiederholt politische Bedeutung, was nicht nur an der wechselnden Bezeichnung abzulesen ist. Er ging aus dem Bahnhof der Frankfurter bzw. Niederschlesisch-Märkischen Eisenbahn hervor, der seit 1880 offiziell Bahnhof der Niederschlesisch-Märkischen Eisenbahn in Berlin genannt wurde, seit 1881 nur Schlesischer Bahnhof genannt.

Kaiser Wilhelm I. weihte die auf Viadukte gebaute und bis Charlottenburg reichende Stadtbahn am 7. Februar 1882 ein. Der einstige Kopfbahnhof war zum Durchgangsbahnhof geworden. Mit täglich 42 Fernzügen erreichte er 1896 die Grenzen seiner Leistungsfähigkeit. Da die Erweiterungen nicht viel kosten durften, wurde immer wieder ein wenig umgebaut. Die Planungen zur Umgestaltung der Bahnanlagen in der Reichshauptstadt von 1937 sahen einen Fernbahnhof in Berlin-Köpenick vor, den Schlesischen Bahnhof nur noch mit drei Bahnsteigen für die S-Bahn. Im Februar und März 1945 beschädigten Angriffe aus der Luft das Empfangsgebäude. Die Rote Armee erreichte (die Gleise dienten als Rollbahn) am 22. April 1945 den Bahnhof.

Der öffentliche Zugverkehr begann am 2. September nach Frankfurt (Oder) mit einem Zugpaar. Ansonsten hatte die Rückführung des Militärgutes in Richtung Osten auf dieser Strecke Vorrang. Sie wurde auf einem umgenagelten Breitspurgleis für die Reise Stalins zur Potsdamer Konferenz genutzt.

Das Empfangsgebäude war durch die Zerstörung zum größten Teil unbenutzbar geworden. In den Läden auf der Nordseite richtete sich die Besatzungsmacht ein, sperrte auch Straße und Platz ab, damit von dem Gepäck, das hier lagerte, nichts gestohlen wird. Der Zivilbevölkerung stand lediglich der Wriezener Bahnhof zur Verfügung.

Das wieder aufgebaute Gebäude des jetzt Ostbahnhof genannten Schlesischen Bahnhofs im Fahnenschmuck der Weltfestspiele (1951). Historische Sammlung der DB/Stephan

Die sowjetischen Militärbehörden verlangten für den internationalen Verkehr funktionsfähige Anlagen und Räume, zumal der größte Teil des Verkehrs in Richtung Brest – Sowjetunion vom Schlesischen Bahnhof abging. Die Provisorien zur Abfertigung und zum Empfang der sowjetischen Militärpersonen behagten der Besatzungsmacht nicht. Sie verlangten 1946 von der Reichsbahndirektion Berlin die Wiederherstellung des Bahnhofsgebäudes. Mit den Entwürfen, der Enttrümmerung und dem Wiederaufbau waren »die Sowjets« äußerst unzufrieden. Schließlich genehmigten sie einen Entwurf, der die bisherige Struktur des Gebäudes völlig veränderte. Die Fassade wurde durch einen dreiflügligen Haupteingang unterbrochen, für das Obergeschoss waren nach dem historischen Vorbild doppelte Rundbogenfenster vorgesehen, vorgezogen aber bis zur Flucht des Erdgeschosses, das vollständig wiederhergestellt werden sollte.

Unbedingt sollte die Westseite für Diplomaten und sowjetische Bürger freigehalten und eine kleine Halle mit Schaltern und einer Gepäckabfertigung für die sowjetischen Fahrgäste vorgesehen werden. Im Obergeschoss über dieser Halle entstanden – mit Zugang zum Bahnsteig A – spezielle Empfangsräume für Diplomaten und hochrangige ausländische Gäste, für die auch Übernachtungsmöglichkeiten vorhanden waren. Die wurden jedoch selten benutzt, so dass in ihnen die Deutsche Reichsbahn hier das Klubhaus »Erich Steinfurth« (Ort vieler Besprechungen) einrichten konnte. Für die Bevölkerung wurde ebenfalls ein Wartesaal gebaut und eine große, durch alle Stockwerke reichende Halle.

Nach schließlich doch noch zügigem Bauablauf stand der Rohbau im November 1949. Berlin erhielt mit dem Empfangsgebäude ein für die Nachkriegszeit repräsentatives Bauwerk, in dem auf Bahnsteig A oft Staatsgäste und hohe Parteifunktionäre empfangen oder verabschiedet wurden. Allein der Bahnhofsname störte. An die Provinz Schlesien sollte nichts mehr erinnern. Deswegen wurde der Bahnhof am 1. Dezember 1950 in Berlin Ostbahnhof umbenannt.

1930 lag zwischen den Stadtbahngleisen noch ein Abstellgleis.

Die nächste Umbenennung kam zum 15. Dezember 1987, als das Bahnhofsgebäude in einem ersten Bauabschnitt umgebaut worden war: Berlin Hauptbahnhof. Die Partei- und Staatsführung der DDR brauchte für ihre Hauptstadt wahrscheinlich dieses Etikett. Die West-Berliner waren alarmiert, denn sie vermuteten grundlos, jetzt werde der Reiseverkehr in ihrer Teilstadt stillgelegt.
1989/1990 geriet der Bahnhofsname ins Schussfeld der Basisdemokratie. Die Umbenennung sollte rückgängig gemacht werden. Schließlich sei Zoologischer Garten der wahre Hauptbahnhof!
Zum Ostbahnhof wurde er abermals am 28. Mai 1998 nach Abschluss eines neuerlichen Umbaus insbesondere der Bahnhofshalle und der Nebengebäude, währenddessen bereits zwei Jahre am neuen Nord-Süd-Tunnel gegraben und Platz für den neuen Lehrter Bahnhof geschaffen wurde. Der wurde 2006 als Berlin Hauptbahnhof eingeweiht.
Auf dem Ostbahnhof hat man übrigens seit Jahrzehnten keine Staatsgäste mehr gesehen. Die bevorzugen das Flugzeug.

In der Hallenschürze fand der Fahrdienstleiter seinen Arbeitsplatz (1973).
Foto: Damaschke

Berlin Zoologischer Garten

Von der streng kontrollierten und auch eingemauerten Stadthälfte aus war der Westen auf mehreren Wegen zu erreichen. Auch auf dem Schienenweg »durch die Zone«, weshalb viele noch von Interzonenzügen sprachen, als es keine Zonen mehr gab und die DDR diese Züge als internationalen Verkehr behandelte.

Abgangs- und Zielbahnhof in West-Berlin war der Bahnhof Berlin Zoologischer Garten, kurz Bahnhof Zoo genannt. Die Abfahrt und Ankunft in Berlin-Spandau, -Wannsee und -Charlottenburg war über viele Jahre unmöglich.

Der nach dem Entwurf des Stadtbahn-Architekten Ernst Dircksen gestaltete Bahnhof besteht für den Fernverkehr seit dem 15. Oktober 1884, wie alle Bahnhöfe der Stadtbahn mit den Bahnsteigen auf dem Viadukt und dem Empfangsgebäude darunter im Erdgeschoss. 1902 erhielt er Anschluss an die U-Bahn. Nach der Zahl der Reisenden stand er 1934 an siebenter Stelle unter den Berliner Fernbahnhöfen; hinzu kamen jedoch die Fahrgäste der Stadtbahn.

Seine herausragende Stellung verdankt er der zentralen Lage im polyzentrisch gewachsenen Berlin, vor allem durch die Nähe zum Kurfürstendamm. Hier war Berlin am elegantesten und vergnüglichsten. 1934 begann wegen der bevorstehenden XI. Olympischen Spiele der Umbau des Bahnhofs und die Erweiterung mit einem Fernbahnsteig nach einem Entwurf von Fritz Hane, Hochbaudezernat der Reichsbahndirektion Berlin. Dabei musste der S-Bahnsteig in Richtung Westen verschoben werden. Der Umbau blieb wegen der fehlerhaften Konstruktion der Bahnsteighalle unvollendet und wurde eigentlich erst nach 1954 abgeschlossen.

Bekannt bzw. berüchtigt wurde der Bahnhof durch das 1976 erschienene Buch »Wir Kinder vom Bahnhof Zoo«, das sich mit dem Drogenmilieu im und um den Bahnhof beschäftigte. Dieses war der Deutschen Reichsbahn und auch der Deutschen Bahn stets ein Dorn im Auge, ein Schwerpunkt für die Bahnpolizei, später den Bundesgrenzschutz. Kulturvoll sollte der Bahnhof nach der Renovierung von 1995 an werden, zumal die Deutsche Bahn den aus dem Intercity-Express aussteigenden Reisenden das Milieu nicht zumuten wollte.

Bahnchef Hartmut Mehdorn legte sich sogar mit der Bahnhofsmission an, als er von einer »Suppenküche für Obdachlose« sprach, die nicht in einen Bahnhof gehöre. Dass bei der Renovierung die legendäre Heinrich-Heine-Buchhandlung geschlossen und nicht wieder geöffnet wurde, geht auf seinen Vor-Vorgänger Heinz Dürr zurück, der wortbrüchig wurde. Er versprach, die Buchhandlung könne bleiben, sein Geschäftsbereich Personenbahnhöfe hatte aber solventere Mieter im Auge.

Turbulent wurde es um den Bahnhof, als Bürger wie Bürgermeister protestierten, nach Eröffnung des Hauptbahnhofs 2006 keine Fernzüge mehr halten zu lassen. Dieser Abgang zu einem Provinzbahnhof mit ausschließlich S-Bahn- und Nahverkehr war aber auch dem Umstand geschuldet, dass die meisten Fernzüge die alte Verbindung der früheren Lehrter Bahn benutzen, die nicht über die Stadtbahn führt.

Die bei dem Einspruch gegen die Pläne der Deutschen Bahn gepflegte Erinnerung an das »Tor zum Westen« vermittelte ein schiefes Bild, denn zu Mauerzeiten fuhren von den jährlich rund 2,5 Millionen Reisenden lediglich 380.000 mit der Eisenbahn. Inzwischen reisen viel mehr mit dem Zug, wenn sie auch beim Ziel »Berlin Zoo« in Spandau oder auf dem Hauptbahnhof umsteigen müssen.

In der Bahnhofshalle ist es lebhaft geblieben durch die Reisenden des Nahverkehrs und die Umsteiger von und zur U-Bahn oder dem Busbahnhof. Der Bahnhof Zoologischer Garten ist eben nicht mehr der heimliche Hauptbahnhof von Westberlin, seitdem es den echten gibt, wie der in Lichtenberg nicht mehr für Ostberlin.

Für die West-Berliner war der Bahnhof Zoo der »heimliche Hauptbahnhof«, ihr Tor nach dem Westen (1959).

Berlin-Schönefeld Flughafen

Der Bahnhof entstand 1951 beim Bau des Südlichen Berliner Außenrings als Betriebsbahnhof und wurde im folgenden Jahr, als in der DDR die Grenz- und Zollvorschriften verschärft wurden, als Kontrollbahnhof benutzt. Hier hielten die Reisezüge, wie auf anderen Bahnhöfen rings um Berlin eine Weile, währenddessen die Grenzpolizei den Reisenden die Ausweise und gegebenenfalls das mitgeführte Gepäck kontrollierte.

Kein »Spekulant« oder der Flucht über die offene Grenze nach West-Berlin Verdächtiger und in der Gegenrichtung kein West-Berliner ohne Genehmigung sollte weiterreisen. Nur Fluggäste durften in die Züge ein- oder aus ihnen aussteigen. Wegen des Aufenthalts der Züge und für die Grenzpolizei sowie den Zoll wurden Gebäude benötigt. Viele Jahre bestanden die Hochbauten in Schönefeld nur aus Baracken.

Dem zivilen Flughafen fehlte ein akzeptabler Straßen- und Schienenanschluss nach Berlin. Deshalb war 1959 neben einer Schnellstraße eine elektrische S-Bahn-Strecke vom Grünauer Kreuz nach Schönefeld geplant. Der Bahnhof Schönefeld sollte Mittler zwischen dem Schienen- und Luftverkehr werden. Doch es kam anders.

Nach der Schließung der Grenze am 13. August 1961 musste kurzfristig eine S-Bahn nach Schönefeld gebaut werden. Der Bahnhof wurde zu einem lebhaften Umsteigepunkt außerhalb Berlins unter für die Reisenden wie für die Eisenbahner primitiven Verhältnissen. Am 26. Februar 1962 wurden die elektrische S-Bahn und gleichzeitig der Bahnhof für den öffentlichen Reiseverkehr in Betrieb genommen.

Die Planungen für die DDR-Luftverkehrsgesellschaft INTERFLUG und für die Deutsche Reichsbahn benötigten viele Jahre. 1969 lag die erste Studie für einen Bahnhof vor, der fünf Bahnsteige für den Fern- und S-Bahn-Verkehr, später einen U-Bahnsteig erhalten sollte. Das Empfangsgebäude sollte ein Brückenbauwerk über die Gleise und die Verbindung zum Flughafen werden. 1976 entstand im gehörigen Abstand zum Bahnhof die Personenabfertigung der INTERFLUG. Sollte zwischen ihr und dem Bahnhof eine U-Bahn pendeln oder die S-Bahn mit einer Schleife über den Flughafen zum Bahnhof geführt werden? Es blieb beim Bus-Pendelbetrieb. Das Empfangsgebäude sollte wegen der Kosten ein abgewandeltes Kaufhallenprojekt werden. Die Lage des künftigen Fußgängertunnels war unumstritten, nicht jedoch dessen Breite, doch konnte sich die Deutsche Reichsbahn wegen des Andrangs bei den häufigen und organisierten Staatsempfängen mit 12 Meter Tunnelbreite durchsetzen.

Mit Baukapazitäten aus der ČSSR wurde das Empfangsgebäude errichtet, aber statt drei- nur zweigeschossig. Dieses wurde am 29. Juni 1984 in Betrieb genommen, verspätet, denn eigentlich sollte die Eröffnung am Tag der Republik, 7. Oktober 1983, sein. Danach war das Empfangsgebäude ein Magnet für viele Schaulustige (»endlich etwas Neues!«). Nach der Wende und den nun möglich gewordenem Vergleich mit Bahnhöfen in anderen Landern erscheint der Bahnhof als nichts Besonderes, nur viel Beton. Er verlor auch durch den Wegfall der Fernzüge auf dem Außenring von seiner Wichtigkeit. Seine Größe stand im Zusammenhang mit politischen Verhältnissen, und die ändern sich bekanntlich.

Im Zusammenhang mit dem künftigen Großflughafen Berlin-Brandenburg International entsteht ein neuer Bahnhof für die S-Bahn und für Fernzüge. Was mit dem bisherigen Bahnhof wird, mit dem viele Erinnerungen an die Umstände wegen des geteilten Berlins verbunden sind, ist unbestimmt.

Ein primitiver Bahnhof zum Umsteigen (1964). V 180 018 kam mit dem »Sputnik« von Werder, im Hintergrund wartet der Wendezug »Piefke« nach Wünsdorf. Foto: ZBDR

Eigentlich sollte der Flachbau ein weiteres Geschoss erhalten (1997).

ELLRICH

Nur Wenige außerhalb des Südharzes werden diesen an der Strecke Nordhausen – Northeim gelegenen Bahnhof gekannt haben. Außer dem Personenverkehr war er der Gipsindustrie nützlich, deren Fabriken zu ihm Anschlussgleise unterhielten. Mehr als 10.000 Wagenladungen wurden jährlich vom Bahnhof Ellrich abgefertigt.
Ansonsten fuhren die meisten Güterzüge durch. 138 sollen es täglich gewesen sein, oft mit Kohlen aus dem Ruhrgebiet für Mitteldeutschland, in der Gegenrichtung Leerwagen. Hinzu kamen wenige durchfahrende Schnell- und Eilzüge sowie nicht einmal ein Dutzend Personenzüge für beide Richtungen. Nicht nur der Krieg unterbrach vorübergehend den Zugverkehr, nach 1945 hielten wegen der Demarkationslinie zwischen der sowjetischen und amerikanischen Besatzungszone sämtliche Züge. Der Bahnhof wurde 1947 zum provisorischen und 1950 endgültig zum Grenzbahnhof nur für den Güterverkehr, immer mehr befestigt und perfekt abgeriegelt.
Schon deshalb rückte er aus dem Bewusstsein der Bevölkerung, soweit sie nicht im Grenzgebiet von Ellrich wohnten und auch nicht die hier endenden Personenzüge von Nordhausen benutzen durften. Dass jemand von dem Bahnhofsteil des »Binnenverkehrs« zum Güterzugteil wechselte, um in den »goldenen Westen« verschwinden zu können, verhinderten mannshohe Maschendrahtzäune. Für die Bahnhofskommandantur war in den achtziger Jahren ein Beobachtungsturm in der Bahnhofsmitte errichtet worden.
Das Regime, wenn ein Güterzug nach oder von Walkenried fahren konnte, war wie auf allen derartigen Grenzbahnhöfen sehr streng, kompliziert und auch sicherungstechnisch gegen jede Abweichung von den Grenzvorschriften gesichert. Das Personal hatte ebenso strenge Verhaltensanforderungen zu beachten, Abweichungen wurden registriert und je nach Heimatdienststelle als »Provokation« oder »nachlassende Wachsamkeit gegenüber dem Gegner« dokumentiert.

Am 11. November 1989 kam das entscheidende Ereignis, das den Bahnhof Ellrich bekannt machte und bald wieder vergessen wurde. Nach der Grenzöffnung für alle Bürger in Berlin verdichteten sich die Gerüchte, der Eisenbahngrenzübergang werde bald für den Reiseverkehr wieder geöffnet. Offiziell war daran nicht gedacht worden, der Wunsch der Eisenbahner des Bahnhofs war der Vater des Gedankens. In der Bundesbahndirektion Hannover wusste man davon nichts, antwortete auf Anfragen, eine Wiedereröffnung im Reiseverkehr sei nicht vorgesehen.
Am 12. November hatte sich der Bahnsteig in Ellrich bereits morgens mit Menschen gefüllt, die darauf warteten, dass ein Zug nach dem Westen eingesetzt werde. Nichts geschah! Der Fahrdienstleiter setzte sich mit dem Kollegen in Walkenried in Verbindung, um zu erfahren, wann der erste Zug komme. Der wusste ebenfalls offiziell nichts davon. Als jedoch bei ihm ein leerer Reisezug von Herzberg ankam, vereinbarten die beiden Fahrdienstleiter und das Zugpersonal, den Reiseverkehr zu eröffnen, ohne dass das von der Bundesbahndirektion Hannover oder der Reichsbahndirektion Erfurt genehmigt worden war. Zweimal fuhr der Zug nach Ellrich und zurück und anschließend als Regelzug nach Northeim.
Später ließ die Bundesbahn einen Triebwagen zwischen Walkenried und Ellrich pendeln, bis vom 15. November 1989 an drei reguläre Eilzugpaare zwischen Northeim und Nordhausen mit Lokomotivwechsel in Ellrich eingelegt wurden.
Zum Sommerfahrplan 1990 entfiel der Lokomotivwechsel in Ellrich und danach fielen auch Bahnhof und Strecke in die Bedeutungslosigkeit. Weder lebte der frühere Kohlenverkehr Ruhrgebiet – Mitteldeutschland wieder auf noch entschied sich die Masse der Bürger für das Bahnreisen zwischen Ost und West und umgekehrt.

Nun ist alles geregelt. Der Personenzug Nordhausen – Northeim fährt unter der Beschaubrücke durch (1990). Foto: Högemann

ESCHEDE

Diesen Bahnhof und den Ort katapultierte ein schreckliches Geschehen in die Schlagzeilen der Weltpresse – am 3. Juni 1998.
Bis dahin sah man an der 1847 eröffneten Strecke Celle – Harburg ein kleines Bahnhofs-, zwei Nebengebäude und eine Wasserstation. Eschede wurde nach damaliger Einteilung als Haltestelle bezeichnet, 1851 zur Station erhoben und lag außerhalb des Heidedörfchens. Im Herbst 1863 wurde endlich die Bahnhofstraße gebaut und gepflastert. Sie war bis weit in die zweite Hälfte des 20. Jahrhunderts die wichtigste Einkaufs- und Geschäftsstraße des Ortes.
Anfangs hielten sechs gemischte Züge in Eschede; vermutlich nach 1850 wurden daraus reine Personenzüge. Nach 1886 gab es lediglich vier Abfahrten in jede Richtung, auch 1924 hielt die Reichsbahndirektion Hannover vier Personenzüge für ausreichend. Eingaben von Bürgern und des Bürgervereins blieben wirkungslos. Im Zweiten Weltkrieg hielten sogar nur zwei Zugpaare an.
In der Nachkriegszeit und in den fünfziger Jahren hielten immer mehr Nahverkehrszüge, bis in den sechziger Jahren der Pkw auf der Fahrt zur Arbeitsstelle die Oberhand gewann. In den achtziger Jahren setzte ein Umdenken ein, zumal man in rund vierzig Minuten mit dem Zug in Hannover sein konnte, mit dem Auto undenkbar. Jetzt kam der »angebotsorientierte Fahrplan«, inzwischen fahren die Züge im Stundentakt, außerdem besteht sehr dichter Zugverkehr auf der Nord-Süd-Magistrale.
1977 zog der Fahrdienstleiter vom Stellwerk am Bahnsteig in das neue Empfangsgebäude. Er brauchte nicht mehr die Schranke des schienengleichen Bahnübergangs Rebberlaher Straße zu bedienen, was bei Geschwindigkeiten bis zu 200 km/h ohnehin nicht weiter zugelassen war. Eine Betonbrücke überbrückte die Gleise. Die Fahrbahnplatten lagen auf vier Pfeilern. Sie sollte eine Tragödie auslösen. Im Januar 1977 war das vorherige Bahnhofsgebäude geschlossen und innerhalb weniger Tage abgerissen worden. Ein neues Bahnhofsgebäude wurde errichtet, als Typenbahnhof im Hochbau-Büro einer Bundesbahndirektion entworfen, nur auf den »Bedarf« zugeschnitten, ohne Warteraum und ohne ein WC für die Reisenden.
Der auf Tourismus in der Südheide eingestellten Gemeinde gefiel das Bahnhofsgebäude überhaupt nicht. Sie kaufte 1995 das Gebäude und ließ durch die Architekten Möhlmann & Urbusch in Braunschweig ein »kommunales Dienstleistungszentrum« entwerfen, das aus dem Typenbahnhof mit dem Fahrdienstleiterraum und der Unterführung zur Hermannsburger Straße sowie zum Bahnsteig für die Züge nach Hannover entstehen sollte.
Um die Akzeptanz für das Bahnhofsprojekt zu steigern, organisierte die Gemeinde 1997 ein Fest zum 150-Jährigen Bestehen der Bahnstation, das riesige Resonanz in der Bevölkerung fand und rund 20.000 Besucher anlockte. Wie ein Omen wirkte der an das Gebäude angebrachte Slogan »Es bahnt sich was an in Eschede«. Er erhielt plötzlich eine makabre Bedeutung.
Am 3. Juni 1998 brach etwa 6 Kilometer vor Eschede im ICE »Wilhelm Conrad Röntgen« der Radreifen des ersten Wagens. Die beschädigte Achse rollte bis zur Weiche 2, wo bei 195 km/h Geschwindigkeit der Radsatz entgleiste. In der Weiche 3 entgleiste der dritte Wagen, streifte einen Pfeiler der genannten Betonbrücke, die daraufhin einstürzte und den wie eine Ziehharmonika geknickten Zug festhielt. 101 Menschen fanden den Tod, rund 105 wurden zum Teil schwer verletzt. Die Eisenbahnkatastrophe von Eschede wurde als die größte nach 1945 bezeichnet.
Die Brücke wurde bis 2000 wieder, aber ohne Pfeiler in einer Weite von 35 Meter aufgebaut. Und auch der Umbau des Bahnhofsgebäudes ist fortgesetzt worden, am 4. Juli 1999 mit einer stillen Feier eingeweiht. Jenseits des Bahnhofs entstand im Frühjahr 1999 eine Gedenkstätte nach dem Entwurf von Wolfgang M. Pax und Anja Brüning.

Die Gemeinde ertrotzte sich das neue Bahnhofsgebäude (2000).

Jenseits der Strecke liegt die Gedenkstätte für die 101 Todesopfer der Katastrophe vom 3. Juni 1998.

Friedland (Han)

Der an der Strecke Göttingen – Bebra gelegene unscheinbare Bahnhof wurde mit dem Ort mit wenig mehr als 1000 Einwohnern weit über die deutsche Grenze hinaus bekannt. Das konnte die Bahngesellschaft nicht ahnen, die hier nach dem Muster des benachbarten Bahnhofs Eichenberg 1891/1892 ein Backsteingebäude des Architekten Faust errichten ließ mit einer steilen Dachpyramide als Turm und, angebaut, einem kleinen Güterschuppen.

Dieses Gebäude und der Bahnsteig bildeten das steinerne »Begrüßungskomitee« für Tausende von Menschen, die nach Deutschland kamen oder heimkehrten. In Friedland eröffnete die britische Besatzungsmacht auf dem Gelände der landwirtschaftlichen Versuchsanstalt der Universität Göttingen am 20. September 1945 das »Grenzdurchgangslager«. Der Bahnhof war von 1945 bis 1949 der südlichste in der britischen Besatzungszone. Eichenberg lag bereits in Hessen und in der amerikanischen Zone, der andere Nachbarort, Arenshausen, zu dem von Friedland aus zwischen 1867 und 1884 ebenfalls eine Strecke in Betrieb war, gehört zu Thüringen und lag deshalb in der sowjetischen Besatzungszone.

Wer nach Friedland kam, war erst einmal »über die Grenze« gekommen. Zuerst kamen Vertriebene aus den früheren deutschen Ostgebieten, aus Bessarabien und aus dem Sudentenland. In Friedland verließen auch 1955 die letzten der rund 10.000 Heimkehrer aus der UdSSR den Zug. Bundeskanzler Konrad Adenauer hatte sich beim Besuch in Moskau für die Rückführung der als Kriegsverbrecher titulierten Gefangenen eingesetzt. Das Lager wurde danach eines der Übergangslager für Flüchtlinge aus der DDR, auch Aufnahmelager für Spätaussiedler aus der UdSSR, und seit 2002 ist es für diese das einzige »Erstaufnahmelager« in Deutschland. Immer wenn ein Zug mit Flüchtlingen oder Aussiedlern ankam, stand neben den Vertretern des Lagers der Dienstvorsteher auf dem Bahnsteig. Der Bahnhof könnte viel erzählen, was er von den Ankommenden und eines Tages wieder Abreisenden sah.

Seitdem 1991 der Hochgeschwindigkeitsverkehr auf der Neubaustrecke Hannover – Würzburg eröffnet wurde, fahren durch den Bahnhof nur Güter- und im Stundentakt Nahverkehrszüge. Am 23. März 2007 erlebte der Bahnhof einen »Festakt«, wie einer Pressemitteilung zu entnehmen ist, mit wenig prominenten Chargen, auch nicht im Zusammenhang mit dem Lager, sondern weil die »Modernisierung des Bahnhofs« abgeschlossen wurde.

»Der Bahnhof [...] hat mit Hilfe von Landesmitteln ein völlig neues Erscheinungsbild erhalten. Außerdem fahren seit Dezember nagelneue Züge in Richtung Göttingen, Kassel und Bebra. Damit haben wir alle Voraussetzungen geschaffen, damit Bahn fahren in Friedland wieder Spaß macht«, sagte Dr. Wolf Gorka, Geschäftsführer der Landesnahverkehrsgesellschaft Niedersachsen. Viel Spaß in Friedland!

Auf dem Weg ins Lager (1956). Übersiedler sind mit einem Zug aus Polen angekommen. Slg. Grenzdurchgangslager Friedland

Genthin

Keiner der Eisenbahner auf dem mit Eröffnung der Strecke Potsdam – Burg am 7. August 1846 in Betrieb genommenen Durchgangsbahnhofs der Berlin-Potsdam-Magdeburger Eisenbahn-Gesellschaft ahnte, dass dieser Bahnhof eines Tages ungewollt die Stätte einer tragischen Sensation werden sollte.

Denn am 21. Dezember 1939 wurde er zum Schauplatz des größten Eisenbahnunfalls in der deutschen Geschichte, wenn man die Toten und Verletzten zählt und noch schlimmere Ereignisse während der Kriegszeiten unberücksichtigt lässt.

186 Getötete! Obendrein war der Hergang ungewöhnlich. Dass ein Lokomotivführer an einem Halt zeigenden Signal unzulässig vorbei fährt und das folgende auf Fahrt stehende Signal auf sich bezieht, obwohl es dem vorausfahrenden Zug gilt, kam und kommt immer wieder einmal vor. Hier aber stieß der Schnellzug mit einem anderen zusammen, der anhielt, obwohl er nicht halten sollte.

Der Lokomotivführer des D 180 (Berlin – Neunkirchen/Saar) hatte das Halt zeigende Hauptsignal der Blockstelle Belicke nicht beachtet. Der Wärter auf Stellwerk »W 2« in Genthin, alarmiert vom Blockwärter, wollte den Zug anhalten, signalisierte das aber zu früh und hielt stattdessen den vorher fahrenden D 10 (Berlin – Köln) an. Dieses Missverständnis führte zu den fatalen Folgen: Zusammenstoß der beiden wegen der bevorstehenden Weihnachtsfeiertage überbesetzten Schnellzüge.

Sowohl unmittelbar nach dem Unfall als auch in der DDR wurde über diesen Unfall kaum berichtet. 60 Jahre danach ist auf Betreiben von Handwerkern und Gewerbetreibenden der Stadt auf dem Bahnhofsvorplatz ein Denkmal aufgestellt worden. Es besteht aus einer Dampflokachse mit zwei Rädern und drei Edelstahlsäulen mit den Angaben zum Unglück. Allerdings unterscheidet sich die Zahl der Opfer, die mit 200 Toten angegeben wird. Die Eisenbahn zählt, nicht aus Missachtung vor den Toten, sondern wegen der Vergleichbarkeit in ihrer Statistik immer nur die innerhalb von 24 Stunden Gestorbenen.

Ansonsten gäbe es über den Bahnhof nichts von Belang zu berichten. Die Nebenbahn nach Schönhausen ist stillgelegt. Weder halten noch Fernzüge, die durchfahrenden kann man an einer Hand abzählen. Der örtliche Güterverkehr besteht nach der Verlagerung eines Waschmittel-Werkes kaum noch. Seit dem 14. November 1995 arbeitet kein Eisenbahner mehr in Genthin; der Zugbetrieb wird von der Betriebszentrale Leipzig aus gesteuert. Nur wenn der Regionalexpress kommt, wird es auf dem Bahnsteig lebhaft.

Auf dem Vorplatz wird seit 2007 der vielen Toten gedacht.

Die Unfalltrümmer auf dem Bahnhof. Unten liegt die Lokomotive des D 180, 01 168.

Gerstungen

Der Bahnhof wurde am 25. September 1849 zum »Grenzbahnhof«, besser Gemeinschaftsbahnhof der Thüringischen Eisenbahn von Eisenach und der Friedrich-Wilhelms Nordbahn von Kassel. Im Regelbetrieb musste hier zwischen den Zügen beider Bahnen umgestiegen werden. Sicherlich nicht für lange Zeit. In Gerstungen waren zwei Bahnhöfe mit eigenen Empfangsgebäuden und Lokomotivschuppen entstanden: der Thüringer Bahnhof, wie wir ihn heute noch kennen, und der Hessische Bahnhof auf der Westseite, der nicht erhalten blieb.

Über 100 Jahre später wurde aus ihm tatsächlich ein Grenzbahnhof, zwischen Thüringen und Hessen, zwischen der DDR und der BRD mit entsprechenden Anlagen und Aufpassern. Nach 1945 herrschte ein unbestimmter Zustand an der Demarkationslinie, der folgenden Zonen- und Staatsgrenze. Die Alliierten hatten sich geeinigt, dass Thüringen zur sowjetischen Besatzungszone kam, weshalb die östlich (!) von Gerstungen, in Hessen liegenden Bahnhöfe Herleshausen und Wommen in der amerikanischen Besatzungszone verblieben. Der Bahnhof Wartha wurde Grenzbahnhof im Personenverkehr.

Das sollte sich nach der rigorosen Grenzabschnürung am 13. August 1961 ändern. Die Sicherheitsorgane hatten seit jeher misstrauisch verfolgt, dass die Züge nach der Grenzabfertigung in Richtung Westen zwar auf dem Bahnhof Gerstungen, aber vorher auch hessisches Gebiet durchfuhren.

Zu den neuen »Grenzsicherungsmaßnahmen« gehörte, dass die Grenzabfertigung für alle Züge nach Gerstungen verlegt und der Bahnhof in einen Bezirk des Binnenverkehrs und einen eingezäunten des Grenzverkehrs geteilt wurde. Zunächst wurde der Binnen-Zugverkehr Eisenach – Gerstungen durch Schienenersatzverkehr aufrechterhalten, bis auch für den Durchgangsverkehr die 13,3 Kilometer lange eingleisige Umgehungsstrecke über Förtha fertiggestellt worden war.

Am 13. April 1962 war es soweit. Wegen der Funktion als Grenzbahnhof veränderten sich die Anlagen, der Nordhang wurde abgetragen, einige Gleise abgerissen, verkürzt oder mit »Fluchtweichen« versehen, die bei Einfahrt des Zuges so gestellt waren, dass ein weiterfahrender Zug entgleist wäre. Aus den ehemals durchgehenden Hauptgleisen nahe dem Empfangsgebäude waren Stumpfgleise geworden. Die Bahnhofsverhältnisse in Gerstungen schlugen sich auch in den öffentlichen Fahrplänen nieder, wo man unter der Tabelle für die Strecke Eisenach – Gerstungen lesen konnte: »Übergang für Reisende zu den Zügen nach der [bzw. von den Zügen aus der] BRD nicht möglich«.

Die Wende in der DDR 1989 veränderte 1990 die Aufgaben und das Bild des Bahnhofs. Die Strecke durch das Werratal konnte wieder in Betrieb genommen werden. Ohnehin musste die Umgehungsbahn wegen der Alkalischäden an den Betonschwellen entweder erneuert oder gesperrt werden. Am 23. April 1990 begann – als Lückenschlussmaßnahme bezeichnet und später von der Bundesregierung als Nummer 7 in die Verkehrsprojekte Deutsche Einheit eingeordnet – der Neubau der zunächst eingleisigen Strecke Eisenach – Wartha – Gerstungen, in Betrieb genommen am 25. Mai 1991.

Auch der unrühmliche Grenzbahnsteig mit der langen Sichtblende wurde abgerissen. Dem Bahnhof blieben der Nahverkehr und die Kalizüge von Unterbreizbach. Die Fernzüge rauschen durch. Dank der Fernsteuerung wirkt er eher tot als lebendig.

Der separat angelegte Kontrollbahnsteig, auf dem sich »die Organe« wichtig machten (1994). Der Umbau des Bahnhofs war bereits im Gange, das Befehlsstellwerk 4 im Hintergrund wurde vier Jahre später stillgelegt und abgerissen.

HELMSTEDT

Der Bahnhof war sicherlich der bekannteste Grenzbahnhof während des geteilten Deutschlands. Rund 100 Jahre früher ging durch die 1871 eröffnete Lehrter Bahn die hervorragende Stellung der Strecke und des Bahnhofs im Ost-West-Verkehr verloren. Der Bahnhof bestand auch bis zum Umbau wegen der 1895 nach Oebisfelde eröffneten Strecke aus zwei Gleisen für die Hauptlinie und einem dritten Gleis für die Züge von und nach Schöningen, vier Nebengleisen und am südlichsten einem Gleis mit Drehscheibe. Von 1881 bis 1885 entstand auch das zweite Bahnhofsgebäude im »Regierungsbaumeisterstil«.

Ständig ist die Bahnhofsanlage erweitert worden. Die 31 Gleise im Jahre 1923 entsprachen auch der Wichtigkeit des Bahnhofs im Güterverkehr, besonders für den Kohlenversand der umliegenden Bergwerke. Im Reiseverkehr hatten die Strecken nach Oebisfelde und nach Schöningen nur lokale Bedeutung, dafür war die Hauptbahn Magdeburg – Helmstedt – Braunschweig recht belebt. Fast alle Schnell- und Eilzüge hielten in Helmstedt wenigstens eine Minute.

Das änderte sich mit dem Kriegsende nicht nur wegen der am 20. Februar 1944 in Richtung Magdeburg zerstörten Brücke. Die Landesgrenze trennte die Besatzungszonen, wurde zur Demarkationslinie, zur Zonengrenze und schließlich sogar zur Staatsgrenze. Die Veränderungen in Stichworten:

- Beschluss des Alliierten Kontrollrates vom 10. September 1945, den gesamten Güterverkehr und den militärischen Reiseverkehr über Helmstedt zu leiten. Erster Güterzug: 4. Juli 1945
- Kleiner Grenzverkehr mit Kohlenzügen für das Kraftwerk Harbke in der sowjetischen Besatzungszone
- Sommer 1946: L 11/12 »Nord-Express« Paris – Berlin
- Oktober 1946: FD 111/112 als erster Interzonenzug Amsterdam – Berlin
- 11. Juni 1948: Beginn der Blockade, Zugverkehr nach Marienborn (– Magdeburg) behindert oder unmöglich. Wiederaufnahme des Berlin-Verkehrs am 12. Mai 1949
- 1949 Vereinbarung über den Lokomotivwechsel in Helmstedt, das Personal des Bahnbetriebswerks Braunschweig fährt nicht mehr nach Berlin.
- Weitere Interzonenzüge werden eingelegt, andere Grenzbahnhöfe eröffnet, 1954 werden Oebisfelde/Wolfsburg wieder zur Konkurrenz
- 5. Juli 1973: Kleiner Grenzverkehr Helmstedt – Eilsleben bis November 1989 sonnabends und sonntags.[11]

Neben diesem zivilen Verkehr fuhren regelmäßig die Militärzüge der Amerikaner Berlin – Bremerhaven und Frankfurt (Main), der Briten Berlin – Helmstedt, der Franzosen Berlin – Strasbourg. Daran erinnert der auf dem Bahnhof aufgestellte Begleiterwagen mit der Aussichtskanzel, von dem aus der Zug bei der Fahrt »durch die [sowjetische] Zone« beobachtet wurde.

Den Eisenbahnern ist der Bahnhof durch das »Helmstedter Abkommen« bekannt, in dem Bundes- und Reichsbahn sich die gegenseitige Benutzung von Wagen erlaubten, ohne Mietgebühren zu berechnen. Dieses für die DDR an sich günstige Abkommen wurde aus politischen Gründen 1977 aufgehoben.

Die Funktion als Grenzbahnhof ging im Sommer 1990 verloren. Nach dem Verkehrsprojekt Bahnbau Deutsche Einheit wurde die Strecke Berlin – Magdeburg – Helmstedt modernisiert, für Geschwindigkeiten bis zu 160 km/h ausgebaut und elektrifiziert. Seit 17. Dezember 1995 fahren Intercity-Expresszüge nach Berlin und in Helmstedt durch. Noch unbedeutender im Fernverkehr wurde der Bahnhof durch die Eröffnung der Schnellbahn Hannover – Berlin am 30. September 1998. Auch der örtliche Güterverkehr ging zurück und wurde 2000 eingestellt. Am 9. Dezember 2007 ist obendrein der Reiseverkehr Helmstedt – Schöningen eingestellt worden.

Die Lokomotive V 180 066 vom Bahnbetriebswerk Berlin-Grunewald übernahm den D 111 von Köln (1967). 50 602 brachte einen Zug von Braunschweig Rbf.
Foto: Rotthowe

Herleshausen

Der Bahnhof mit dem ihm unterstellten in Wommen ist wegen einer Abnormität zu nennen: Er war ein Stück DDR in Hessen! Denn beide Bahnhöfe liegen an der Strecke Eisenach – Gerstungen, die über die Landesgrenzen des Fürstentums Weimar-Eisenach und des Kurfürstentums Hessen-Kassel gebaut worden ist. Mitte des 19. Jahrhunderts vereinbarte man so etwas ohne großes Aufhebens.

Der unkomplizierte Umgang mit der Grenze änderte sich vollkommen nach dem Zweiten Weltkrieg: hier amerikanische, da sowjetische Besatzungszone, deren Grenze nach sowjetischem Muster immer hermetischer verschlossen wurde. Dass die Züge über 7,104 Kilometer durch hessisches Territorium zwischen Wartha und Gerstungen fahren durften, ist nicht durch eine staatliche Vereinbarung über Privilegierten Durchgangsverkehr (»Korridorverkehr«) geregelt worden, die Betriebsführung blieb bei der Deutschen Reichsbahn. Die etwa 40 Eisenbahner der Bahnhöfe einschließlich der sechs Mann Instandhaltungspersonal und des Streckenläufers gehörten zur Reichsbahndirektionsbezirk Erfurt.

Bezahlt wurden die Reichsbahner im Westen seit 1952 in DM-West; die Bundesbahndirektion Kassel überwies die Beträge, die Deutsche Reichsbahn erstattete sie. Allerdings waren die Eisenbahner im Westen nicht krankenversichert, so dass das Geld für Arzneimittel der Bahnhofskasse entnommen werden musste. Für Arzt- und Krankenhauskosten mussten bei der Reichsbahndirektion Erfurt Anträge gestellt werden.

Für die Eisenbahner von Herleshausen galt zwar das Arbeitsrecht der DDR, sie unterlagen aber nicht dem politischen Druck wie ihre Kollegen in West-Berlin. Allerdings wurde das Bahnhofsgebäude für die »äußere Sichtagitation« genutzt, und ab und zu holte man die Eisenbahner zu Kulturveranstaltungen und zum Kuraufenthalt in die DDR. Sie kamen sich dort seltsam vor. Die Eisenbahner vom Jahrgang 1922 an fragten sich auch, was wird, wenn sie zu Militärübungen der Bundeswehr einberufen werden? Was passiert, wenn jemand einen Unfall verursacht? Untersteht er dann der Justiz in der BRD oder in der DDR oder sogar beiden?

Die bis zum 22. Mai 1952 verkehrenden Personenzüge Eisenach – Gerstungen hielten wie die Schnellzüge in Herleshausen nicht (danach verkehrten nur noch Autobusse), so dass die Einwohner, die meist im Kali-Bergbau von Heringen arbeiteten, den DB-Bahnbus benutzen mussten. Nach Angaben der »Werra-Rundschau« sollen wegen dieser Verkehrsmisere von 1950 bis 1960 rund 500 Personen den Ort verlassen haben.

Der eine Übergabezug, der Güterwagen von Gerstungen nach Herleshausen brachte bzw. hier abholte, fuhr am 1. Juli 1952 zum letzten Mal. Danach musste das Frachtgut nach Hoheneiche an der Strecke Bebra – Göttingen gebracht werden.

Durch den Bau der Umgehungsstrecke Eisenach – Förtha – Gerstungen 1961/1962 geriet der Bahnhof vollends ins Abseits. Vom 29. September 1963 an war der Reise- und Güterzugverkehr bis auf Ausnahmen ganz vom Werratal zur Neubaustrecke verlegt worden. Der Grenzbahnhof Wartha wurde aufgegeben. Durch Herleshausen fuhr noch ein Güterzugpaar, weil wegen der zwischenstaatlichen Vereinbarungen die Strecke nicht stillgelegt werden konnte. Ein Unfall mit einem Bagger am 13. Juli 1978, bei dem vier Eisenbahner schwer verletzt wurden, führte zur »vorübergehenden« Einstellung des Zugverkehrs am 1. August 1978; 21 von noch 24 Eisenbahnern wurde gekündigt. Im Mai 1988 übergab die Deutsche Reichsbahn die Anlagen der Deutschen Bundesbahn.

Die Stille auf dem Bahnhof währte knapp 13 Jahre, denn nach der Grenzöffnung wurde am 25. Mai 1991 der Zugverkehr durch das Werratal wieder aufgenommen. Das Kuriosum Reichsbahn bzw. DDR in Hessen blieb eine Fußnote der Verkehrsgeschichte.

Die Bürger von Herleshausen sind gekommen, um auf dem Bahnsteig dem freundlichen Empfang der heimgekehrten Kriegsgefangenen zuzusehen (1955). Slg. Gemeinde Herleshausen

Hof Hauptbahnhof

Der Bahnhof ist der Endpunkt der Bamberger und der Leipziger Strecke. Er war 1880 in Betrieb genommen worden, hatte aber seit 1848 einen Vorgänger: die Kopfstation am Hallplatz im Zentrum der Stadt. Das war eine bayerisch-sächsische Gemeinschaftsstation, auch »Rauchkessel« genannt.
Dieser Bahnhof, einer der ältesten der Ludwig-Süd-Nord-Bahn, war kein Glücksfall, eher ein Schrecken aller Durchreisenden, denn er war ein Kopfbahnhof mit den bekannten Umständlichkeiten, zumal er mit nur kurzen Gleisen in einem Einschnitt lag. Um dem Übel abzuhelfen, projektierte 1873 die Generaldirektion der Bayerischen Staatsbahn einen »auf die Verhältnisse der Zukunft mit berechneten« Bahnhof vor den Toren der Stadt.
Nach über fünfjähriger Bauzeit ging am 1. April 1880 der neue, im Stil der Neorenaissance errichtete Durchgangsbahnhof in Betrieb.
Über ihn fuhren Fernzüge von Nord nach Süd und umgekehrt, wie die Schnellzüge Breslau – Dresden – München. Glanzzeit waren in dieser Hinsicht gewiss die dreißiger Jahre, denn 1939 standen auf der Abfahrtstafeln 37 Schnell-, 7 Eil- und 52 Personenzüge (2010 kein Fernzug mehr!). Die Zug- und Wagenläufe reichten von Berlin bis Rom, von Warschau bis Genua (mit wechselseitigem Übergang der Kurswagen in Hof), von Berlin bis Salzburg, Bad Gastein und Klagenfurt, von Hamburg bis Wien.
Den Güterbahnhof verließen werktäglich 75 Güterzüge, 60 kamen an. Am 30. April 1945, dem »Schwarzen Tag« von Hof, versanken während eines einstündigen Fliegerangriffs weite Teile des bayerischen Bahnbetriebswerks im Südteil in Schutt und Asche. Der traditionelle Zugverkehr Bayern – Sachsen wurde zum Kriegsende 1945 unterbrochen, der nach Eger (Cheb) in Böhmen eingestellt, der Abschnitt von Marxgrün nach Blankenstein (Thür) stillgelegt.

Zwar verkehrte 1947 das erste Personenzugpaar Hof – Gutenfürst, das nur mit dem Interzonenpass benutzt werden durfte, es wurde mit Beginn der Berliner Blockade 1949 eingestellt, fuhr von 1950 an wieder und wurde abermals 1952 eingestellt, aber auch die Schnellzüge München bzw. Nürnberg – Leipzig von 1954 an brachten die alten Zeiten nicht zurück. Auch nicht der »Saßnitz-Express« nach München von 1955 bis 1958 und nicht die Transitzüge von und nach Berlin sowie die Trans-Europ-Express-Marchandises Hof – Saßnitz, später Bologna – Malmö. Selbst der hoffnungsvolle Wiederbeginn des Fernreiseverkehrs nach dem Mauerfall blieb ein junges Pflänzchen, das von der Deutschen Bahn nicht gehegt wurde.
Zum Politikum auf dem Bahnhof wurden die Schnellzüge von Prag mit jenen Bürgern, die in der DDR nicht mehr leben wollten und ihr Glück in der BRD-Botschaft suchten. Von deren Balkon gibt Außenminister Genscher am 30. September 1989 bekannt, dass die Flüchtlinge ausreisen dürfen. Es war nicht der Einfall des DDR-Verkehrsministers, dass die Züge von Prag über Dresden nach Hof fuhren, jemand, bisher unbekannt Gebliebener, verfügte, die Flüchtlinge sollten »auf dem Boden der DDR« ihre Staatsangehörigkeit verlieren.
Ohne die Sonderzüge der Deutschen Bundesbahn gehörig anzukündigen, rollten sechs am 1. Oktober an; weitere acht am 4. und 5. Oktober, nun nicht mehr über Dresden, sondern über Bad Brambach, zwei Züge von Warschau am 1. und 6. Oktober und vom 4. November an weitere neun Züge von Prag über Schirnding. Dieser Flüchtlingsstrom verschaffte dem Bahnhof nicht nur Bekanntheit; er bleibt den Einwohnern der Stadt und den Eisenbahnern in der Erinnerung. Wie der Anstrum der Menschen »von drüben« im November 1989, als Bayern ein zweites Begrüßungsgeld zahlte.

Ansturm auf den Bahnhof und die Züge am ersten Wochenende der geöffneten Grenze. Slg. Verkehrsmuseum Nürnberg

MUKRAN

Am 2. Oktober 1986 ist mit dem Ablegen der Zweideck-Eisenbahnfähre »Mukran« die 277 Seemeilen lange Fährverbindung Mukran – Klaipeda (Memel) zwischen der DDR und der UdSSR eröffnet worden. Sie sollte das größte Integrationsvorhaben im Transportwesen zwischen beiden Ländern werden.

Ganz gleichmäßig beladen die beiden Rangierlokomotiven das Oberdeck des Fährschiffes »Vilnius« (2008).

Der kleine Unterschied in der Umachshalle: Das Rad des Normalspurdrehgestells läuft mit dem äußeren Rand auf dem Breitspurgleis (2008).

Wer auf der Insel Rügen das große Fährschiff und die es umgebenden Anlagen sieht, hat den Fährhafen vor Augen, der sich seit 1. Dezember 2000 Sassnitz-Mukran nennt. Westlich gelegen erstreckt sich ein großer Güterbahnhof mit der Besonderheit, dass er aus einem Normalspurteil (Spurweite 1435 mm) und einem Teil in der bei den Bahnen der früheren Sowjetunion üblichen Spurweite von 1520 mm besteht. Die gesamte Anlage, Fährhafen und Bahnhof sowie die Fährschiffe wurden unter großer Geheimhaltung vorbereitet und gebaut.

Geheim sicherlich auch wegen der militärischen Nutzung, denn für den Nachschub der »Gruppe der sowjetischen Streitkräfte in Deutschland« (GSSD), wie sich die Besatzung zuletzt nannte, ergaben sich immer größere Unwägbarkeiten des Transits durch Polen, insbesondere wegen der Gewerkschaftsbewegung »Solidarnocs«. Deshalb bestand die sowjetische Seite auch darauf, dass die Spurweite erst in der DDR gewechselt wird. Abgesehen davon sollten nur bei einem kleinen Teil der Wagen die Drehgestelle ausgetauscht werden. Für die größere Menge des Ladeguts war Umladen vorgesehen.

Der Betriebsteil Dresden des Entwurfs- und Vermessungsbetriebes der Deutschen Reichsbahn projektierte die über drei Kilometer lange Bahnhofs- und Hafenanlage, die an der Abzweigstelle Borchtitz beginnt. Die normalspurigen Gleisanlagen umfassen als wichtigste Gleisgruppen

- die Einfahrgruppe
- die Richtungs-, Ordnungs- und Ausfahrgruppe
- die Vorstellgruppen.

Alle weiteren Anlagen, wie das Heizwerk, das den Fährkomplex und Teile der Stadt Saßnitz beheizte, die Lokomotiv- und Wagenreparatur sowie der Bauhof, waren an die Normal- und an die Breitspur angeschlossen. Da die Normalspurgüterwagen der Deutschen Reichsbahn gegenüber den Güterwagen der Sowjetischen Eisenbahnen eine geringere Ladefähigkeit besaßen, musste der Normalspurteil hinsichtlich der Gleiszahl und -länge umfangreicher ausfallen als der Breitspurteil.

Die Umladeanlagen liegen schräg zwischen den parallelverlaufenden Ausziehgleispaaren der Normal- und der Breitspur. Jedem Breitspurgleis sind zwei Normalspurgleise zugeordnet worden.

Die breitspurigen Gleisanlagen bilden mit

- der Grenzübergangsgruppe
- der Ordnungsgruppe
- den breitspurigen Teilen der Umladung und Umachsung
- und den betriebsmaschinentechnischen Anlagen

den eigentlichen Fährbahnhof einschließlich Grenzbahnhof.

Über dem Bahnhofsgelände erhob sich das Zentrale Dienstgebäude, das seit 1996 leer steht.

1982 begann die Werbung von rund 3000 Arbeitskräften; als Eisenbahner kamen etwa 2100. Die Fähranlage hatte 1989 noch nicht einmal die volle Leistungsfähigkeit von 5,2 Millionen Tonnen im Jahr erreicht, von da an sank das Transportvolumen immer weiter, so dass 2010 für den Güterverkehr noch 70 Eisenbahner beschäftigt waren. Trajektiert werden – nur noch auf ein Fährschiff statt der vorgesehenen sechs und gebauten fünf – vorzugsweise Straßenfahrzeuge.

Die Deutsche Bahn bemüht sich halbherzig um die Belebung des Fährbahnhofs. Inzwischen werden die Anlagen wie Stellwerke nur noch zeitweise besetzt, die Sozialeinrichtungen sind geschlossen, einige Gleise abgebaut, andere von abzustellenden Fahrzeugen besetzt. Am 7. Januar 1998 wurde der neue »Fährhafen Sassnitz auf Rügen« an Stelle des bisherigen Bahnhofs Hafen in Sassnitz mit der Normalspuranlage für die Trajekte nach Trelleborg eröffnet.

Potsdam Pirschheide

Am 29. September 1956 wurde zwischen Saarmund und Golm der schwierigste Abschnitt des Berliner Außenrings geschlossen und ein Jahr später, im November 1957 — am künftigen Platz des Bahnhofs Potsdam Süd – ein nichtöffentlicher Haltepunkt eröffnet. Niemand oder nur wenige ahnten, dass hier einmal der Hauptbahnhof der Bezirksstadt Potsdam stehen sollte. Denn zunächst, am 18. Januar 1958, wurde die als Turmbahnhof gebaute Anlage, als Bahnhof Potsdam Süd in Betrieb genommen. Sie lag weit außerhalb der Stadt dort, wo oben der Außenring die eingleisige Strecke Beelitz Stadt —Wildpark (unten) kreuzt.
Während auf der Beelitzer Strecke seit 1908 Reisezüge verkehren, setzte auf dem Außenring der planmäßige Reiseverkehr erst am 17. März 1958 ein, wofür im November 1957 außer dem einen Behelfsbahnsteig ein zweiter gebaut worden ist. Das Provisorium endete mit Übergabe des von den Wolfgang Dreßler und Walter Mempel (Entwurfs- und Vermessungsbüro der Deutschen Reichsbahn) entworfenen Empfangsgebäude. Es steht vor der auf dem Damm liegenden Bahnsteiganlage des oberen Bahnhofsteils. Zum unteren Bahnhofsteil, der in der Ebene des Bahnhofsvorplatzes liegt, führten Bahnsteigabgänge und ein Gang von der Bahnhofshalle.
Im Empfangsgebäude befanden sich neben den Diensträumen eine rund um die Uhr geöffnete MITROPA-Gaststätte, zwei Kioske, eine Gepäckabfertigung, fünf Schalter der Fahrkartenausgabe und einer für die Auskunft, die in »Hauptstoßzeiten« auch alle geöffnet waren. Am 2. Oktober 1960 wurde aus dem Süd- der Hauptbahnhof. Der bisherige, zerstörte und nur notdürftig reparierte Hauptbahnhof an der Strecke Berlin – Magdeburg nannte sich nun Potsdam Stadt.
Alle Welt fragte sich, was das sollte, mitten in der Heide einen pompösen Bahnhof zu errichten. Das Geld hätte man besser für den Neubau oder die Wiederherstellung des alten Hauptbahnhofs ausgeben sollen. Den neuen Hauptbahnhof benutzten nur Ausflügler und jene Reisende, denen es aus politischen Gründen verboten war, die S-Bahn durch West-Berlin zu benutzen. Auch der Fernverkehr, zum Beispiel Berlin – Magdeburg oder Berlin – Stendal, war 1952 auf den Außenring gelegt worden. Wer in Potsdam zu- oder aussteigen wollte, musste mit der Straßenbahn zu diesem Bahnhof fahren.
Den Bürgern ging ein Licht über den Sinn des neuen Hauptbahnhofs auf, als am 13. August 1961 die Grenze zu West-Berlin abgeriegelt wurde. Der alte Hauptbahnhof hatte nur noch geringen Personenzugverkehr von Jüterbog bis Potsdam-Babelsberg, aber auf dem neuen Hauptbahnhof ergossen sich die Reisendenströme aus den stündlich verkehrenden Doppelstockzügen Berlin – Werder – (Havel) und den anderen Zügen von Magdeburg, Stendal, Nauen, Oranienburg usw.
Niemand ahnte wiederum, dass sich die Verkehrsverhältnisse in Potsdam eines Tages ändern sollten. Die elektrische S-Bahn fährt seit 1. April 1992 wieder von Berlin nach Potsdam; die Fernzüge nehmen seit 1991 den direkten Weg und nicht mehr den auf dem Außenring. Auch im Nahverkehr fehlte der Bedarf; seit 1992 wurde in Potsdam der Nahverkehr neu organisiert.
Potsdam Stadt wurde Hauptbahnhof am 23. Mai 1993 wieder Hauptbahnhof, der bisherige in Potsdam Pirschheide umbenannt. Der Bahnhof leerte sich immer mehr. Seit 1999 sind auf dem oberen Teil nur noch zwei Gleise für durchfahrende Güterzüge in Betrieb; auf dem unteren Teil halten montags bis freitags im Stundentakt, sonst nur alle zwei Stunden die Regionalbahnen Potsdam – Seddin – Berlin-Schönefeld Flughafen.
Der Bahnhof wird vom elektronischen Stellwerk gesteuert, bedient aus der Betriebszentrale Berlin-Pankow, das Bahnhofsgebäude ist leer und verfällt. Der Preis für einen Bau aus staatspolitischen Gründen. 1996 machte die Zeitung »Wochenpost« auf das Baudenkmal aufmerksam und zitierte Ralph Paschke vom Brandenburgischen Landesamt für Denkmalpflege: »Der Bahnhof [er meinte das Empfangsgebäude – E. P.] entstand vor der knallharten Abkehr von einer internationalen Vergleichbarkeit von Architektur, also zu einer Zeit, als es noch denkbar war, daß sich Architekten über die innerdeutsche Grenze hinweg an Wettbewerben beteiligten. Der Bahnhof ist eines der wenigen Beispiele von Bahnhofsneubauten in der DDR.« Niemand ist interessiert, es zu erhalten.

Die lichte Bahnhofshalle durchschritten einmal täglich 20.000 Menschen(1989). Im rechten Flügel waren die Diensträume des Bahnhofs und der Bahnmeisterei. Foto: Emersleben

PROBSTZELLA

Unter den Grenzbahnhöfen zwischen der DDR und der BRD nimmt Probstzella eine Sonderstellung ein, weil stets hier die Lokomotiven und das Zugpersonal wechselten, während an anderen Grenzübergängen die Deutsche Reichsbahn mit ihren Lokomotiven und dem Zugbegleitpersonal bis zu einem Bahnhof der Deutsche Bundesbahn fuhren bzw. wegen des Naturalausgleichs die Übergabebahnhöfe wechselten.
Vor der Teilung Deutschlands hielten in Probstzella auch die Schnellzüge zum Ansetzen der Schiebelokomotive, damit die Steigung auf der »Frankenwaldbahn« bezwungen werden konnte und, solange die Güterzüge handgebremst fuhren, die Bremser zusteigen konnten.
Der 1939 begonnene elektrische Zugbetrieb Nürnberg – Saalfeld endete kurz vor Kriegsende, als bei Luftangriffen Teile des Bahnhofs und die Fahrleitung zerstört wurden. Der elektrische Betrieb war nach der Reparatur vom Herbst 1945 an wieder möglich, doch die Sowjetische Militäradministration in Deutschland (SMAD) ordnete an, bis zum Frühjahr 1946 die Fahrleitung zu demontieren.
Nach der Stillegung des Zugverkehrs von und nach Ludwigsstadt begann am 2. Oktober 1949 der Interzonenzugverkehr mit FD 149 München – Leipzig. Die Deutsche Reichsbahn (West) bzw. die Deutsche Bundesbahn waren interessiert, die Züge nicht weiter auf dem kleinen Bahnhof Ludwigsstadt umzuspannen, sondern bis und ab Probstzella die elektrische Traktion nutzen zu können. Für die Wiederelektrifizierung des Abschnitts Landesgrenze – Probstzella stellte die Deutsche Bundesbahn das Material bereit, die Deutsche Reichsbahn montierte, und so konnte im Juni 1950 die Bundesbahn in Probstzella die Traktion der Züge übernehmen.
Das Gebiet entlang der Demarkationslinie bzw. der Staatsgrenze wurde immer perfekter abgeriegelt. Aus dem Kontrollpunkt Probstzella war seit Juni 1950 ein »richtiger« Grenzbahnhof für den Wechselverkehr im Personen- und Güterverkehr geworden, über den im Interzonen- bzw. Transitverkehr fünf Schnellzug- und drei Güterzugpaare verkehrten, hier aber nur einen Betriebshalt zum Lokomotivwechsel und zum Aus- und Einsteigen der Transportpolizei und des Passdienstes bei den Transitzügen von und nach Berlin sowie für den Zoll beim Schnellzugpaar Leipzig – Stuttgart hatten.
Lediglich der Nachtzug Berlin – München hatte bis 1969/1970 Verkehrshalt, aber nur für die Übergangsreisenden zum und vom P 5000/5001 Saalfeld – Probstzella. Das war auch das einzige Personenzugpaar von und nach Saalfeld, das nicht über die Verbindungskurve fuhr.
Die war zur Strecke nach Sonneberg gebaut worden, um den Bahnhof für den Binnenverkehr hermetisch abriegeln zu können. Auf anderen Grenzbahnhöfen zur BRD lag der Bahnsteig des Binnenverkehrs zwar abseits, aber noch im Bahnhof. Hier hatte man nördlich des Bahnhofs eine 347 Meter lange Kurve, einen Bahnsteig und ein kleines Gebäude für die Züge Saalfeld – Sonneberg gebaut. Der Haltepunkt ging am 27. Mai 1962 in Betrieb, bis zum 29. Mai 1965 für nur ein Zugpaar, seit 30. Mai 1965 für alle Züge von und nach Sonneberg.
Seit 2. Juni 1991 fuhren die Züge Saalfeld – Sonneberg wieder in den Bahnhof Probstzella und wendeten hier; Reisezeitverlust 10 Minuten! Die Mehrheit der Bevölkerung wollte nicht mehr das Symbol der Teilung und der unbeliebten Grenzsicherungsmaßnahmen. Am 31. Mai 1992 ist die Verbindungskurve stillgelegt worden, was auch der »Lückenschlussmaßnahme« entgegenkam. Am 22. Januar 1997 wurde wegen Oberbaumängeln die gesamte Strecke Probstzella – Sonneberg stillgelegt und Schienenersatzverkehr eingerichtet.
Auf der Hauptbahn fuhren vom 28. Mai 1995 an die Züge Nürnberg – Halle/Leipzig durchgehend elektrisch, ohne Halt in Probstzella. Der Bahnhofsname verschwand aus dem Gedächtnis der meisten Reisenden.

Größer als das Bahnhofsgebäude fiel das Dienstgebäude des Pass- und Fahndungsdienstes und der Zollverwaltung aus (1997).

Rostock Seehafen

Der Bau des Bahnhofs Rostock Überseehafen (seit 1982 Rostock Seehafen genannt) war keineswegs von der Deutschen Reichsbahn gewollt, um die Transporte auf ihre Gleise zu bekommen. Sie betrachtete diese Anlage als Übergabebahnhof zu der »Anschlussbahn Hafen«, der eines Tages an das Kombinat Seeverkehr und Hafenwirtschaft übergeht. Bis in die siebziger Jahre beabsichtigte sie, den Rangier- und Hafenbahnhof zu trennen, um die Rangieraufgaben von anderen Bahnhöfen in Mecklenburg abziehen und hier konzentrieren zu können. Das gelang nicht, fehlte es doch an Investitionsmitteln sowie an Bau- und Ausrüstungskapazität. Nur kurze Zeit nach 1990 wurde Rostock Seehafen zum einzigen Rangierbahnhof in Mecklenburg-Vorpommern mit Fernzugbildung, danach nur noch ein Knotenpunktbahnhof für den Knotenverkehr (abgesehen von den Ganzzügen zum Beispiel mit Containern oder Erz nach Ziltendorf für EKO Stahl).

Der Überseehafen wurde nach einem Beschluss des 33. Plenums des Zentralkomitees der SED von 1957 in Rostock-Petersdorf gebaut, um einen leistungsfähigen Hafen zu erhalten. Der Stadthafen reichte nicht für den erwarteten Seeverkehr, die Häfen in Stralsund und Wismar ebenfalls nicht. Und den Hamburger Hafen zu benutzen, kostete Devisen. An denen sollte so viel wie möglich gespart werden.

Folglich baute die DDR ihren Seehafen und sah für den Hinterlandverkehr eigentlich die Benutzung der Kanäle oder einen neuen Nord-Süd-Kanal zur Elbe vor. Der entstand nicht, ebenso nicht der geplante Küstenkanal, so dass die Deutsche Reichsbahn für zwei Drittel des zu transportierenden Gutes einspringen musste. Nach Erörterungen über die anzulegenden, zu erweiternden bzw. zu nutzenden vorhandenen Strecken von 1959 an begannen die Bauarbeiten für den Anschluss an das Reichsbahn-Netz zwischen Kavelstorf und dem Seehafen und eines Verbindungsbogens von Bentwisch aus.

Die nach 1945 demontierte Strecke Lalendorf – Waren (Müritz) – Neustrelitz (frühere »Lloydbahn«) ist in zeitgemäßer Trassierung wieder aufgebaut sowie abschnittsweise zwischen 1962 und 1967 eröffnet worden. Auch die Trassierung der anschließenden Strecke Neustrelitz – Oranienburg wurde verbessert.

Das erste Schiff, der 10.000-Tonnen-Frachter »Schwerin«, machte am 30. April 1960 im Hafen fest, am nächsten Tag nahm die Hafenbahn ihren Betrieb auf.

Die Anlagen im Hafen blieben allerdings ein Torso und wurden zur Quelle ständigen Ärgernisses, wenn es beispielsweise beim konzentrierten Einlauf der Schiffe an Leerwagen fehlte, mangels Abstellkapazität! Der Deutschen Reichsbahn gelang es nicht, die Diskontinuität des Löschens, Stauens und Trimmens, wie sie nun einmal in den Häfen vorkommt, von ihrem Netz fernzuhalten.

Mit knapp jährlich 13 Millionen Tonnen Umschlag vom Schiff auf die Bahn oder umgekehrt war der Hafenbahnhof mit 240 Kilometer Gleisen als Rangklasse I, 1977 als Typ A eingestuft. Seit 1974 fahren auch die S-Bahn-Züge bis Überseehafen Nord. Nicht gebaut wurde die geplante Seefahrgastanlage, da von 1961 an einen entsprechenden Seeverkehr für DDR-Bürger nicht zu denken war. Ohnehin wurde die Hafenanlage wie ein Sperrgebiet behandelt.

Unmittelbar nach der Währungsunion 1990 ging der Umschlag auf rund 2 Millionen Tonnen zurück; man konnte ja jetzt ohne weiteres wieder im Hamburger Hafen löschen und sparte dabei die Zeit, nach Rostock zu kommen. Nach Bemühungen, neue Ganzzugverbindungen aufzubauen und der Aufnahme des Fährverkehrs nach Trelleborg ging es mit dem Betrieb im Hafenbahnhof wieder etwas aufwärts. Doch ein Teil der Gleise wurde nicht mehr benötigt, auch ein Großteil der Eisenbahner. Alles eine Folge davon, dass der Bahnhof aus politischen Gründen, der Autarkie zum Nichtsozialistischen Wirtschaftsgebiet, entstand.

Eben in Betrieb genommen: Der Hafenbahnhof, den 50 1062 mit einem Nahgüterzug verlässt (1963). Historische Sammlung der DB/Stephan

Rübeland

Hätte es in der DDR nicht das »Chemieprogramm« gegeben, die eingleisige Nebenbahn mit ihren Steilstreckenabschnitten Blankenburg (Harz) – Rübeland, seit 1965 als Rübelandbahn bezeichnet, wäre längst stillgelegt worden. So aber wurde sie modernisiert und elektrifiziert. Auf der so genannten Chemiekonferenz des Zentralkomitees der SED und der Staatlichen Plankommission in den Leuna-Werken am 3. und 4. November 1958 wurde das Chemieprogramm der DDR im Siebenjahrplan bis 1965 beschlossen.

Der VEB Chemische Werke Buna in Schkopau und der VEB Stickstoffwerk Piesteritz zum Beispiel arbeiteten auf der Grundlage von Karbid, für den sie viel Kalk benötigten. Der wurde in großen Mengen in Rübeland gebrochen und sollte mit den Zügen abtransportiert werden.

Immer wieder war die Linienführung der heiklen Bergbahn mit Steilstrecken und einer Spitzkehre verbessert worden. Von mehreren Bauvorhaben wurde zuletzt die Elektrifizierung der Strecke Blankenburg (Harz) – Königshütte mit 25 kV, 50 Hz Wechselspannung verwirklicht. Aber der Bahnhof Rübeland konnte nicht erweitert werden. Hier können auch wegen der kurzen Gleise keine zwei Güterzüge kreuzen. In den beiden Kalkwerken wurden Übergabebahnhöfe mit Gleisen von je 450 Meter Nutzlänge gebaut, auf denen Ganzzüge auf Signal ein- und ausfahren konnten.

Der Reisende, der mit dem Zug die interessante Strecke nach Rübeland befuhr, um von hier aus die Hermanns- oder die Baumannshöhle zu besuchen, bemerkte die volkswirtschaftliche Bedeutung der Bahn allenfalls an der Vielzahl von Güterzügen, denen er begegnete, und, wenn er genau hinsah, an dem Zentralstellwerk am Bahnsteig. Den zwischen Rübeland und Elbingerode gelegenen Werkbahnhof sah er nicht. Der machte sich erst bei der Weiterfahrt bemerkbar, weil die Vegetation mit einer grauen Patina überzogen war.

Nach 1990 übernahmen die Fels-Werke Goslar die Kalksteingewinnung. Sie versenden jährlich 1,6 Millionen Tonnen, nur ein Teil der früheren Menge. Sie legten auch das Stellwerk im Betriebsteil 2 still und rissen es ab. Dafür arbeitet im Betriebsteil 3 ein elektronisches Stellwerk.

Da die Ablösung der elektrischen Lokomotiven der Baureihe 171, früher E 251, ohnehin bis 2008 überfällig war, erwog die Deutsche Bahn, sie durch die Zweisystemlokomotiven der Baureihe 185 abzulösen. Man probierte diese Traktion aber auch mit Diesellokomotiven wie 2001 mit einer der Baureihe 241, der steilstreckentauglich gemachten Lokomotiven der einstigen DR-Baureihe 132. DB-Cargo wollte sich wegen der Kosten vom elektrischen Zugbetrieb dann doch verabschieden, zumal das System 25 kV 50 Hz technisch nicht weiterentwickelt worden ist.

Der rapide Rückgang des Personenverkehrs erlaubte es, mit nur einem Wagen zu fahren, wozu keine elektrische Traktion nötig ist, sondern mit Lokomotiven der Baureihe 218 gefahren wird. 2003 wurde der Reisezugverkehr auf den Betrieb nur am Wochenende reduziert. Das Land Sachsen-Anhalt ist weiter am elektrischen Betrieb interessiert, die Deutsche Bahn drohte jedoch 2005 mit der vollständigen Umstellung auf Dieseltraktion, setzte vor Reisezügen auch Diesellokomotiven ein, während andere Eisenbahnverkehrsunternehmen mit ihren Diesellokomotiven vor den Güterzügen den Harz verlärmen.

Neben dem massiven Empfangsgebäude nahe der Hermannshöhle wurde das Zentralstellwerk errichtet (2008). Foto: Emersleben

Schwarze Pumpe

Was die Eisenbahnanlagen in Schwarze Pumpe angeht, bestanden die nicht nur aus dem Personenbahnhof mit dem gefälligen Verwaltungsgebäude, das seit 1968 nur noch von der Leitung der Dienststelle, für eine Wohnung und eine verrufene Bahnhofsgaststätte genutzt wurde. Zu Schwarze Pumpe der Deutschen Reichsbahn gehörten die Bahnhöfe Bluno, Sabrodt, Schwarze Pumpe, Spreewitz und die Abzweigstelle Bluno Nord.
In ziemlicher Eile entstanden die Eisenbahnanlagen, nachdem der Ministerrat der DDR am 23. Juni 1955 beschloss, in drei Baustufen das Kokskombinat Schwarze Pumpe (später nur Kombinat und dann Gaskombinat genannt) aufzubauen sowie bei Hoyerswerda die Braunkohlentagebaue Burghammer Welzow Süd und Nochten zu erschließen. Der eigenartige Name Schwarze Pumpe leitete sich von dem an der Fernverkehrsstraße 97 gelegenen Ortschaft ab und der wiederum von der historischen Gaststätte. Die Eisenbahn musste rasch auf den Aufbau und die Produktion reagieren, meist längere Zeit mit Behelfszuständen wie Diensträumen in Baracken und ortsbedienten Weichen mit Schlüsselwerken an Stelle ordentlicher Stellwerke. Manches wurde auch gebaut, dass sich durch die folgende Entwicklung als überflüssig oder überdimensioniert erwies. Dazu gehörten die beiden Bahnsteige und das große Empfangsgebäude in Schwarze Pumpe.
1957 begann der Bau der Hauptbahn Knappenrode – Abzweigstelle Sornoer Buden West mit je einem Abzweig vom Betriebsbahnhof Sabrodt und von der Abzweigstelle Bluno Nord nach Bluno. Als die Strecke Hoyerswerda – Bluno stillgelegt worden ist, sind auch die beiden Abzweigstrecken aufgegeben worden. Dafür entstand ein aus zwei eingleisigen Strecken bestehender Abschnitt Sabrodt – Bluno Nord (seit 1988 bedient vom Fahrdienstleiter in Sabrodt). Ein solcher Abschnitt zweier eingleisiger Strecken besteht seit der Umstellung der Stellwerkstechnik in Spreewitz 1967 zwischen Weißkollm und Spreewitz. Zum Anschlussbahnhof für das Kombinat Schwarze Pumpe wurde von Anfang an Spreewitz.
Ihm benachbart ist der Werk-Rangierbahnhof Ordnungsgruppe. Der Bahnhof Sabrodt dagegen bestand aus zwei durchgehenden Hauptgleisen und einem Übergabegleis. Daneben lag der Werkbahnhof, auf dem die Kohlenzüge zur Siebanlage fuhren und über sie auch die Reichsbahn-Leerwagenzüge zur Beladung zugeführt wurden. Sabrodt war der größte Kohlenversandbahnhof in der DDR, von dem täglich Züge mit bis zu 25.000 Tonnen Rohbraun- oder Siebkohlen abfuhren. Hinzu kamen vorübergehend täglich 1000 Tonnen Kohlen, in Burghammer beladen, und bis zu 13.000 Tonnen Brikett über Spreewitz. Dementsprechend war die Leerwagenbewegung erheblich.
Der erste Zug Hoyerswerda – Knappenrode – Spreewitz fuhr am 2. November 1956. Der Personenverkehr Hoyerswerda – Schwarze Pumpe begann am 1. Oktober 1957 mit vier Doppelstockzug-Paaren, seit 26. Mai 1968 fuhren die Kumpel im Autobus zur Arbeit. In der Bahnsteigunterführung wurden Einweckgläser und Kartoffeln gelagert.
Nach 1990 nahm die Brikettherstellung rapide ab. Von Spreewitz fahren wenige Züge damit und welche mit dem bei der Entschwefelung der Kraftwerksgase anfallenden Gips. In Sabrodt wurde der Werkbahnhof nach 1996 abgerissen, am 28. Mai 1998 sind die Strecke Spreewitz – Dörrwalde, der Abschnitt Spreewitz Nord – Spreewitz stillgelegt und auch das Westgleis Spreewitz – Weißkollm stillgelegt worden.
Von der Großbaustelle Schwarze Pumpe blieb der unterbeschäftigte Bahnhof Spreewitz. Das Gebäude in Schwarze Pumpe wartet auf Abriss oder eine neue Nutzung. Daneben liegen die Anlagen zum feingemachten Kraftwerk von Vattenfall.

Das Empfangsgebäude des Personenbahnhofs kurz vor der Fertigstellung (1959). Im rechten Flügel waren die Bahnhofsgaststätte und Wohnungen, im linken die Fahrkartenausgabe und Gepäckabfertigung sowie die Diensträume. Historische Sammlung der DB

Wünsdorf

Beim Wort »Wünsdorf« dachte jeder sogleich an die sowjetische oder an die russische Armee. Immer wenn man durch den Bahnhof fuhr, stand eine Anzahl von ihnen an den Schranken. Hier hatte der Generalstab der sowjetischen Streitkräfte in Deutschland seinen Standort, und der kleine Bahnhof an der Strecke Berlin – Dresden war das Ziel der meisten Militärzüge von Moskau oder Brest.

Die Einwohner Wünsdorfs lebten immer mit dem Militär. Hier ließ die kaiserliche Wehr 1906 eine Infanterieschule bauen; die in Berlin wohnenden Offiziere kamen täglich mit dem Zug um 7 Uhr an. 1916 beabsichtigte die Eisenbahndirektion Berlin, den Vorortverkehr bis nach Wünsdorf zu führen und den Bahnhof einem gründlichen Umbau zu unterziehen. Das unterblieb, vermutlich wegen des Ersten Weltkriegs. Erst danach wurde der Bahnhof Stück für Stück vergrößert.

1930 wurde eine 290 Meter lange, für eine halbe Zuglänge geeignete Verladerampe geplant und ihr Bau begründet, weil »bei außerordentlicher Belegung des Standorts Wünsdorf, insbesondere durch Kraftfahrtruppen, die Rampe nicht ausreicht. Im A-Falle (= Angriffsfall? – E. P.) ist sie völlig unzulänglich.« Seitdem das Oberkommando der Wehrmacht in Wünsdorf seinen Sitz genommen hatte, wurde die Umgebung mit Truppenteilen stark belegt. Die Wehrmacht baute riesige Bunkeranlagen mit bis zu fünf unterirdischen Geschossen. Der Eisenbahner auf dem Bahnhof merkte von dieser Entwicklung, dass die Zugänge und Bahnsteige verstopften, wenn die Lehrgangsteilnehmer wechselten.

Nach dem Kriegsende zog die Rote Armee – später nannte sie sich Gruppe bzw. Westgruppe der sowjetischen Streitkräfte in Deutschland – in die Wünsdorfer Kasernen. Von hier aus wurde das militärische – und auch das politische – Leben in der sowjetischen Besatzungszone bzw. in der DDR gelenkt. Der Zustrom von Offizieren und ihren Familien war entsprechend. Abgesehen vom geringen Reiseverkehr mit regulären Zügen reisten die Militärs und ihre Familien mit geschlossenen, in öffentlichen Fahrplä-

Sie gehörten zum gewohnten Bild des Bahnhofs, die wartenden Soldaten vor ihrer Urlaubsreise oder Heimkehr nach Moskau und Tausende Kilometer weiter (1991). Foto: Hafner

nen nicht enthaltenen Zügen an und ab. Die Ankunft und Abfahrt fand auf der Ladestraße statt. In der kleinen Güterabfertigung wurde auch der umfangreiche Mittelcontainerverkehr abgewickelt.
Die Verhältnisse auf diesem Bahnhofsteil wurden immer unerträglicher. Deshalb schenkten die Genossen im Ministerium für Verkehrswesen und der Politischen Verwaltung der Deutschen Reichsbahn zu »Ehren des 60. Jahrestages des Roten Oktobers« (gemeint war das Jubiläum der Novemberrevolution) dem »sowjetischen Bruder« ein neues Empfangsgebäude und Nachfolgebauten. Dafür musste der Umbau des Containerbahnhofs Frankfurter Allee zurückgestellt werden.

Nach einer kurzen Periode des Schwarzmarkthandels auf dem Bahnhof verließ am 30. August 1994 der symbolische Abschiedszug den Bahnhof mit acht Weitstrecken-Personenwagen und drei Flachwagen mit je einem Panzer. Der Zug wurde auf dem Bahnhof Berlin-Köpenick zum Ausschmücken abgestellt und am folgenden Tag nach Berlin-Lichtenberg gefahren, wo es den offiziellen Abschied für Zug Dgmt 93293 nach Moskau gab. In Frankfurt (Oder) sind die Wagen mit den Panzern abgehängt worden. Der letzte Zug der Westgruppe der GUS-Streitkräfte verließ Wünsdorf am 8. September 1994. Dem Bahnhof blieben die Zugdurchfahrten und der Vorortverkehr.

Nach 1990 blühte in Wünsdorf der Schwarzhandel zwischen sowjetischen Soldaten und den Deutschen. Die Gemeinde musste etwas tun (1996).

5.

Auffällige Bahnhofsanlagen

Elm

Altefähr

Von den Durchreisenden zur oder von der Insel Rügen wird dieser Bahnhof wohl kaum beachtet. Zu ihm bzw. seinem Vorgänger führte allerdings das Trajekt über den 2,5 Kilometer breiten Strelasund, abgesehen davon, dass die Bahnanlage der Beginn der seit 1896 betriebenen Strecke nach Putbus in 750 mm Spurweite war, Teil der Rügenschen Kleinbahn.
Die aus drei Gleisen, einem Bahnsteig und zwei bescheidenen Gebäuden bestehende Anlage war nicht aufregend. Umständlich nur der Fährverkehr, untragbar, als der in der Verbindung Berlin und Hamburg – Stockholm über Saßnitz immer mehr zunahm. Die Übersetzung eines Zuges von Ufer zu Ufer dauerte 37 bis 45 Minuten. Güterzüge mussten zu drei Wagen je Fährschiff aufgeteilt werden. Zur Legende wurde der Rügendamm mit den ihn begrenzenden Bahnhöfen Stralsund Rügendamm einerseits und Altefähr andererseits. Denn mit ihm erhielt Deutschlands größte Insel nicht nur eine Straßenverbindung, sondern einen famosen Eisenbahnschluss an das Reichsbahn-Netz.

Das Vorhaben veränderte die Lage des Bahnhofs Altefähr erheblich, er musste in der Linie der neuen Strecke liegen. Die Lage der Bahnsteige wurde von der Höhe des Rügendamms bestimmt. »Die Lage des Empfangsgebäudes ist so gewählt, daß durch einen mit der Straßenunterführung vereinigten Tunnel ein geschätzter Zugang von der Halle des Gebäudes zum Bahnsteig ermöglicht wird. Im Sockelgeschoss [des Empfangsgebäudes – E. P.] befinden sich die Fahrkarten- und Gepäckabfertigungsräume sowie die Heizung und die Gasschutzräume. Der große Gasschutzraum soll bei gewöhnlichem Verkehr der Aufbewahrung von Fahrrädern dienen. [...] Im Obergeschoß liegen die Dienst- und Warteräume, Aborte und der Güterschuppen. Die Treppenanlage zum Obergeschoß dient gleichzeitig den Benutzern der Warteräume, wie auch dem Verkehr von und zur Kleinbahn. Im Dachgeschoß sind je eine Wohnung für den Dienststellenvorsteher und den Bahnhofswirt angeordnet; gleichzeitig ist hier das Stellwerk vorgesehen.« [14]

Das neue Bahnhofsgebäude von Stralsund Rügendamm steht neben dem Damm, der zur Ziegelgrabenbrücke geschüttet wurde (1936). Slg. Ullstein-Bild

Das Gebäude hier wie das auf der anderen Seite des Rügendamms wurde als Ziegelrohbau mit Bieberschwanzdach geplant. Es sollte sich der heimatlichen Bauweise Rügens bzw. Vorpommerns anpassen.
Da aber der Reichsbahndirektion Stettin die Mittel fehlten, wurden die Bauten in Altefähr vereinfacht: kein Empfangsgebäude, nur auf dem Bahnsteig ein kleines Gebäude mit Dienstraum für das Stellwerk, Schalter für den Fahrkartenverkauf, Gepäckabfertigung und die Bahnsteigsperre. Der Dienststellenvorsteher erhielt einen Raum in der Güterabfertigung.
Am 5. Oktober 1936 wurden der Rügendamm und die neue Eisenbahnverbindung von Stralsund zur Insel Rügen eröffnet. Lokomotive 03 187 kam nachmittags mit einem Sonderzug nach Altefähr, wo sich unterhalb des Bahnhofs die Bauarbeiter versammelt hatten. Julius Dorpmüller, Reichsverkehrsminister und Generaldirektor der Deutschen Reichsbahn, hatte vorher im Stralsunder Hafenbahnhof die Fährschiffleute verabschiedet und ihnen neue Arbeitsplätze zugesichert. Nun begrüßte er den Gauleiter von Pommern, Schwede-Coburg, die Arbeiter und auch die schwedischen Gäste, die von Saßnitz mit dem D 14 Oslo/Stockholm – Berlin nach Altefähr gekommen waren. Dieser Zug stellte die erste durchgehende Verbindung von Saßnitz nach Berlin her.
Sie war wegen der am 2. Mai 1945 gesprengten Ziegelgrabenbrücke bis zum 15. Oktober 1947 unterbrochen. Diese Klappbrücke wird vom Stellwerk »W 2« des Bahnhofs Stralsund Rügendamm bedient, dessen Gebäude viel auffälliger ausfiel als das in Altefähr. In ihm gab es auch ein Sonderzimmer und eine Bahnhofsgaststätte sowie Wohnungen. Weil aber auch hier »in bescheidendsten Ausmaßen« gebaut werden musste, entfiel ein Seitenflügel, auch der zweite Bahnsteig, der bis 1990 vor allem von den Werktätigen der Volkswerft betreten wurde. Es blieb bei dem einen Bahnsteig. Das Bauwerk hinterließ 2010 nicht nur einen vernachlässigten Eindruck; es erscheint nach dem Bau des Pylons der neuen Straßenbrücke über den Strelasund so, als verstecke es sich.

Vor dem angetretenen Bauarbeitern (rechts) fährt der von der 03 187 geführte Sonderzug in Altefähr ein (1936). Rechts hinter den Bäumen lag der bisherige Fährbahnhof. Foto: Ullstein-Bild

Berlin Südkreuz

Dem Namen nach besteht der Bahnhof seit 2006. Seit 1901 nannte er sich, wenn auch die Anlage unvergleichlich ist, Papestraße (benannt nach der angrenzenden Straße, die den Namen des preußischen Generals Alexander August Wilhelm von Pape trägt). Es war eine Station der Ring- und Vorortbahn bzw. der S-Bahn, gebaut als Turmbahnhof, unten mit dem Bahnsteig der Vorortbahn nach Lichtenrade und Lichterfelde, oben mit dem Bahnsteig der Ringbahn.
In beiden Ebenen fuhren außer der S-Bahn auf weiteren Gleisen Züge: oben Güterzüge, unten Reise- und Güterzüge in Richtung Dresden und Halle (Saale).
Das Projekt Bahnhof Südkreuz begann mit der Planung des neuen Nord-Süd-Tunnels, des sogenannten Achsenkreuzes, an dem 2006 der Hauptbahnhof eröffnet worden ist. Bei dieser Planung waren auch der Haltepunkt Potsdamer Platz im Tunnel und der Bahnhof Südkreuz wieder als Turmbahnhof, nun für den Fern- und S-Bahn-Verkehr vorgesehen. Ein Südbahnhof war bereits bei der Planung der neuen Reichshauptstadt im »Dritten Reich« geplant. Er sollte einer der beiden Fernbahnhöfe an einer monumentalen Prachtstraße werden. Doch es kam anders: Die Eisenbahnplanungen stagnierten, wurden sinnlos durch die Bombardierung und die Teilung der Stadt in vier Sektoren, den Mauerbau 1961. Am Bahnhof Papestraße blieb fast alles wie früher. Hauptsächlich war er ein Umsteigepunkt. Und auch den Charakter verlor er nach dem Streik der Eisenbahner 1980, weil danach der Ringbahn-Verkehr eingestellt blieb.
Die neue Planung nach dem Mauerfall sah als Pendant zum Südkreuz den Bahnhof Gesundbrunnen als Bahnhof Nordkreuz vor. Das Nordkreuz wurde eine verwickelte Anlage von Schienensträngen, der Bahnhof Gesundbrunnen wurde modernisiert, erhielt wieder Bahnsteige für den Fernverkehr, aber kein Bahnhofsgebäude!

Aus dem Bahnhof Papestraße wurde das Südkreuz, ein Turmbahnhof (2008). Foto: Emersleben

Anders beim Südkreuz. Hier ist es nach dem Entwurf von Max Dudler gebaut worden. Nicht ohne Streit zuvor, denn die Deutsche Bahn hatte 1995 ohne Ausschreibung das Büro JSK damit beauftragt. Ein Realisierungswettbewerb kam erst nach Protesten des Senats von Berlin und der Architektenkammer zu Stande. Nicht die von Dudler erdachten Turmbauten wurden errichtet, der Entwurf von JSK blieb in einer Variante gültig, die statt der 300 Millionen Euro nur noch die Hälfte kostete. Dadurch wirkt das Bauwerk vom Vorplatz etwas unfertig. Im Vogelblick sind die Parkdecks auffällig, die viel größer gedacht waren und zu der inzwischen vermiedenen Bezeichnung »Auto-Bahnhof« führten.
In der oberen Ebene finden wir die 150 Meter lange, mehr als 30 Meter breite und 9 Meter hohe Bahnsteighalle für die beiden Gleisen der S-Bahn (Ringbahn), allerdings vereinfacht gegenüber der zuerst projektierten Konstruktion: kein Wellen-, sondern ein Flachdach. Außerhalb der Halle liegen die Gleise für den (spärlichen) Güterzugverkehr. Unten sind der Bahnsteig der Nord-Süd-S-Bahn-Linien und drei Bahnsteige für den Fern- und Regionalverkehr gebaut worden. Solange die Strecke nach Dresden nicht fertiggestellt ist (die Züge werden über Großbeeren Heide zum Außenring geleitet), genügten zwei Bahnsteige.
In der ersten Euphorie der Jahre nach 1990 erwartete man auf diesem Bahnhof täglich 120.000 bis 200.000 Fahrgäste, davon 85.000 Umsteiger. Man sprach von einem »Einzugspotenzial, das dem Münchner Hauptbahnhof entspricht«, vom zweitwichtigsten Bahnhof in Berlin, von der »ersten Adresse im Süden Berlins«!
Offiziell wurde das Gebäude am 13. Juni 2005 eröffnet, die neue Nord-Süd-Strecke mit dem Hauptbahnhof und dem Haltepunkt Potsdamer Platz ging jedoch erst am 25. Mai 2006 in Betrieb. Manchmal enden hier Fernzüge, wenn auf ihre Wartung in Rummelsburg verzichtet wird.

ELM

Wer kennt den Bahnhof Elm? Auf ihm hielten bis 1914 sämtliche Züge zwischen Bebra und Frankfurt (Main), um die Fahrtrichtung und die Lokomotiven zu wechseln. Dieser Aufenthalt war den schwierigen topografischen Verhältnissen geschuldet. Denn beim Bau der Strecke nach Hanau konnte der Landrücken, der heute dem mit über 10.000 Meter längsten deutschen Eisenbahntunnel an der Hochgeschwindigkeitsstrecke Hannover – Würzburg den Namen lieh, nicht durchquert, sondern nur umgangen werden.

Für die durch das Kinzigtal verlaufende Strecke reichte der für eine Hauptbahn erlaubte Anstieg (seinerzeit 1 : 100) nicht aus; folglich griffen die Bahnbauer zur sogenannten Längenentwicklung, einer Spitzkehre, um Höhe zu gewinnen und bei mäßiger Neigung zu bleiben. Dass auf Spitzkehren Zugdurchfahrten unmöglich sind, störte seinerzeit wenig, da die Dampflokomotiven ohnehin wegen des Ausschlackens und Auffüllens der Vorräte häufig gewechselt werden mussten.

Aufenthalt für den Lokomotivwechsel und für Erfrischungen, links für Züge nach Bebra, rechts nach Frankfurt (Main). Slg. Blazek

Aus südlicher Richtung, von Schlüchtern, führte man die Strecke mäßig geneigt zum Bahnhof Elm an der von 1861 bis 1871 gebauten eingleisigen Strecke Flieden – Gemünden und weiter über den 354 Meter hohen Distelrasen-Pass nach Flieden – Fulda.

Die schnellfahrenden Züge hielten in Elm vier bis sechs Minuten, die Personenzüge bis zu einer halben Stunde. Für die Reisenden, sich in Elm die Beine vertreten, sich erfrischen oder etwas verzehren wollten, wurde 1868 ein großes Empfangsgebäude in Mittellage errichtet, im gleichen Stil und in gleicher Größe wie in Bebra und in Fulda. Der Gaststättenpächter nutzte die Gunst des Zwangsaufenthalts: Er baute bei schönem Wetter auf dem Bahnsteig ein Kuchenbüfett auf.

Wegen des Aufenthalts der Güterzüge waren die Gleisanlagen ausgedehnt. Auch eine Bahnmeisterei (1955 aufgelöst) und einen Lokomotivbahnhof gab es. Die Eisenbahn war für viele Menschen in dem rein ländlichen Gebiet ein willkommener Arbeitgeber. Bis 1914 waren in Elm bis zu 350 Eisenbahner beschäftigt. Im Dorf schaute man ein wenig neidisch auf die »gut verdienenden« Eisenbahner oben. Mit Oben war die nahe dem Bahnhof entstandene kleine Eisenbahnersiedlung gemeint.

Weniger, um die Reisezeit zu verkürzen, vielmehr aus der Erfahrung mit den Engpässen bei der Mobilmachung zum Preußisch-Französischen Krieg 1870 trafen die Preußischen Staatseisenbahnen Vorkehrungen gegen das Wenden (»Kopfmachen«) der Züge. Um auf die Spitzkehre Elm zu verzichten, ist der fast 3,6 Kilometer lange Tunnel durch den Distelrasen (Schlüchterner Tunnel) gebaut worden. Die neue, direkte Strecke ging am 1. Mai 1914 in Betrieb.

Der Wegfall des Lokomotivwechsel und des Umwegs brachte einen Zeitgewinn von 20 Minuten. Dem Bahnhof blieben die Züge der Richtung Fulda – Gemünden (- Würzburg) und vor allem die zwischen Norddeutschland und Bayern verkehrenden Güterzüge. Außerdem verkehrten Personenzüge zwischen Schlüchtern und Gemünden. Da Elm Zugbildungsbahnhof war, wurde hier Lokomotiv- und Zugbegleitpersonal vorgehalten.

Mit der Mobilmachung am 3. August 1914 erlebte der Bahnhof einen Hochdruck, zumal der Tunnel von Schlüchtern aus Sicherheitsgründen gesperrt worden war. Auf dem Bahnhof wurden die mit den Militärzügen transportierten Pferde getränkt, und das Rote Kreuz richtete eine Erfrischungsstation zur »Labung der Verteidiger des Vaterlandes« ein.

Aber 1918 wurden mangels Bedarf die großen Wartesäle geschlossen, zwei als Turnsäle und während des Zweiten Weltkrieges von der Fahrkartendruckerei Frankfurt am Main genutzt. Ein Bombenangriff zerstörte am 25. November 1944 den Bahnhof. Das Empfangsgebäude ist wieder aufgebaut worden, blieb aber als Rohbau ein Provisorium und wurde 1978/1979 abgerissen.

Seit 20. Mai 1979 ist Elm nur noch ein Betriebsbahnhof – und weitgehend dessen Geschichte vergessen.

Grossenbrode Kai

Von diesem Bahnhof wurden die Eisenbahnfahrzeuge nach Gedser trajektiert für die Verbindung Hamburg – Kopenhagen. Bis zum Zweiten Weltkrieg reiste man über Rostock und Warnemünde. Im Krieg und danach war das nicht mehr möglich. Die Deutsche Bundesbahn musste sich eine neue Fährverbindung suchen. Die über den Großen Belt zwischen Nyborg und Korsör erwies sich schon wegen des innerdänischen Bedarfs als Engpass. Im Sommer 1950 war die Leistungsfähigkeit dieses Trajektes erschöpft. Rund 1.000 Güterwagen stauten sich beiderseits des Großen Belts.

Im Januar 1951 beschlossen die Beamten der Dänischen Staatsbahnen und der Deutschen Bundesbahn, die Fährverbindung Großenbrode – Gedser einzurichten. Den Expresszügen brachte das einen Zeitgewinn von einer Stunde, im Güterverkehr von sechs Stunden. Beide Seiten sahen dieses Trajekt als Notlösung an und versicherten, sich dem seit 1910 bestehenden Projekt zwischen den Inseln Fehmarn und Laaland als kürzeste Verbindung zu widmen.

Am 14. Januar 1951 begann mit der »Danmark« der Verkehr Großenbrode – Gedser. Das dänische Fährschiff war eine alte bekannte, früher bereits zwischen Warnemünde und Gedser auf See. Vom 17. Mai 1953 an setzte die Bundesbahn ihr Fährschiff »Deutschland« ein, im Sommerfahrplan 1954 unterstützt von der dänischen Fähre »Drottning Ingrid«, von Mitte 1954 durch »Kong Frederik IX.«.

Anfangs waren im Anschluss an die Fährfahrt jeweils ein Schnellzugpaar zwischen Kopenhagen und Gedser sowie Großenbrode und Hamburg eingelegt, die Reisezugwagen wurden nicht trajektiert, nur einzelne Güterwagen und Straßenfahrzeuge. Das änderte sich mit der Indienststellung der »Deutschland«, denn die konnte bis zu zehn Reisezugwagen aufnehmen. Mit dem Fernzugpaar 211/212 »Skandinavien-Express« Stockholm – Rom verwandelte sich die Verbindung Gedser – Großenbrode Kai von einer Nachbarschaftslinie zur Transitlinie, und sie wuchs mit dem dritten Fährschiff zur wichtigsten Verbindung zwischen den skandinavischen Ländern und dem europäischen Kontinent.

Das Provisorium von Großenbrode kannte renommierte Züge wie den »Alpen-Express« Kopenhagen – Rom, den »Skandinavien-Italien-Express« Stockholm – Mailand – Rom. Der »Skandinavien-Holland-Express« Kopenhagen — Hoek van Holland vermittelte den Anschluss an die Nachtfähre in Richtung London. Der »Hamburg-Express« fuhr nachts mit Kurswagen zum »Adria-Express« nach Rijeka und Ancona. Täglich wurden im Durchschnitt und je Richtung 29 Reisezugwagen trajektiert.

Der Bahnhof war ein von der britischen Besatzung zerstörter Marinehafen mit einer Fahrrinne von 5 bis 6 Meter Tiefe und etwa 70 Meter Breite, den Wasserflugzeuge und flachgehende Seeschiffe benutzt hatten. Er besaß nun noch den Unterbau einer ein Kilometer langen Mole, die Schutz gegen den Seegang bot. Eine Halle am Bollwerk diente bis zum Kriegsende als Unterkunft der Offiziere. Ihr westlicher Teil konnte als Empfangsgebäude mit Fahrkartenausgabe, Gepäckabfertigung und Diensträumen genutzt werden. In den östlichen Teil zog die Zollabfertigung.

Für zwei Fährbetten wurde je ein Bahnsteig gebaut. Dazwischen und beiderseits lagen insgesamt 16 Gleise. Der Bahnhofsanlage schloss sich ein kleines Bahnbetriebswerk mit Kohlenbansen an. Der Kai-Bahnhof war durch ein Bahnhofs- und ein Streckengleis mit dem Bahnhof Großenbrode Hafen verbunden. Die Züge vom Kai-Bahnhof fuhren am Hafenbahnhof vorbei. Die Züge von Lübeck mussten im Bahnhof Lütjenbrode wenden, bis eine »Umfahrungskurve« gebaut worden war.

Durch die Eröffnung der Vogelfluglinie (Lübeck –) Bad Schwartau – Puttgarden 1963 waren sowohl der Bahnhof Großenbrode Kai als auch Großenbrode Hafen überflüssig geworden. Sie wurden stillgelegt. Von Großenbrode blieb nur noch ein Haltepunkt.

Dt 924 wartet auf die Weiterfahrt in dem nur vorübergehend genutzten Fährbahnhof (1952). Foto: Bundesbahndirektion Hamburg/Slg. Gerd Neumann

Hamburg Alte Süderelbe

In einem Tower mit hervorragender Sicht auf den Bahnhof und den Hafen arbeiten die Eisenbahner (1995).

Wer in die Nähe dieses Rangierbahnhofs kommt, kann ein Bauwerk nicht übersehen: den »Tower«. Er bietet nicht nur den Eisenbahnern (Disponenten, Bremsbedienern, Stellwerkswärter, Fahrdienstleiter) einen übersichtlichen Arbeitsplatz, er symbolisiert auch das Moderne an diesem Bahnhof.

Als er am 30. September 1995 in Betrieb ging, sprachen die Chefs der Hamburger Hafenbahn (den Betrieb führt die Deutsche Bahn) vom »modernsten Bahnhof Europas«. Damals fuhren täglich 160 Güterzüge mit rund 4500 Wagen in den Hamburger Hafen zu verschiedenen Bahnhöfen wie Hamburg Süd oder Waltershof, die eigentlich als Kopfbahnhöfe nur einseitig an das Hinterland angeschlossen sind. Sie können nur so viele Züge aufnahmen wie abgehen und neigen daher zum Verstopfen.

Das Heilmittel, der Puffer, dagegen sind die übergeordneten Bezirksbahnhöfe. Die sortieren die Wagen fein nach Ladestellen und sammeln sie wieder. Nur für den Massenverkehr sind keine Bezirksbahnhöfe notwendig, da die Terminals Ganzzüge aufnehmen können.

Der Nachteil des Verfahrens ist die unterschiedliche Belastung der Bahnhofstypen und –teile zu den verschiedenen Tageszeiten. Man hoffte auf den Rangierbahnhof Maschen, der entscheidend für Kontinuität in der Zu- und Abfuhr sorgen könnte. In dem Zusammenhang erhielt der Bahnhof Alte Süderelbe ein prozessgesteuertes Rangiersystem mit einer Leitstelle für ein »bahnübergreifendes Verkehrsmanagement« im gesamten Hafengebiet westlich von Köhlbrand und Süderelbe.

Das Herzstück des Bahnhofs der 25 Meter hohe gläserne Turm, der nach dem Stand der Technik mit der Rundumsicht unnötig war. Denn sämtliche Betriebsvorgänge laufen automatisch ab und lassen sich auf Bildschirmen verfolgen. Die Zentrale könnte auch irgendwo in der Stadt stehen, wie die Betriebszentralen der Deutsche Bahn abseits der von ihnen gesteuerten Bahnhöfe angeordnet sind wie Hannover für Hamburg Hbf oder Leipzig für Görlitz.

Der Bauherr wollte indes den Beschäftigten das Gefühl geben, Herr über die Vorgänge der Hafenbahn zu sein, indem sie diese auch sehen. Außerdem sollte der mit den 24 Richtungsgleisen (mit hydraulischen Bremsen), vier Lokomotivwartegleisen und einem Umfahrungsgleis ausgestattete Bahnhof nicht anonym erscheinen, sondern eine Sichtmarke am Eingang zum Hafen erhalten.

In der Turm-Stahlkonstruktion befinden sich:

- ein Treppenhaus mit Aufzug, ein Technikschacht
- eine Besucherplattform in 25 Meter Höhe
- die Dispositionszentrale in 20 Meter Höhe darunter
- der Bergmeisterraum darunter in 15 Meter Höhe, von dem aus der rechnergesteuerte Rangierbetrieb überwacht wird.

Das Ablaufstellwerk ist ein Relaisstellwerk der verbreiteten Bauform SpDr S 60.

Übrigens kam auf diesem Bahnhof am 6. Oktober 2008 der durchgehende Güterzug aus Xiangtang (China) an. Mit dieser Zugverbindung wollte die Deutsche Bahn ganz groß in das Asien-Geschäft einsteigen. Ein solcher Zug fuhr nie wieder.

München Nord

Diese Beschreibung könnte auch in den nächsten Abschnitt »Bahnhöfe der Superlative« eingeordnet werden. So bezeichneten ihn auch die Medien 1991. Ein Superlativ sind die sieben Jahrzehnte, die von der Idee, in München einen neuen Verschiebe- bzw. Rangierbahnhof zu bauen, bis zu dessen Inbetriebnahme vergingen. Notwendig war ein Neubau, weil der seit 1896 benutzte Verschiebebahnhof München-Laim für die Verkehrsentwicklung zu klein geworden war.

Als 1912 in München Ost ein Verschiebebahnhof gebaut und 1924 in Betrieb genommen wurde, war kaum etwas von den Münchner Eisenbahnproblemen gelöst. Die Zugauflösung und -bildung waren viel zu aufwändig, das Nebenher von Laim und Ost zu umständlich und unwirtschaftlich.

Im Sommer 1938 wurden für eine grundsätzliche Veränderung im Güterzugverkehr die Grundstücke und fünf Kiesentnahmestellen gekauft. Dass es danach nicht flott voranging, lag an den politischen Ereignissen wie der Weltwirtschaftskrise und den Bauvorhaben in der »Hauptstadt der Bewegung« nach 1933, aber auch an inzwischen veränderten Vorstellungen der Reichsbahn zur Lage des Verschiebebahnhofs. Schließlich entschied man sich für die westliche Lage in Allach – Milbertshofen, jetzt jedoch mit einer anderen Gestaltung: statt einseitiger Anlage eine zweiseitige. Dann beendete der Krieg das Projektieren und Umprojektieren. Wenigstens entstand der Münchner Nordring mit dem Bahnhof München-Ludwigsfeld.

Der Betriebsbahnhof war nach dem Kriege insbesondere für die grenzüberschreitenden Güterzüge zum Lokomotiv- und Personalwechsel unentbehrlich. Dieser Bahnhof mit seiner Gleisanlage ging bis 1991 in den Bahnhof München Nord ein.

Die Deutsche Bundesbahn wollte die liegen gebliebenen Planungen und Projekte fortsetzen, war allerdings wegen der Ausgaben für den Wiederaufbau anderer im Krieg zerstörten Anlagen dazu nicht in der Lage. Erst 1961 schien es, dass sie sich den Bahnhof leisten könne. Jetzt setzten die Vorbereitungen der Olympischen Spiele 1972 in München andere Prioritäten zum Beispiel mit dem Bau der S-Bahn und die Vorortstrecken. 1969 wandte sich die Bahn erneut dem Bahnhof zu.

Er sollte für einen Ausgang von täglich 10.000 Wagen und mit einem Containerbahnhof gebaut werden, bedingt durch das Auf und mehr das

Die Richtungsgruppe liegt vor der vierspurigen Brücke Dachauer Straße (2003). Foto: Emersleben

Ab im Güterverkehr nur noch für 7000 Wagen und ohne den Containerumschlag. Infolge der Einsprüche von Gemeinden und einzelnen Klägern, fast 500!, konnte der Bau erst im Herbst 1987 beginnen. Der Nordring wurde an die Ränder des Rangierbahnhof verlegt, mehrere Verbindungskurven zu auf München zulaufende Strecken gebaut, die Strecke München – Regensburg in einen Tunnel verlegt. Insgesamt entstanden 17 Brücken und lange Lärmschutzwände oder -wälle.

Als der Bahnhof München Nord nach vier Jahren Bauzeit als der leistungsfähigste bayerische Rangierbahnhof in Betrieb ging, hatte er 500 Millionen Mark gekostet, aber den Planern auch viel Kopfzerbrechen gekostet, wie schrittweise der Eisenbahngüterverkehr in und um München auf das neue System umzustellen ist, ohne es insgesamt in Frage zu stellen. Bis zum 28. Mai 1995 war das nach der Neuorganisation von Dienststellen, Probebetrieb und dem Verlegen von Lokomotiven sowie den Zugbildungsaufgaben erledigt. Nach der Schließung der Rangierbahnhöfe München-Laim und München Ost konnten jährlich 42 Millionen Mark gespart und der bisherige Personalbedarf von 1200 Eisenbahnern halbiert werden.

München Nord umfasst eine Gleislänge von 144 Kilometern, mehrere Hochbauten und ist nach den neuesten Erkenntnissen, wie ein Rangierbahnhof anzulegen ist und technisch ausgerüstet sein soll, gebaut worden. Er wurde zur Verkehrsdrehscheibe Süddeutschland mit Zügen nach Italien und Österreich. An Werktagen werden laut Fahrplan 114 Züge aufgelöst und 95 Züge gebildet. Durch die Krise und den enorme Rückgang des Güterzugverkehrs 2009 keimte bei den Anwohnern die Hoffnung, der Bahnhof werde stillgelegt. Zu solchen Spekulationen gab die Deutsche Bahn allen Anlass.

Rationalisierung bis zur Stillegung in lauen Zeiten (2003). Foto: Emersleben

Mit allen Streckenrichtungen ist der Rangierbahnhof durch mehrere Kurven verbunden (2003). Foto: Emersleben

Murnau

Auf den ersten Blick sieht man diesem Bahnhof nichts Besonderes an. Man steigt hier ein oder aus oder in Richtung Oberammergau um. Strecke und Bahnhof wurden am 15. Mai 1879 mit einem großen Fest eingeweiht. Die Lokalbahn-Aktiengesellschaft in München hatte auch die Weiterführung der Strecke bis Garmisch-Partenkirchen übernommen, als Sekundärbahn gebaut und am 21. Juli 1889 eröffnet.

Das Gebäude steht noch, um es herum begann eine technische Revolution der Sicherungstechnik (um 1900). Slg. Stadtarchiv Murnau

Der Bahnhof wurde bei technisch Interessierten zum ersten Mal bekannt durch die Elektrifizierung der Zweigstrecke mit Einphasen-Wechselstrom bis zum 1. Januar 1905. Die Hauptbahn nach Garmisch-Partenkirchen wurde 1925 ebenfalls elektrifiziert, aber mit einem anderen Stromsystem, so dass in Murnau eine »Stoßstelle« zwischen den Wechselspannungen zu 15 kV 16 2/3 Hz und 5,5 kV 16 Hz entstand. Die Deutsche Bundesbahn passte bis zum 4. Oktober 1954 das abweichende Stromsystem ihrem von 15 kV 16 2/3 Hz an.

Nach 30 Jahren wurde der Bahnhof wieder wegen seiner Technik bekannt. Die Firma Siemens übergab am 13. Dezember 1985 das erste elektronische Stellwerk der Deutschen Bundesbahn. Aus diesem Anlass erschien sogar Reiner Gohlke, Vorstandsvorsitzer der Deutschen Bundesbahn, in Murnau, wo auch ein Messzug von Siemens und dem Bundesbahn-Zentralamt München mit den Gästen ankam.

Der festliche Anlass war angemessen, denn der Einsatz der Elektronik in die Sicherungstechnik war »mit dem Übergang von der Dampf- zur Elektrotraktion vergleichbar.« [15] Bisher hatten sich die Sicherungstechniker der Bundesbahn zu dieser Entwicklung abwartend verhalten, obgleich solche Stellwerke bereits auf einigen Werkbahnen in Betrieb waren. Noch wusste niemand, inwieweit sich die neue Technik während der Erprobung als bahnfest erweist und ob sich die konservativen Sicherungstechniker überzeugen lassen.

Der Fahrdienstleiter benutzte für die Dateneingabe noch umständlich die Tastatur wie bei herkömmlichen Personalcomputern und nicht, wie später üblich, eine Maus. Die in einem kleinen Bedienraum des Empfangsgebäudes aufgestellten zwei Bildschirme, der Drucker und die Tastatur wurden parallel zur vorhandenen Stellwerkseinrichtung »ohne Sicherungsverantwortung« bedient, während die Rechner im alten, 25 Jahre funktionslosen Gebäude des Lokalbahnhofs aufgestellt waren.

Nach zwei Jahren entschloss sich der Vorstand der Bundesbahn, die elektronischen Stellwerke in seinem Netz zuzulassen. In Murnau begann die Herrschaft der Mikroprozessoren in der Stellwerks- und Betriebsleittechnik. Bauformen anderer Hersteller mussten auf anderen Bahnhöfen die Zuverlässigkeit der Technik beweisen, darunter die von SEL in Neufahrn (Niederbay) und die der AEG in Dieburg.

Seit 1990 steuern weitere und inzwischen viele Stellwerke große Anlagen ohne Relais oder Drahtzüge und ohne mechanische Verschlüsse, die über Jahrzehnte die Grundlage der Sicherheit des Zugbetriebs im Bahnhof garantierten. In der Kombination mit weiteren Stellwerken dieser Bauarten entstanden die sieben Betriebszentralen der Deutschen Bahn und die Betriebszentrale der S-Bahn Berlin mit Fernbedienung über Hunderte Kilometer. Auch für Nebenbahnen wurden elektronische Stellewerke einfacher Ausführung konstruiert und in Betrieb genommen. Die Schattenseite dieser Technik: der Wegfall vieler Arbeitsplätze! In Murnau begann das 1985.

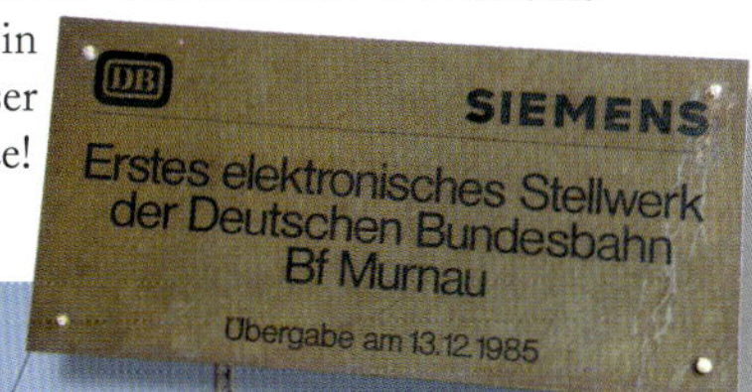

Der Regionalexpress von München (links) brachte der Regionalbahn nach Oberammergau die Fahrgäste (2007).

PUTTGARDEN

Der inzwischen durch die Fähre und den Fährbahnhof nach Dänemark bekannte Ort liegt an der Ostküste Insel Fehmarn gegenüber der Insel Lolland. Nach Fehmarn bestand von Großenbrode aus ein bescheidener Fährverkehr. Die Bahnreisenden mussten im Bahnhof Großenbrode Fähre (nicht zu verwechseln mit Großenbrode Kai!) vom Personenzug auf das Boot umsteigen. Das fuhr über den Fehmarnsund, wo der Anschlusszug wartete. Erst als die Verbindung Heiligenhafen – Orth (Fehmarn) »verkraftet« wurde, wie der Einsatz von Dieseltriebwagen im Bahndeutsch damals so schön hieß, konnten die Reisenden beim Übersetzen im Zug auf ihren Plätzen bleiben.

Diese Umständlichkeit änderte sich, als am 14. Mai 1963 die sogenannte Vogelfluglinie (Lübeck -) Schwartau – Puttgarden und die Fährverbindung nach Rødby eröffnet wurde. Gegenüber der bisherigen Verbindung über Großenbrode – Gedser wurden 160 Kilometer eingespart und die Reisedauer bedeutend gesenkt. Mit der Vogelfluglinie entstand auch der Fährbahnhof Puttgarden, über den der schnelle Zugverkehr von der BRD nach Dänemark geleitet wurde. Der Verkehr mit der Bahn, Pkw oder Bus zwischen der BRD und Dänemark hatte ein neues Trajekt erfordert; das von Großenbrode nach Gedser bestehende war ohnehin nur als Behelf gedacht und 1963 aufgegeben.

Am 30. April 1963 war die Fehmarnsundbrücke eingeweiht und die eingleisige Neubaustrecke Großenbrode – Burg (Fehm) in Betrieb genommen worden. Im Abschnitt Burg – Puttgarden begann der Regelzugverkehr mit Eröffnung der Fähranlage am 14. Mai 1963.

Selbstverständlich waren beim Bau des Fährbahnhofs die Erkenntnisse eines modernen Fährbetriebs und die zu erwartende Resonanz berücksichtigt worden. Täglich sollten zwölf internationale Reisezüge, Reisebürozüge und Autoreisezüge in Richtung München und Basel abgefertigt werden. Man rechnete mit täglich rund 70 zu trajektierenden Reisezugwagen. An beiden Fährbetten wurden Güterwagen-Übersetzgleise angeschlossen; das am Fährbett 2 konnte für die Ein- oder Ausfahrt eines bis zu 600 Meter langen Güterzuges herangezogen werden.

Von den sechs Bahnsteiggleisen wurden drei an die Fährbetten angeschlossen. Eines der stumpf endenden Gleise des Mittelbahnsteigs erhielt eine transportable Fahrzeugrampe für die Stirnverladung der Autotransportwagen. Am seeseitigen Bahnsteigende ist die Bahnsteigüberführung mit dem 140 Meter langen Landgang verbunden.

Im südlichen Bereich liegt zwischen den Ein- und Ausfahrgleisen eine Abstellgruppe, die Gleise des Güterverkehrs wurden östlich angeordnet. Insgesamt hatte der Bahnhof bei 2,4 Kilometer Längenausdehnung 22 Kilometer Gleise. Aus heutiger Sicht war bei den Hochbauten große Sparsamkeit geboten, so dass das Empfangsgebäude wie eine hässliche, zu groß geratene Raumzelle erscheint. Der Uhrenturm sollte zum Blickpunkt für die Pkw-Reisenden werden.

Von Reisenden wird der Bahnhof immer weniger benutzt (1996).

Die Prognosen des Fährverkehrs wurden übertroffen. Während die Trajektierung von Eisenbahnfahrzeugen rapide zurückging, nahm die der Pkw, der Lkw und Autobusse um das Siebenfache zu. Die Deutsche Bundesbahn setzte neue Fährschiffe ein wie die »Carl Carstens«, die Reederei Scandlines 1997 Doppelendfähren, die vor dem Hafen nicht mehr wenden müssen, so dass die Abfahrten verdichtet werden konnten. Konkurrenz wurde die feste Querung des Großen Belts seit 1. Juni 1997. Eine Brücke über den Fehmarnbelt wurde im Jahr 2009 vereinbart.

Der Eisenbahnverkehr über das Meer ging indes so weit zurück, dass er in den Pressemitteilungen zu den Jahresbilanzen von Scandlines nicht mehr besonders ausgewiesen wird. Damit ist auch der Bahnhof, nicht der Fährhafen, in Frage gestellt. Immerhin fahren zu ihm neben den »Gumminasen« (ICE-3) der Dänischen Staatsbahn und dem ICE-T Berlin – Kopenhagen wieder Züge des Binnenverkehrs. Selbst wenn es eines Tages Regionalzüge von und nach Dänemark fahren, die große Zeit des Fährbahnhofs ist vorbei.

Alles Gute für den Kraftfahrer: Vom 2. September 1996 bis 15. Januar 1998 entstand ein neuer Landgang, der den Bahnhof verdeckt. Foto: Scandlines

Rennsteig

Der Bahnhof liegt am Ende einer sogenannten Spitzkehre. Mit ihrer Hilfe konnte die Eisenbahn durch verlängerte Gleise Höhen überwinden. Bei direkter Trassierung wären die Neigungen der Strecke viel zu groß geworden. Stützerbach – Schleusingen war die zweite Strecke, die seit 1. November 1904 den Rennsteig, den historischen Kammweg im Thüringer Wald überwand.

Vorher waren drei Varianten ausgearbeitet worden: ein Tunnel unter dem Rennsteig, eine sehr lange Reibungsstrecke und schließlich eine Strecke für Reibungs- und Zahnradbetrieb. Von Stützerbach an blieb nur die Möglichkeit, die kürzeste, dafür steilste Trasse zu wählen (60 Promille), was im Göpferbachtal auf 4,4 Kilometer Länge 157 Meter Höhenunterschied bedeutete. Zwischen dem Bahnhof Rennsteig und dem Haltepunkt Thomasmühle, auf der Südseite des Thüringer Waldes, mussten ebenso starke Neigungen trassiert werden.

Die Preußischen Staatseisenbahnen entschieden sich für den gemischten Betrieb, den ersten in ihrem Netz. Auf den Steilstrecken fuhren die Lokomotiven mit Hilfe der Zahnradmaschine, auf den übrigen Abschnitten im Reibungsbetrieb.

Wegen einer vorteilhaften Trassierung sollte auf dem Scheitelpunkt im Kilometer 33,3 auf 747 Meter Höhe eine Spitzkehre entstehen, der Bahnhof Rennsteig. Sie hatte auch im Zahnstangenbetrieb ihren Vorteil. Denn nach den Betriebsvorschriften »muß die Lokomotive bei der Bergfahrt den Zug schieben und bei der Talfahrt ziehen oder hemmen.« Dementsprechend konnte die Lokomotive auf dem Bahnhof Rennsteig am Zug bleiben und musste nicht die Seiten wechseln. Sie schob von Stützerbach aus und zog den Zug nach Schleusingen oder umgekehrt. Bei solcher Betriebsweise konnten die Gleisanlagen auch sparsam ausfallen. Es gab einen Mittelbahnsteig und, von einem Bahnsteiggleis abzweigend, ein Gleis zur Laderampe am Empfangsgebäude. Den Richtungswechsel nach und von Schmiedefeld – Schleusingen bzw. Stützerbach besorgte eine Doppelte Kreuzungsweiche.

Einen Ort Rennsteig gibt es nicht; der Bahnhof lag immer einsam im Walde (nur die Bundesstraße 4 belebte in letzter Zeit seine Umgebung). Deshalb brauchte man auch keine umfangreichen Nebenanlagen für den Güterverkehr vorzusehen. Neben dem zweistöckigen Bahnhofsgebäude im typischen Thüringer Schieferstil, in dem sich im Erdgeschoss der Raum des Fahrdienstleiters und ein Warteraum sowie im zweiten Geschoss eine Wohnung befanden, standen ein Toilettenhäuschen mit Schamwänden zur Gleisseite bzw. zum Bahnhofsvorplatz hin, und ein Häuschen als Bahnhofsrestaurant genügte.

Die Bahn erfüllte sogleich die Erwartungen der Anwohner; hinzu kam der anfangs unterschätzte Fremdenverkehr, denn viele Menschen zog es in die Wälder und Täler entlang des Rennsteigs. Sie mussten allerdings Geduld mitbringen, denn auf den Zahnstangenabschnitten durfte die Höchstgeschwindigkeit nicht über 15 km/h liegen. 1927 ging die Reichsbahndirektion Erfurt endgültig zum Reibungsbetrieb über.

Die Züge wurden nicht mehr geschoben, wenn auch die Steilstreckenvorschrift verlangte, dass die Lokomotiven stets mit dem Schornstein zum Berg weisen mussten. Deshalb mussten die Lokomotiven auf dem Bahnhof Rennsteig von einem Zugende zum anderen wechseln. Die Anlage musste umgebaut werden, so dass am östlichen Kopfende Weichen die Stumpfgleise verbanden. Auch beim Einsatz der Diesellokomotiven blieb das so. Die von der Deutschen Bahn eingesetzten Wendezüge erleichterten den Betrieb auf dem Bahnhof.

Immer weniger Reisende saßen in den Zügen; man hat keine Zeit mehr für die Beschaulichkeit. Der letzte Reisezug fuhr am 22. Mai 1998 (letzter Güterzug 1970). An bestimmten Tagen fährt seitdem die Rennsteigbahn mit Dampflokomotiven im Museumsbahnbetrieb.

Zwei Züge von Ilmenau und von Themar treffen sich am Ende und Beginn der Steilstrecken (1997).

SEDDIN

Der südwestlich von Potsdam gelegene Verschiebebahnhof Seddin wurde 1924 zur Entlastung der Berliner Bahnhöfe eröffnet. Zuvor fand vom 21. September bis 5. Oktober 1924 eine Ausstellung statt, begleitet von Vorträgen in der Technischen Hochschule Berlin-Charlottenburg und am 24. September einer Bremsversuchsfahrt auf der Strecke Grunewald – Seddin – Belzig, um die Wirkungsweise der Kunze-Knorr-Druckluftbremse vorzuführen.

Auf rund 9 Kilometer Gleis waren Fahrzeuge aufgestellt, und in der 6000 m^2 großen Umladehalle wurde die neueste Rangier- und Stellwerkstechnik gezeigt. Die Ausstellung stieß das Tor zur neuzeitlichen Reichsbahn auf. Der abseits und ein wenig versteckt liegende Bahnhof Seddin wurde wenigstens dem Namen nach durch diese Ausstellung bekannt.

Ursprünglich war er mit zwei Ablaufsystemen bei einer Zugauflösung von insgesamt 3500 Wagen je Tag geplant und auch großzügig gebaut worden. Er konnte Züge mit 150 Achsen (normal sind 120 Achsen) aufnehmen. Der Ablaufberg besaß zwei hydraulische Gleisbremsen der Bauart Thyssen, wie sie auf der Verkehrsausstellung vorgestellt worden waren. Seddin hatte auch die größte Umladehalle für Stückgut außerhalb Berlins mit einem jährlichen Umschlag von 575.000 Tonnen.

Trotzdem blieb der Bahnhof unfertig, denn man hatte den Bau des Südsystems 1939 wegen des Kriegsbeginns abbrechen müssen. Der Luftangriff am 20. April 1945 zerstörte die Bahnhofsanlagen. Nachhaltige Folgen hatte im Juni 1945 die während der Munitionsbergung ausgelöste Explosion von Seeminen. Sie zerstörte die noch intakten Gleis- und Stellwerksanlagen sowie die Umladehalle vollständig. Die Halle ist nicht wieder aufgebaut worden.

An den zwischen 1951 und 1953 eröffneten Südlichen Berliner Außenring wurde der wieder aufgebaute Bahnhof über die Verbindungsgleise zwischen Michendorf und Saarmund bzw. Wilhelmshorst und Nesselgrund angeschlossen. Er war nun auch aus östlicher Richtung zu erreichen. 1958 gingen das Südsystem für den internationalen Transitverkehr und 1962 die Kontrollgruppe für den Güterverkehr nach und von West-Berlin in Betrieb, jedoch mit allenfalls 2850 Wagen in der Zugauflösung.

Um sie zu erhöhen, begann 1967 unter großer Geheimhaltung, was die

Im Südwesten außerhalb von Berlin liegt der Verschiebebahnhof (1957).

Details betraf, der Aus- und Umbau der gesamten Bahnhofsanlage zu einem »leistungsbestimmenden« Rangierbahnhof. Die Deutsche Reichsbahn ließ das Beste an Rangier- und Sicherungstechnik einbauen, was die DDR zu bieten hatte oder sie sich als Import leisten konnte. Am 19. April 1971 wurde der Hauptablaufberg Ost als Großversuchsanlage der Rangiertechnik eingeweiht. Bis 1976 waren beide Einfahr- und Richtungsgruppen mit drei Ablaufbergen umgestaltet und erweitert, eine Ausfahrgruppe, die neue Rangiertechnik und das neue Ablaufstellwerk in Betrieb genommen worden. Der Stolz des Bahnhofs war das Zentralstellwerk »Sed«. Viele Eisenbahnerdelegationen des Auslandes besichtigten es.

Der Bahnhof wurde auch als »Drehscheibe des Transitverkehrs« bezeichnet, auf ihm die Transitleitstelle eingerichtet.

Das zweite Forschungs- und Entwicklungsthema hieß: »Großversuchsanlage Stellwerkszentralisation Seddin«, das 1980 abgeschlossen und mit dem »hohen Bedienungskomfort« gewürdigt wurde. Rangierfahrten über zum Teil automatisierte Fahrstraßen einschließlich Umfahrwegen, diese ebenfalls im Zugbetrieb, Signalselbststellbetrieb, Ausschaltung von Haupt- und Rangiersignalen, die Zugnummern- und Triebfahrzeugmeldeanlage waren 1980 bei der Deutschen Reichsbahn etwas ganz Neues.

Dass der Bahnhof nie seine projektierte Kapazität ausschöpfte, lag am Außenring, der mit Zügen teilweise überbelegt war und für unterwünschte Pausen bei der Zu- und Abfuhr der Güterzüge auf dem Rangierbahnhof sorgte. Bei der Deutschen Bahn behielt der Bahnhof seinen Rang als großer »Umsteigebahnhof« für Güterwagen.

Die Sichtmarke des Rangierbahnhofs enthielt bei der Deutschen Reichsbahn das Beste an Rangier- und Leittechnik (1996).

Soest

Er war ein großer, inzwischen vergessener Verschiebe- und Umladebahnhof in Westfalen. Die Westfälische Eisenbahn Hamm – Soest – Paderborn eröffnete ihre Strecke am 1. Oktober 1850. 1860 erhielt der Bahnhof das erste Anschlussgleis für das neue Walzwerk Bergenthal gegenüber dem Empfangsgebäude, 1883 folgte die Zuckerfabrik mit ihrem Anschlussgleis. 1866 wurde die Strecke Unna – Soest zweigleisig ausgebaut, 1867 die Strecke nach Paderborn. 1881 erhielt auch die Strecke Unna – Welver – Soest das zweite Gleis.

Als die Preußischen Staatseisenbahnen 1882 die Bergisch-Märkische Eisenbahn übernahmen, konnte der Bahnhof nach ihren Gesichtspunkten erweitert werden. Das gelang bei dem großen Umbau in den Jahren 1887 bis 1889. Das war auch wegen der Zunahme des Kohlenverkehrs im Ruhrgebiet notwendig. Von 1885 bis 1905 war der Versand im Ruhrgebiet von 41 Millionen Tonnen auf 112 Millionen Tonnen gestiegen (transportiert in Wagen mit geringem Laderaum, mitunter nur von 5 Tonnen wie bei der Gattung Oc); er betrug 1/4 vom Güterverkehr des Deutschen Reiches. Unaufhörlich rollten die Kohlenzüge in der einen Richtung nach Mitteldeutschland, in der anderen Richtung die Leerwagenzüge. Die den Zechen nahe gelegenen Bahnhöfe waren nicht mehr in der Lage, die Güterzüge ordentlich zu bilden, sie fuhren die Züge »bunt« ab mit der Absicht, dass auf anderen Bahnhöfen die Zugbildung nachgeholt werde.

Die Eisenbahndirektionen Essen und Münster mussten Verschiebebahnhöfe am Rande des Ruhrgebiets vorsehen, darunter in Frintrop, Speldorf und Osterfeld und in Soest. Unter der Leitung des Regierungsbaumeisters Lorsbach und des Bau- und Betriebsinspektors Ortmann wurde der in Soest von August 1896 an gebaut. Am 1. Juli 1898 waren der gesamte Bahnhof und die Stückgut-Umladehalle fertiggestellt.

Er wurde im folgenden Jahr nochmals erweitert für die Einführung der Westfälischen Landeseisenbahn Brilon – Belecke – Soest. Die schwierigste Arbeit war der Umbau des Westkopfes des Personenbahnhofs unter dem rollenden Rad 1899, lagen hier doch drei Strecken mit teilweise sich überkreuzenden Fahrstraßen, und der Verkehr war auch im Personenverkehr wesentlich gewachsen.

Nach dem Umbau erwiesen sich bei der ungeahnten Zunahme des Stückgutverkehrs die Umladehalle und die zugehörigen Gleisanlagen bald als unzureichend. Sie sind daher in den Jahren 1899 bis 1906 wiederholt erweitert worden.

Bis 1906 entstanden noch einige Sozialbauten, damals auch Wohlfahrtseinrichtungen genannt, die den neuen ministeriellen Vorschriften entsprachen, darunter massive Übernachtungsgebäude, acht zwei- und dreigeschossige Arbeiterhäuser, Gärten mit Gelegenheit zur Kleintierhaltung als Mittel gegen die Trunksucht! 1905 kamen drei Übernachtungsgebäude, ein Junggesellenheim, eine kleine Selterwasserfabrik (Ausstoß mehrere tausend Flaschen täglich), ein Kinderheim mit »Kleinkinderbewahrschule und Badeanstalt« hinzu.

1905 begann noch der Bau des Abstellbahnhofs (in seiner größten Ausdehnung für 1.200 Wagen) am Ostkopf für Leerwagen, die bei Bedarf rasch zu den Verladebahnhöfen im Ruhrgebiet gefahren werden konnten. Bei über 3500 Beschäftigten war Soest über Nacht eine Eisenbahnerstadt mit entsprechenden Vereinen geworden.

Das Ende kündigte sich 1931 an, als die Reichsbahn die Umladehalle schließen wollte. Sie brannte am 5. Dezember 1944 ab; der Bahnhof und die Stadt wurden bei Luftangriffen verwüstet. Die deutsche Teilung gab dem Bahnhof den Todesstoß, war doch der Verkehr nach Mitteldeutschland so gut wie unterbrochen. Die Deutsche Bundesbahn investierte nicht mehr, der Verschiebebahnhof Hamm kam sie billiger. Um 1970 begannen der Rückzug und der Gleisabbau. Am 1. Dezember 1967 wurde das Betriebswerk Soest geschlossen. Vom Rangierbahnhof blieb im 21. Jahrhundert nicht viel übrig, die Natur holte sich vieles zurück.

Bis zum Ende des Krieges war der Rangierbahnhof Sammelbahnhof des Kohlen- und Leerwagenverkehrs Ruhrgebiet – Mitteldeutschland.
Slg. Stadtarchiv Soest

6.

Die grössten, ältesten, höchstgelegenen und merkwürdigsten Bahnhöfe

DB
479 205-7

B1

Bahnh

Berlin Ostkreuz

Der Berliner S-Bahnhof verdient die Aufnahme in diesen Abschnitt, weil er der am meisten benutzte ist, zumindest bezüglich seiner Fläche und auch am meisten vernachlässigt worden war – über Jahrzehnte! Für Viele, die hier umsteigen müssen, war (und ist) er ein Alptraum. Ein Hetzen von Bahnsteig zu Bahnsteig mit der Befürchtung, den Anschlusszug zu verpassen und dann zehn Minuten warten zu müssen, ein Geschiebe von Menschenmassen über enge ausgetretene Treppen.

Einer der wichtigsten Knotenpunkte des hauptstädtischen Schienenverkehrs ist nach den Angaben des Senats von Berlin das »größte Nahverkehrskreuz Deutschlands«. Werktäglich steigen auf ihm rund 100.000 Reisende um. An den sieben Gleisen halten 1400 S-Bahn-Züge. Und es fahren viele Fern-, Nahverkehrs- und Leerzüge durch.

Seine heutige Gestalt erhielt der Bahnhof vor über 100 Jahren, als die neue Ringbahn »irgendwie« an die Stadtbahn herangeführt werden muste. Eigentlich sollten der Nord- und der Südring auf dem Bahnhof der Niederschlesisch-Märkischen Eisenbahn (dem späteren Schlesischen, Ost-, Haupt- und wieder Ostbahnhof) verknüpft werden. Dafür war kein Platz, man ließ diesen Gedanken 1880 fallen. Stattdessen verknüpfte man die je zwei Gleise der beiden Halbringe.

1881 wurde die Station Stralau-Rummelsburg eröffnet, die mitten in der Verzweigung lag. Als 1903 die Stadtbahngleise bis Lichtenberg-Friedrichsfelde verlängert wurden, ist der Bahnsteig D verbreitert worden. 1903 begann der Bau des Bahnsteigs F der Ringbahn. Denn in diesem Jahr wurde die strikte Trennung von Zügen des Süd- und des Nordrings aufgegeben, es verkehrten nun auch die Züge des Vollrings.

Der den Bahnhof beherrschende Wasserturm, ein Bauwerk des Architekten Karl Cornelius (1868 – 1938), entstand 1912. Bevor 1928 im Berliner Stadtbahn- und Vorortverkehr die »Große Elektrisierung« einsetzte,

Der Wasserturm als Wahrzeichen dieses lebhaften Umsteigepunktes bleibt stehen (1964). Ansonsten wird alles anders: Die Brücken und die Holztreppe wurden abgerissen, die Bahnsteige D und E werden erneuert. Der Nahverkehr erhält einen separaten Bahnsteig. Historische Sammlung der DB/Schulz

erhielten 1923 die Bahnhofseingänge Süd und Nord, also Markgrafendamm und Hauptstraße, kleine Empfangsgebäude und eine Verbindung zu den Bahnsteigen als offene Fußgängerbrücke.
Der Bahnhof wurde im Zweiten Weltkrieg erheblich beschädigt und notdürftig wieder hergerichtet. Seine Bedeutung wuchs jedoch, als er nach dem Mauerbau am 13. August 1961 am Schnittpunkt des angewachsenen Verkehrsstroms in der Nord-Süd-Richtung lag. Hinzu kam der gewachsene Berufsverkehr nach und von den Industriezentren Treptower Park und Schöneweide. Die neuen S-Bahn-Verbindungen zu Deutschlands größtem Neubaugebiet Berlin-Marzahn sowie nach Hohenschönhausen führen ebenfalls über Berlin Ostkreuz. Kommt es dann noch zu dem häufigen Pendel- und Schienenersatzverkehr, strömen unglaubliche Massen über den Bahnhof. Obendrein wurden wegen Baufälligkeit und wegen der Rationalisierung 1966 und 1970 die Bahnsteige C bzw. B geschlossen, 1974 der Fußgängerüberweg entlang der mittleren Stahlfachwerkbrücke der Südkurve abgetragen, der Tunnel unter Bahnsteig A mit dem Bahnsteigaufgang zugeschüttet, ein Teil der Halle des Empfangsgebäudes an der Hauptstraße wurde abgetrennt. Rolltreppen und Aufzüge fehlen.
Und immer wieder wurde die Sanierung des Bahnhofs aufgeschoben, auch die Umstellung vom Linien- zum Richtungsverkehr. Endlich: 1996 begannen die technischen Vorplanungen der Deutsche Bahn für einen Umbau. Die Anlage vom Typ Turmbahnhof soll oben eine Bahnsteighalle sowie in beiden Ebenen Bahnsteige für den Regionalverkehr erhalten. Nicht vor 2012 wird das Gröbste von dieser Sanierung und dem Umbau abgeschlossen sein.

2009 war der Bahnsteig F, oben, abgerissen. Dafür wurde der künftige Regionalbahnsteig benutzt. Ein weiterer entsteht unten rechts neben dem Bahnsteig E.

Brocken

Viele Jahre dauerte es, dass über das Mittelgebirge Harz in Norddeutschland ein Schienenstrang verlegt war. Neben dem von Blankenburg nach Tanne gehörte die Meterspurstrecke der Nordhausen-Wernigeroder Eisenbahn dazu. Diese Bahngesellschaft bemühte sich auch um den Schienenweg zum höchsten Berg des Harzes, dem 1.129 Meter hohen Brocken. Diese Höhe ist unter Deutschlands Gipfeln keineswegs einsam, aber auf dem Brocken herrscht wegen dessen exponierter Lage Hochgebirgsklima. Schon deshalb war und ist es kein leichtes Unterfangen, auf ihn die Gleise zu verlegen und Züge zu fahren. Der Zug überwindet Neigungen von 1 : 30 und umfährt anderthalb Mal das Gipfelplateau – eine Freude der Reisenden, wenn das Wetter ihnen diese Rundfahrt zum Panoramablick werden lässt. Nicht deshalb kommt es zu der Rundfahrt, sie ist vielmehr ein Beispiel von »Längenentwicklung«, um in der Steigung beim zulässigen und beherrschbaren Maß einer Reibungsbahn bleiben zu können und nicht mit Hilfe einer Zahnstange steigen zu müssen.

Am 20. Juni 1898 lag die Strecke von Drei Annen Hohne bis Schierke betriebsbereit, am 27. März 1899 bis zum Bahnhof Brocken. Einerseits erfreuten sich die Bahngesellschaft und auch in der Gegenwart die Harzer Schmalspurbahnen des lebhaften Besucherstroms, ihrer Haupteinnahmequelle, andererseits setzt das raue Hochgebirgsklima mit Nebel, Frost und hohem Schnee dem Betrieb und den Eisenbahnern zu.

Das nur wenige Meter unter dem Gipfel errichtete kleine Stationsgebäude aus Holz musste im Frühjahr 1924 durch ein massives aus Granitsteinen ersetzt werden. Und auch der Fahrdienstleiter mit seiner Frau und den Hühnern arbeitete nur von Mai bis Oktober hier oben. Die Brockenzüge verkehrten nur in der Sommersaison. Täglich fuhren durchschnittlich 850 Reisende in sechs Zügen zum Brocken.

Das hat sich seit dem 15. September 1991 geändert. Ohnehin wurde zum Beginn des Ersten Weltkrieges der Zugverkehr zeitweilig unterbrochen; der öffentliche Verkehr nach dem 13. August 1961 ganz. Nun durften nur noch wenige Güterzüge mit Bau- und Brennmaterial hinauf fahren. Die Grenzkompanie bemächtigte sich ohne Rechtsträgerwechsel des Stationsgebäudes. Bis zu diesem Einschnitt in den touristischen Verkehr (Teile des Harzes wurden außerdem zum Grenzgebiet, das man ohne Passierschein nicht betreten durfte) wurden noch Passierscheine für die Reisenden oder Wanderer zum Brocken ausgegeben, diese aber auch misstrauisch beobachtet, denn der Westen lag zu Füßen, die Grenze zur britischen Besatzungszone bzw. zur BRD war nicht weit, und auf dem Brocken tummelte sich seit 1947 der sowjetische Nachrichtendienst.

Nach der dreißigjährigen Abriegelung lockte der Brocken nun erst recht die Besucher an, nicht nur aus eisenbahntechnischen Gründen, sondern das bisher Verbotene wollte besichtigt sein. Was hatte sich denn da oben verändert? Selbstverständlich sollte der öffentliche Zugverkehr wieder aufgenommen werden, doch die Naturschützer waren dagegen, allerdings juristisch im Nachteil, denn es sollte keine neue Strecke gebaut werden. Die vorhandene genoss »Bestandsschutz«. Nach heftigem Streit fuhr bei Kaiserwetter der erste Zug, ein Arbeitszug, am 27. Mai 1991 zum Brocken, und seit 1. Juli 1992 besteht ganzjähriger Zugverkehr.

Deutsche Reichsbahn und seit 1993 die Harzer Schmalspurbahnen müssen viel aufwenden um, auch im Winter den Zugverkehr zu ermöglichen.

Kam niemand auf den Gedanken, die Strecke zu elektrifizieren? Doch, jedoch fehlte ein kostengünstiger Stromanbieter. Deshalb blieb es beim Dampfbetrieb, den ohnehin die Fahrgäste wünschen und dafür den hohen Fahrpreis akzeptieren. Alljährlich fahren knapp 700.000 Fahrgäste auf den Brocken. Ein Bahnsteig wurde erneuert und die Fahrkartenausgabe im Empfangsgebäude eingerichtet.

Massen von Gipfelstürmern sind gekommen, um den ersten Zug nach der Wiedervereinigung zu begrüßen. Foto: Hafner

Dresden-Friedrichstadt

Dieser Rangierbahnhof war nach den Leistungszahlen der größte in der DDR bzw. der Deutschen Reichsbahn. Er entstand bei den großen Umbauten der Dresdner Bahnhofsanlagen vor der Wende von 19. zum 20. Jahrhundert, und zwar wie die Verschiebebahnhöfe in Chemnitz-Hilbersdorf, Nürnberg und Zwickau als Gefällebahnhof.
Indem die Bahnhofsanlage in einem Gefälle lag, brauchte eine Schlepplokomotive die aufzulösende Rangiereinheit nur auf den Ablaufberg zu ziehen, und dann liefen die Wagen dank der Schwerkraft von allein in die Sortier- und Richtungsgleise. Auf anderen Verschiebebahnhöfen musste die Lokomotive die Wagen ständig über den Ablaufberg drücken. Schlechtläufer blieben vorzeitig stehen und mussten zusätzlich von einer Lokomotive bewegt werden.
Dieser Einsparung von Lokomotiven samt Personal, der auf die Hälfte verkürzten Zugauflösezeit sowie der verkürzten Anlage stand der erhöhte Aufwand für das Bremsen zu schneller Wagen und deren Sicherung bei Stillstand gegen unbeabsichtigte Bewegungen gegenüber. Die ersten Arbeiten für den neuen Verschiebebahnhof begannen 1891, den Zeitgenossen »mit seinem kolossalen Ablaufberg, seinen Gleisrosten, Sortiergleisen, Gruppengleisen usw. in jeder Beziehung als mustergiltig« kommentierten. Am 1. Mai 1894 ging er in Betrieb.
Neben dem Verschiebebahnhof entstanden ein Heizhaus (Bahnbetriebswerk Dresden-Friedrichstadt), eine Werkstatt (Reichsbahnausbesserungswerk) und eine Umladehalle für den Stückgutverkehr. Der Bahnhof wurde 54 Hektar groß, rund 2500 Meter lang, der Höhenunterschied belief sich auf 17,73 Meter.
Wie das auch später üblich war, lobten die Bauherren ihr Werk. Zum Beispiel, dass die »Zentralisierung der Weichen und Signale bereits zu hoher Vollkommenheit gelangt ist.« Enttäuschend war das tatsächliche Ergebnis: Die Bergleistung sollte bei 6500 bis 7000 Achsen liegen, nach zehn Tagen des Betriebes wurden es nicht mehr als 3400 Achsen. Begründungen für die Differenz gab es seinerzeit viele. Nach der Untersuchung durch eine Kommission unter Edmund Frohne (1891 – 1971), der übrigens von 1952 bis 1957 Erster Präsident der Deutschen Bundesbahn war, wurde Verschiedenes verändert, so dass täglich bis zu 5000 Wagen vom

Überfüllte Gleise, Warten auf Annahme – das war ein Merkmal dieses größten Rangierbahnhofs der der Deutschen Reichsbahn bis 1990 (1968). Foto: ZBDR

Berg rollen konnten. 1929/1930 wurde der Bahnhof modernisiert, erhielt die modernste Rangiertechnik wie die Seilzugablaufanlage, zwei Wirbelstrombremsen, weitere Hemmschuhauswurfvorrichtungen (Büssing-Bremsen) und benutzte seit 1924 zwei Balkengleisbremsen.
Der Personalaufwand konnte von 553 Eisenbahnern auf 414 verringert werden. Die Umladehalle sollte für weitere Ausfahrgleise abgebrochen werden, die Schleppgleise für elektrische Lokomotiven eine elektrische Oberleitung erhalten. Wegen des Zweiten Weltkriegs wurden die Pläne zurückgestellt. Der Krieg zerstörte den Bahnhof erst am 17. April 1945 durch etwa 800 Bomben, einen brennenden Benzin- und einen explodierenden Munitionszug vollständig.
Der Ablaufbetrieb begann erneut am 8. Dezember 1947; in den fünfziger Jahren mussten die Zustände auf dem Bahnhof als chaotisch bezeichnet werden. Es fehlten Gleise und Personal. 1963 wurden täglich 98 Züge aufgelöst und 117 gebildet. Berüchtigt für die Betriebsführung war seine Aufnahmefähigkeit, so dass auf den Zulaufstrecken Rückstauzüge warten mussten. Mit der »inneren Rationalisierung« wurde die Leistung gesteigert, indem beispielsweise bis 1959 bis zu 85 Prozent die Lücken der Reparationslieferungen geschlossen und bis Ende der sechziger Jahre schrittweise neue Stellwerks- und Rangiertechnik eingesetzt wurden.
1970 begann die »Teilautomatisierung des Ablaufberges«, gekrönt von der Inbetriebnahme des Ablaufspeicherstellwerks »R 9« am 23. März 1981. Trotzdem beherrschte den Bahnhof der Arbeitskräftemangel, der nur durch Abordnungen von Eisenbahnern anderer Dienststellen gemildert werden konnte. Denn es galt: Wie der Bahnhof funktionierte, so glückte der Betrieb im gesamten Reichsbahndirektionsbezirk Dresden.
Nach 1990 verarbeitete der Bahnhof nur noch ein Drittel der früheren Menge von bis zu 5000 Wagen. Geschlossen wurden auch die Umladehalle und die Ortsgüteranlage. Früher undenkbare ausgedehnte Ablauf- und Rangierpausen wurden eingeführt, das Personal von 870 Eisenbahnern um mehr als die Hälfte abgebaut. Von 2005 bis 2010 nahmen die Aufgaben ab: der Rangier- wurde zum Knotenbahnhof abgestuft, wenn er auch noch Züge nach Seddin und Engelsdorf bildet. Der Ablaufbetrieb wurde stillgelegt, wenn auch noch einschließlich Bedienung des Hafens drei Rangierlokomotiven eingesetzt sind. Mit Hochdruck betreibt DB-Schenker-Rail die Stillegung des Bahnhofs.

Nur noch zum Abstellen entbehrlicher Güterwagen gut und eines Tages stillgelegt ist der einst größte Rangierbahnhof der Deutschen Reichsbahn (2009). Foto: Kaden

Hamm (Westf)

Der Verschiebebahnhof war der größte in Deutschland und der wichtigste Lokomotivstützpunkt in der Reichsbahndirektion Essen. Er bildete die wichtigste Schnittstelle zwischen dem Ruhrgebiet und der Nordsee sowie zwischen dem Ruhrgebiet und Berlin. Der Verkehr war so stark angestiegen, dass Güterzüge sich vor Hamm bis zu drei Tage stauten. Sie behinderten auch die Reisezüge, die extrem verspätet wurden oder sogar ausfallen mussten.

Die erste umfangreiche Erweiterung der Bahnanlagen nach der Verstaatlichung der Privatbahnen im Jahre 1883 und die Anlage eines Vorbahnhofs in Heessen erwiesen sich als unzureichend. Um die Jahrhundertwende lag Hamm mit einem täglichen Ausgang von 4400 Güterwagen an der Spitze vor den Bahnhöfen Wanne (3950 Wagen) und Osterfeld Süd (3400). 1911 begannen abermals Umbauten, so dass bis 1916 ein völlig neuer Rangierbahnhof mit vier Rangiergruppen entstand für eine tägliche Bergleistung von 10.000 Wagen.

Auf der neuen Anlage des Verschiebebahnhofs war die modernste Signaltechnik eingeführt worden bzw. wurde von der Reichsbahn die neueste Rangiertechnik erprobt. Die Länge der Bahnanlagen betrug 9,3 Kilometer, die größte Breite 470 Meter. 325 Kilometer Gleise wurden verbaut, gesteuert und überwacht von 20 modernen elektromechanischen Stellwerken. Die Stellwerke und Lokomotiven waren bereits mit Rangierfunk ausgerüstet! Im täglichen Durchschnitt kamen zur Auflösung 137 Güterzüge an, 140 Züge wurden neu gebildet.

1938 lag die Leistung des Bahnhofs bei 10.500 Wagen, einmalig in Europa. Zu diesem Zeitpunkt waren in Hamm über 2800 Eisenbahner beschäftigt. Hamm war außerdem insbesondere nach Beginn des Schnelltriebwagenverkehrs Berlin – Köln und als Endpunkt des Ruhr-Schnellverkehrs mit täglich um die 400 Reisezüge einer der wichtigsten Bahnhöfe im Ost-West-Reiseverkehr. Durch die Teilung Deutschlands und auch infolge der veränderten Reisegewohnheiten konnte er das Format in der Vorkriegs-

Das Luftbild kann noch nicht einmal das gesamte Ausmaß des größten Verschiebebahnhofs der Deutschen Reichsbahn erfassen (1928). Slg. Eisenbahn-Stiftung/RVM

Der einmal vorherrschende Berufsstand der Stadt, der Stahlschmelzer und der Bergmann, umrahmen das Symbol der Eisenbahn für die Herrschaft der Minute (2007). Foto: Emersleben

Die meisten kennen vom westfälischen Bahnhof nur das Empfangsgebäude, eben renoviert (2001).

zeit nach 1945 nicht wiedererlangen: Im Jahr 2000 hielten mehr als 350 Reisezüge, aber nur etwa 60.000 Menschen benutzten den Bahnhof. Der Geschäftsbereich Personenbahnhöfe ordnete ihn 2009 nur in die zweite Kategorie ein.

Der Güterzugverkehr hatte längst den Zenit überschritten. Die Hauptverkehrsströme hatten sich in der BRD verändert. Zwar übernahm der Verschiebebahnhof immer wieder Aufgaben anderer, zur Stillegung vorgesehenen Bahnhöfe wie Soest und Kirchweyhe sowie aus dem Wuppertaler, Kölner und Essener Raum, so dass beispielsweise im August 1957 täglich um die 6000 Wagen verarbeitet wurden, an die 10.000 von einst kam man nicht mehr heran. Im Gegenteil: 1958 pendelte die Zahl der zu behandelnden Wagen um die 5000. Die Kapazität des Verschiebebahnhofs wurde nur noch zu zwei Dritteln genutzt. Er hatte aber immer noch die Eilgut-Frachtenströme von den Seehäfen und Hannover aufzufangen und für die Bahnhöfe der Direktionsbezirke Essen, Köln und Wuppertal zu verteilen bzw. in umgekehrter Richtung zu sammeln.

Im Verlauf der sechziger Jahre veränderten sich die Zuglasten und -längen. Der Verschiebebahnhof wurde deswegen von 1966 bis 1970 modernisiert. 1970 rollten sogar an einem Tag 8457 Wagen über die Ablaufberge. Noch sorgte die Schließung kleinerer Verschiebebahnhöfe für das Aufkommen für die 670 Eisenbahner, davon 340 Rangierpersonal.

Zum Verlust der herausragenden Stellung trugen auch der Rückgang der Stahltransporte und die Verlagerung des Stückguts auf die Straße bei. 1995 legte DB-Cargo eines der verbliebenen zwei Rangiersysteme still. Am 20. Dezember 1998 wurde aus dem Rangier- ein Knotenpunktbahnhof mit einem Wagenaufkommen von höchstens 1400 Wagen. Die Aufgaben der Fernzugbildung gingen auf Hagen-Vorhalle über. Im Rangierdienst blieben von 223 Eisenbahnern ganze 96, inzwischen sind es wenige über 50.

Klais

Am Bahnhofsgebäude ist es deutlich zu lesen: Klais ist Deutschlands höchstgelegener Intercity-Bahnhof. Bei 933 Meter Höhe über Normal Null mag das sein, aber der Superlativ ist nicht mehr gültig. Die Deutsche Bahn schickt seit dem 9. Dezember 2007 keinen Intercity mehr über die Karwendelbahn nach Innsbruck oder wenigstens bis Mittenwald. Und der Intercity-Express »Karwendel«, der sonnabends zwischen Hamburg und Innsbruck verkehrt, hält nicht in Klais. Schade wegen des Superlativs.

Der Bahnhof liegt im Werdenfelser Land an der am 1. Juli 1912 eröffneten, eingleisigen Strecke Garmisch-Partenkirchen – Mittenwald.

Durch den Bahnhof entwickelte sich der Ort, auch Krün und Wallgau rückten den Bahnreisenden näher. Damit begann, wenn auch allmählich, der Fremdenverkehr als neuer Erwerbszweig. Ansonsten wurde auf der kleinen Station in erster Linie Schnittholz verladen, das die Bauern mit Fuhrwerken brachten. Als das sechs Kilometer entfernte Schloss Elmau, heute ein Nobel-Hotel, gebaut wurde, kam das Material vom in der Nähe gelegenen Bahnhof Klais.

Aus den wenigen Sonderzügen für Touristen nach und von dem Grenzbahnhof Mittenwald wurden nach 1933 mehr, als die Ferienorganisation »Kraft durch Freude« (KdF) der Deutschen Arbeitsfront, der größte Reiseveranstalter in Deutschland, den Volksgenossen die Schönheit der deutschen Alpen näher bringen wollte. Mit dem Beginn des Zweiten Weltkrieges 1939 wurde diese Volksbeglückung geringer und nahm schließlich ganz ab.

Durch Klais fuhr auch der »Karwendelexpreß«, ein hochwertiger Reisezug, dessen Wagen ähnlich dem »Reingold« zweifarbig (beige und dunkelblau) lackiert waren. Außerdem kamen in der zweiten Hälfte der dreißiger Jahre auch die Triebwagen »Gläserner Zug« durch Klais.

Bereits knapp 14 Tage nach der Kapitulation des Deutschen Reiches 1945 begann wieder der elektrische Zugbetrieb, und die ersten Kurgäste trafen ein. Der Fremdenverkehr wurde zur Haupteinnahmequelle des Ortes. In der Zeit des Wirtschaftswunders kamen die Liegewagen-Sonderzüge der Reiseunternehmen Hummel, Scharnow und Touropa mit den Gästen aus dem Ruhrgebiet und aus Hamburg; 1960 wöchentlich etwa 400 Gäste mit den Sonderzügen. Fast alle Züge hielten in Klais.

Da wegen des Fremdenverkehrs auch die regulären Schnellzüge hielten, wurde der Satz »Deutschlands höchstgelegene D-Zugstation, Höhe 933 m« an der Wand auf der Gleisseite des Empfangsgebäudes angebracht. Das störte insbesondere Fremdenverkehrsleute im Schwarzwald. Denn dort weist ein Schild am Bahnhof Feldberg-Bärental darauf hin, dass in 967 Meter Höhe, zumindest zeitweise Schnell- und Sonderzüge halten.

In Klais musste die Anschrift geändert werden, wobei der Umstand zu Hilfe kam, dass die Deutsche Bundesbahn nicht nur gewöhnliche Schnellzüge nach Mittenwald schickte, sondern sogar den Intercity 1150/1151 »Karwendel« von Frankfurt (Main) nach Seefeld (Tirol). Die Anschrift ist dauerfest angebracht und kann sich den aktuellen Gegebenheiten nicht anpassen. Immerhin erfährt der Bürger, welch Zustieg in einen komfortablen Zug ihm nun entgeht. Außerdem ermöglichten Kurswagen von in Garmisch-Partenkirchen endenden Schnellzügen die umsteigefreie An- und Abreise.

Bis 2007 hielt im Winter sonnabends noch der Intercity »Karwendel«, im Sommer« freitags bis sonntags der Intercity »Alpenland«. Mit dem Schließen der Gepäckabfertigung im Jahr 2000, der Fahrkartenschalter im Jahr 2004 und betrieblichen Anschluss an die Betriebszentrale München verschwanden die Eisenbahner des Bahnhofs. Auf Urlaubsreisende nahm die Deutsche Bahn immer weniger Rücksicht.

Wenigstens erinnert die Anschrift, wie wichtig der Bahnhof dem Fernverkehr einmal war (2008). Foto: Emersleben

Lichtenhain (a d Bergbahn)

Der Aufsetzwagen auf der Steilbahn wird nicht mehr für Güterwagen benutzt, sondern bei Reisendenandrang von einem Beiwagen besetzt (1953). Slg. Gottwaldt

Mit 662 Meter Höhe liegt der Bahnhof über dem Schwarzatal im Thüringer Wald weiß Gott nicht besonders hoch, doch er ist der Endpunkt einer Steilbahn, von der es mitunter heißt, sie sei die steilste der Welt. Was nicht stimmt. Die auf einem Hochplateau liegenden Gemeinden Lichtenhain, Cursdorf, Oberweißbach und Deesbach sollten Anschluss an die Staatsbahnstrecke Rottenbach — Katzhütte erhalten, was unter den gegebenen topografischen Verhältnissen nicht einfach war und den Bahnanschluss stets verzögert hatte.

Regierungsbaumeister Wolfgang Bäseler schlug eine Standseilbahn vor, die von der im Tal gelegenen Siedlung Obstfelderschmiede durch das Metzeltal zum Plateau führt, und hier sollte eine Flachbahn nach Cursdorf anschließen. Der Bau begann 1919 in Cursdorf, 1920 an der Steilbahn, und am 15. März 1923 wurde der Verkehr eröffnet.

Der Bahnhof Lichtenhain (a d Bergbahn) (bis 1952 Lichtenhain Kr Rudolstadt) liegt am Schnittpunkt zwischen der 1,4 Kilometer langen Steilstrecke von 1800 mm Spurweite — zwischen 1 : 4 und 1 : 4,29 geneigt — und der 2,6 Kilometer langen Flachstrecke von 1435 mm Spurweite in 663 Meter Höhe auf der Hochfläche des Thüringer Schiefergebirges. Das Gleis der Steilstrecke endet in einer offenen Bahnsteighalle. Die Fortsetzung führt aus ihr heraus zu einer Drehscheibe von 8,50 Meter Durchmesser. Vor der Drehscheibe sind eine Aufsetzvorrichtung für die Güterbühne und eine Schiebebühne für den Übergang der Wagen auf die Flachstrecke eingebaut.

Das Empfangsgebäude wurde in den Berghang hineingebaut. Zu ihm gehört auch das Maschinenhaus, in dem sich die Seilförderanlage und der Motor für die Standseilbahn befinden. Wer vom Ort aus den Wagen erreichen will, benutzt einen Bahnsteigtunnel am Dienstraum vorbei zum als Treppe angelegten Bahnsteig der Steilstrecke.

Der größte Teil der Anlagen gehört zur Flachstrecke. Das durchgehende Hauptgleis endet unmittelbar über dem Bahnsteig der Steilstrecke. Der 30 Meter lange Bahnsteig ist direkt am Empfangsgebäude angeordnet, so dass zum Umsteigen nur wenige Schritte über die Treppen zum oder vom Bahnsteig der Standseilbahn gegangen werden müssen.

In landschaftsgebundener Fachwerkbauweise wurde 1924 auf Kosten des Landes Thüringen ein Haus errichtet und an die Bahngesellschaft verpachtet, das Dienstraume, eine Dienstwohnung, Güter- und Lokomotivschuppen vereinigt. Bis 1949 hatte der Betriebsleiter seinen Sitz in Lichtenhain. Er war für die gesamte Bahn zuständig, bei der Deutschen Reichsbahn war es der Dienstvorsteher bzw. Leiter des Bahnhofs. Seilzuganlage und die Fahrzeuge wurden vom Bahnbetriebswerk Saalfeld (Saale) gewartet.

Die Deutsche Bahn trennte sich nicht, wie bei ihr üblich, von einem aufwändigen und unrentablen Betrieb, sondern fügte die Oberweißbacher Bergbahn mit der Schwarzatalbahn in die Tochtergesellschaft »Regio-Netz Verkehrs GmbH« ein. Die hat ihren Sitz aber nicht in Lichtenhain, sondern auf dem Bahnhof Mellenbach-Glasbach.

Nach wie vor wird die 18 Minuten dauernde Steilfahrt von Obstfelderschmiede nach Lichtenhain von den Anwohnern benutzt, hauptsächlich aber von den Touristen, Urlaubern und all jenen, die sich die Steilfahrt in einer Landschaft gönnen, in der man solche Attraktion nicht vermutet hätte. Lichtenhain liegt schließlich nicht in der Schweiz. Die zweite Attraktion: An einem Sonntag in jedem Frühjahr rennen Extremsportler neben der Seilbahn nach oben mit dem Ehrgeiz, noch vor dem Wagen anzukommen.

Unter dem Bahnsteigdach und vor der Drehscheibe beginnt der Triebwagen seine Fahrt auf der »Flachbahn« nach Cursdorf (2003). Foto: Emersleben

Lutherstadt Wittenberg

Wenig bekannt ist, dass der erste Bahnhof dieser Stadt an der Elbe in den Streit um das älteste deutsche Bahnhofsgebäude einzubeziehen ist. In Schriftstücken über die Eisenbahn in der Stadt wird behauptet, hier stehe »nachweisbar« das älteste erhaltene ehemalige Bahnhofsgebäude in Deutschland.
Ehe der erste Zug fahren konnte, hatte die Berlin-Sächsische Eisenbahn, die sich seit 2. Mai 1840 Berlin-Anhaltische Eisenbahngesellschaft nannte, umfangreiche Vorarbeiten zu leisten, denn die Stadt lag in der Festung, und der Bahnhof sollte im Vorgelände gebaut werden. Zwei Pulvermagazine mussten verlegt werden. Der Abstand des Empfangsgebäudes von der Festungsmauer durfte nicht geringer als 600 Meter sein. Schließlich genehmigte das preußische Kriegsministerium ein halbmassives Haus innerhalb des zweiten Rayons, also im Abstand von 370 Meter bis 600 Meter zur Festungsmauer.
Am 28. August 1841 wurde die Strecke (Cöthen -) Coswig – Wittenberg und am 10. September 1841 der Abschnitt Jüterbog – Wittenberg eröffnet, so dass das Publikum nun von Berlin bis Leipzig und Dresden reisen konnte, allerdings über Dessau, einen anderen Weg als den später üblichen.
In Wittenberg blieb das Gleis nördlich der Stadtmauer, auf der heutigen Annendorfer Straße, kreuzte die Glöcknerstraße, benutzte ein kurzes Stück die Haberlandstraße und querte die Karl- und die Kleine Friedrichstraße. Beim Kilometer 205,8 der Strecke Kohlfurt (Wegliniec) – Dessau, wo der Bahnhof Lutherstadt Wittenberg West liegt, erreichte die alte Strecke den späteren Verlauf, nachdem der Bahnhof erweitert worden war.

Beim dritten Bahnhofsgebäude soll der bekannte Architekt Schwechten mitgewirkt haben (1993). Ansicht vor dem Umbau der Hauptgleise Berlin – Halle.

Unstreitig war es, aber ins Abseits geraten, zumindest das zweitälteste deutsche Bahnhofsgebäude (2000).

Nicht nur wegen des schlagartig zunehmenden Verkehrs, sondern weil über die Strecke nach Halle bzw. Leipzig entschieden werden musste, wurden fünf Varianten erörtert, wie man am besten den Abzweig an die bestehende Strecke anlege. Die fünfte lautete: Anlage eines neuen Bahnhofs vor dem Elstertor (zunächst nördlich, dann südlich der alten Triftstraßenbrücke geplant). Aus diesem Bahnhof heraus ist die Strecke in Richtung Bitterfeld mit südlicher Umfahrung der Stadt verlegt und die Elbe überquert worden. Damit entsprach die Bahn am besten der Festungsbehörde.
Ende 1858 waren auf dem zweiten Bahnhof der Lokomotiv-, der Wagen- und der Güterschuppen, zwei Wasserstationen vollendet, das Hauptgebäude errichtet, der Bahnsteig im Mauerwerk fertig und die Drehscheibe fundiert. Am 3. August 1859 wurde die Strecke nach Bitterfeld eröffnet und der Umweg über Dessau und Köthen nicht mehr nötig, wenn man nach Leipzig reisen wollte.
Das neue Empfangsgebäude im Stil eines Schweizer Hauses errichtet, stand – nach heutiger Kilometrierung in Kilometer 95,0 – neben den Gleisen zur Stadtseite hin und war bequem zu erreichen. Jetzt konnte die Berlin-Anhaltische Eisenbahn die ersten Gebäude ihres Bahnhofs vor dem Schlosstor 1859 zum Kauf anbieten. Zuerst wurden die Nebengebäude verkauft, vom Kaufmann F. G. Arnold das Wohnhaus der Bahningenieure für 605 Taler, vom Bahnwärter H. Glaubig der Postschuppen für 64 Taler. 1860 ging das Bahnhofsgebäude für 6500 Taler in das Eigentum eines Maurermeisters über. Seitdem wurde es in vielerlei Hinsicht genutzt, in der DDR als Wohnhaus. Seit 1990 verwahrlost es, obwohl es unter Denkmalschutz steht.
Am 15. Oktober 1875 wurde die Strecke Falkenberg – Wittenberg in Betrieb genommen und damit die Verbindung bis Kohlfurt (Wegliniec) in Niederschlesien hergestellt. Nach der Entfestigung Wittenbergs von 1873 an erhielt die Stadt einen charakteristischen Trennungsbahnhof und das dritte Empfangsgebäude in Insellage. Franz Schwechten (1841 – 1924) soll der Architekt und Baumeister des Gebäudes gewesen sein. Das kennt auch der Durchreisende. Das erste, vielleicht älteste Bahnhofsgebäude aber ist wegen seiner abseitigen Lage vergessen.

Maschen

Als der Eisenbahngüterverkehr Anfang der sechziger Jahre zunahm, zeigten sich, wie seit 1900 bekannt, die Güterzugbildungsanlagen im Hamburger Raum als unzulänglich. Die sollten nun auf eine Stelle konzentriert werden. Nach den Prognosen für den Hamburger Hafen erwartete die Deutsche Bundesbahn allein bei Massengütern 1985 jährlich 54 bis 63 Millionen Tonnen, bei Seestückgut 18 bis 23 Tonnen — damit Steigerungsraten von 50 bis 70 Prozent gegenüber dem Jahr 1975.

Die Güterzugbildung sollte in einem Rangierbahnhof mit zwei gegenläufigen Rangiersystemen konzentriert werden. Als Standort wurde ein Gelände in der Elbniederung südlich Hamburg-Harburgs ausgewählt, das wegen seines schlechten Baugrundes vom Bauboom verschont geblieben war: Maschen, das auf den Fluren der Gemeinden Seevetal und Stelle liegt. In einer Lange von 1200 Meter wurden Deiche gebaut, die Schleuse im Seeve-Fluss durch ein Klappenwehr ersetzt. Umfangreich waren die Vorkehrungen für die Fischwirtschaft, das Grundwasser, die Trinkwasser- und Löschwasserversorgung im Bahnhof.

Am 7. Juli 1970 gab Wolfgang Vaerst, Abteilungsleiter im Bundesverkehrsministerium, das Startsignal zum Bau, am 7. Juli 1977 (die Schnapszahl hatte man sich ausgesucht) wurde die erste Teilstufe des Nord-Süd-Systems in Betrieb genommen. Im Mai 1980 war die Gesamtanlage in Betrieb. Auf einer Fläche von 280 Hektar entstand das Gefüge von über 300 Kilometer Gleisen und rund 1000 Weichen, außerdem entstanden 21 Baracken und 29 Hochbauten.

Die Kapazität des neuen Rangierbahnhofs war auf die Behandlung von rund 11.000 Wagen je Werktag gerichtet. Mit dieser Zahl wurde Maschen zum größten Rangierbahnhof der Deutschen Bundesbahn, sogar von ganz Deutschland.

Bald zeigte sich, dass die erwartete Verkehrssteigerung ausblieb. Dennoch wurden die konzipierten Gleise benötigt, um Ballungen während bestimmter Tageszeiten (besonders abends and nachts) abfangen zu können. Rückstauzüge, die die Betriebsführung der umliegenden Strecken beeinflussen, sollte es nicht mehr geben. Die beiden Hauptablaufanlagen können in jeder Stunde bis zu 350 Wagen aufnehmen. Beide Rangiersysteme sind derart zueinander gelegt, dass eine direkte Verbindung zwischen der Richtungsgruppe des einen und der Einfahrgruppe des anderen Systems besteht.

Maschen ist als Flachbahnhof gebaut worden mit der Einfahrgruppe (16 Gleise im Nord-Süd-System, 18 Gleise im Süd-Nord-System), den Richtungsgruppen mit 48 bzw. 64 Gleisen und den Nachordnungsgruppen mit 14 Gleisen bzw. 12 Gleisen. Hinzu kamen eine Schnellausbesserung für Güterwagen und mehreren Gleisen für das Abstellen oder Warten der Lokomotiven, für das Reinigen von Güterwagen, Freiladegleise und für das Regulieren von Ladungen.

Dass der Bahnhof mit der modernsten Rangiertechnik und auch mit dem Neuesten an Rechentechnik versehen wurde, ist selbstverständlich. Die früher zweigleisige Strecke Hamburg-Harburg — Maschen wurde bis 1975 viergleisig ausgebaut, für Züge in Richtung Bremen die zweigleisige Güterzugstrecke nach Jesteburg gebaut, der bestehende Abschnitt Jesteburg – Buchholz um das zweite Gleis erweitert und die Strecke in eine Hauptbahn umgewandelt.

Indes blieb die Menge der zu behandelnden Güterwagen unter den Erwartungen. Die Deutsche Bundesbahn konnte jedoch den nördlichen Güterverkehr auf Maschen bündeln und zehn andere Rangierbahnhöfe wie Hamburg-Wilhelmsburg stilllegen, abgesehen davon, dass für die nach der Wiedervereinigung veränderten Güterströme die Kapazität ausreicht.

Nach mehr als 30-Jährigem Betrieb begann DB-Schenker-Rail 2009 mit der Sanierung der Gleisanlagen, die auch wegen des inzwischen höheren Anteils an Containerladungen etwas verändert wurden, zum Beispiel wurden kurze Richtungsgleise verlängert.

Nach 30 Jahren wurde Deutschlands größter Rangierbahnhof modernisiert (2009). Foto: Emersleben

Mügeln (b Oschatz)

Er sei der größte Schmalspurbahnhof Europas gewesen, liest man immer wieder. Kenner der Eisenbahnen in der Monarchie Österreich-Ungarns meinen jedoch, es habe, was den Umfang der Gleisanlage angeht, noch größere Schmalspurbahnhöfe gegeben. Etwa in Bosnien-Herzegowina, wo riesige Netze in der 760-mm-Spur bestanden. Trotzdem war Mügeln ein respekterheischender Bahnhof.

Am 21. August 1884 kam der erste Probezug von Großbauchlitz nach Mügeln, so dass diese Strecke für den »provisorischen Betrieb« für den Zuckerrübentransport freigegeben werden konnte. Die offizielle Eröffnung wurde am 31. Oktober gefeiert.

Am 6. Januar 1885 wurde auch die Strecke nach Oschatz eröffnet. Am 30. Dezember 1891 ging die Strecke Mügeln — Wermsdorf – Nerchau-Trebsen in Betrieb. Am 3. August 1903 kam die Strecke Nebitzschen — Kroptewitz hinzu, die bis 1945 nur dem Güterverkehr diente, die Züge begannen und endeten jeweils in Mügeln. Berücksichtigt man außerdem die von Oschatz nach Strehla führende Strecke und die Verbindung von Döbeln-Gärtitz zum Wilsdruffer Netz, so war mit dem Bahnhof Mügeln der bedeutendste Mittelpunkt des sächsischen Schmalspurnetzes zwischen Oschatz, Döbeln, Riesa und Meißen entstanden, in einem hauptsächlich ländlichen Gebiet. In dem lohnte sich keine Normalspurbahn.

1927 besaß der Bahnhof 38 Gleise und 74 Weichen. Vor dem langgezogenen Empfangsgebäude lagen drei Bahnsteige mit dem Befehlsstellwerk am östlichen Bahnsteigende. Ein Güterschuppen, eine Kopf- und eine Seitenrampe, eine große Ladestraße, der erst vier-, seit 1932 neunständige Lokomotivschuppen, die Werkstatt, die Lokbehandlungsanlagen und die drei Anschlussgleise vervollständigten den ansehnlichen Güterverkehrsknoten

In seinen »besten Zeiten« waren in Mügeln 160 Eisenbahner beschäftigt, vor allem als Zugbegleiter und Rangierer. Dazu kamen 30 Bahnunterhaltungsarbeiter, Wagenmeister und Wagenreiniger sowie rund 160 Beschäftigte im Bahnbetriebswerk für bis zu 24 Lokomotiven der sächsischen Gattung IV K einschließlich Werkstattpersonal.

Während der Reiseverkehr von den anschließenden Strecken auf Mügeln gerichtet war, durchliefen 75 Prozent der Güter den Bahnhof. Auf ihm wurden landwirtschaftliche Erzeugnisse, Kartoffeln, Vieh und Stückgut beladen, Kohlen und Düngemittel entladen, den Hauptanteil machte das Kaolin von Kemmlitz nach Oschatz aus, 1980 zum Beispiel noch immer 360.000 Tonnen Kaolin.

Am 14. Dezember 1964 begann die erste Streckenstillegung von Mügeln nach Döbeln, und vom gleichen Tag an entfiel zwischen Mügeln und Kroptewitz der Personenverkehr. Wermsdorf — Neichen wurde am 28. August 1967 stillgelegt, Oschatz — Strehla folgte am 31. Januar 1972. Am 30. September 1972 kam das Ende für die Züge Mügeln — Wermsdorf. Am 27. September 1975 fuhr zwischen Oschatz und Mügeln der letzte Personenzug.

1991 wollte die Reichsbahndirektion Dresden den Güterverkehr — ohne förmliches Verfahren — einstellen. Der Fahrgastverband PRO BAHN übernahm zunächst am 1. September 1991 die Patenschaft über die Strecke, um »diesen wertvollen Sachzeugen der europäischen Eisenbahngeschichte funktionstüchtig zu erhalten«.

Am 17. Dezember 1993 ging die Strecke in das Eigentum der Döllnitzbahn GmbH über, deren Gesellschafter der (damalige) Landkreis Oschatz und PRO BAHN sind. Am 5. Februar 1994 begann deren Betriebsführung. Seit 3. August 1995 fahren Schülerzüge Mügeln – Oschatz, auch Dampfzüge an einzelnen Tagen. Dieser »Traditionsverkehr« wurde am 21. April 2006 bis Glossen ausgedehnt. Doch von 2002 an transportieren Lkw das Kaolin nach Oschatz. Ein trauriges Ende des einstigen Superlativs.

Zum Abschied fährt am 27. August 1967 ein geschmückter Zug nach Neichen. Links kam der Gmp 11355 von Mutzschen an. Foto: Meyer

NIEDERAU

Im Disput, welches der älteste Bahnhof oder dessen Gebäude sei, ist dieser Bahnhof zu berücksichtigen, zumal hier seit 16. September 1838 die ersten Züge der Leipzig-Dresdner Eisenbahn-Compagnie zwischen Weintraube und Oberau fuhren.
Das Dorf erhielt den Bahnhof erst 1842, vollendet am 1.April, in Betrieb genommen am 15. Mai 1842, als die Verbindungsstraße nach Meißen fertiggestellt worden war. An diesem Tag wurde auch der Bahnhof Oberau, am östlichen Tunneleingang gelegen, stillgelegt. Berücksichtigen wir: Das erste Bahnhofsgebäude in Wittenberg war zwei Jahre älter, die Gleisanlage besteht nicht mehr, und das Bahnhofsgebäude wurde zum Wohnhaus.
Das war in Niederau anders. Dass das Dorf den Bahnhof erhielt, verdankt es der Nähe zu Meißen. Die Stadt musste bis zur Eröffnung der Strecke Borsdorf – Coswig am 1. Dezember 1860 auf den direkten Eisenbahnanschluss warten. Den Bürgern von Meißen war der Weg zum primitiven Bahnhof von Oberau zu weit gewesen, und sie drängten auf einen günstiger gelegenen Anhaltepunkt.
Des städtischen Publikums wegen fielen die Hochbauten in Niederau opulenter aus. Die Firma Schubert & Große hatte sie binnen einem halben Jahr im Stil eines Schweizerhauses gebaut. Die weitausladende Giebelseite des Restaurationsgebäudes mit dem aus großen Natursteinquadern gemauerten Erdgeschoss und der reiche Holzzierrat folgten keineswegs sächsischen Bautraditionen und auch nicht dem Stil der anderen Bahnhofsgebäude an der Strecke.
Neben dem Restaurationsgebäude steht das Empfangsgebäude; außerdem gab es eine Wasserstation mit Bekohlungsanlage, ein Stall mit Remise, ein kleines Wohnhaus und ein Abortgebäude. Das Restaurationsgebäude enthielt im Erdgeschoss die Wartesäle II. und III./IV. Klasse mit den entsprechenden Nebenräumen und im Obergeschoss einen großen Saal. Der Rest des Hauses diente als Wohnung.
Etwa 1870 wurde, da die Reisenden nicht mehr massenweise zum Bahnhof kamen, die Bewirtschaftung stark eingeschränkt und das gesamte Obergeschoss für Wohnungen ausgebaut. In das Erdgeschoss kam ein Teil der Abfertigungsanlagen, aber bis 1950 blieben noch die bewirtschafteten Warteräume. Das Haus wurde zum Wohn- und Empfangsgebäude. Auch äußerlich musste es einige Veränderungen über sich ergehen lassen. 1862 erhielt das aus Fachwerk mit Ziegelausmauerung bestehende Obergeschoss eine Holzverschalung mit Deckleisten. Die Balkonimitation wurde entfernt, und die überhohen Fenster im Mittelrisalit wurden um ein Drittel gesenkt, 1877 das granitene Zyklopenmauerwerk mit der aus Sandstein bestehenden besonderen Eckausbildung im Erdgeschoss verputzt, ohne dass man auf die Schönheit des Gebäudes besondere Rücksicht nahm. [1]
Im einstigen Empfangsgebäude waren die beiden Giebelseiten für die Einfahrt der Wagen offen. In der Halle lagen beiderseits die Bahnsteige zum Aus- und Einsteigen. Die Züge Dresden — Leipzig bzw. Leipzig – Dresden führten am Schluss einen Wagen für die Reisenden nach oder von Meißen. Der Wagen wurde in Niederau abgehängt, auf einer kleinen Drehscheibe um 90° gedreht und in das Gebäude geschoben oder auch gezogen. Weil das Rangieren sehr aufwändig war, stellte man es vor 1860 ein und baute einen Bahnsteig längs der Bahnhofsgleise wie auf anderen Bahnhöfen.
1862 folgte der Umbau des Empfangsgebäudes. Die große Öffnung am rückwärtigen Giebel wurde geschlossen, der abgesenkte Teil der Gleisanlagen auf die Höhe der damaligen Bahnsteige verfüllt, in Geschosshöhe eine Decke eingezogen und einige Treppen eingebaut. Das dadurch geschlossene Dachgeschoss konnte nun mit Wohnungen und Nebenräumen belegt werden.
1910 kamen die Abfertigungsanlagen in das Restaurationsgebäude; das Erdgeschoss diente jetzt als Güterabfertigung. Seit 1907 verband ein Stellwerksraum beide Gebäude. Als das Jubiläum »Erste deutsche Fernbahn 1839« vorzubereiten war, richteten sich die Blicke auf Niederau. Das Gebäude wurde 1988 in dem Zustand von 1920 instandgesetzt und unter Denkmalschutz gestellt.
Seit 4. Juli 2000 ist der Bahnhof an das elektronische Stellwerk in Priestewitz angeschlossen und unbesetzt. Bedient wird er von der Betriebszentrale Leipzig. Der »Methusalem« ist immerhin noch in Betrieb.

Der Bahnhof ist zum 150-Jährigen Jubiläum renoviert (1989). Das rechte Gebäude war die Wagenhalle. Foto: Sprang

STAHNSDORF

Dieser Bahnhof dürfte der merkwürdigste im Berliner Nahverkehr, wenn nicht in ganz Deutschland gewesen sein. Er und die Strecke Berlin-Wannsee – Stahnsdorf gehen auf den Mangel an kirchlichem Friedhofsland um die Jahrhundertwende für die damaligen Vororte Charlottenburg und Schöneberg zurück. Für einen Zentralfriedhof stellte die Provinz Brandenburg das Land zur Verfügung; die Berliner Stadtsynode legte auf 156 Hektar Boden den Begräbnisplatz an, der der zweitgrößte in Deutschland werden sollte. Er erhielt den Namen Südwestfriedhof. Im November 1902 wandte sich die Stadtsynode an die Königlich Preußischen Staatseisenbahnen, den Friedhof an das Staatsbahnnetz anzuschließen.
Bei der Projektierung stellte sich sogleich der Bahnhof (Berlin-) Wannsee als bester Anschlusspunkt heraus. Als Ort, wo die Leichen in die Züge geladen werden sollten, wurde der Bahnhof Halensee gewählt. Nach 1945 ist die Ladestelle zum Güterbahnhof Steglitz verlegt worden.
Der Zugverkehr wurde am 3. Juni 1913 eröffnet mit einigen Stadtbahnzügen, die bislang auf dem Bahnhof Grunewald endeten. Die Züge wurden auch von den Besuchern des Friedhofs und den Einheimischen benutzt; die Verkehrsspitze lag immer am Totensonntag. Durch die Besiedlung außerhalb Berlins hatte auch jener Reiseverkehr zugenommen, der nichts mit Trauergemeinden zu tun hatte. Verkaufte Stahnsdorf 1929 rund 460.000 Fahrkarten, waren es 1934 schon fast 700.000.
Die Leichen wurden auf dem Bahnhof Halensee gesammelt, in gedeckte Wagen verladen und mit Regelgüterzügen über Grunewald nach Wannsee gebracht. Von hier verkehrte täglich ein Zug mit bis zu zehn Leichen nach Stahnsdorf. In den dreißiger Jahren waren es täglich sogar 30 Leichen. Der Leichentransport mit den Zügen wurde 1952 eingestellt. Die Vorschriften des grenzüberschreitenden Verkehrs waren verschärft worden; der Friedhof lag außerhalb (West-) Berlins.

Der Bahnhof war durch einen großen Vorplatz und den Heuweg vom Friedhof getrennt. Ursprünglich hatte jemand die Idee, die Züge mit den Leichen und den Trauergemeinden bis zur Kapelle zu führen. Der Zugverkehr hätte dann dem Friedhof die Ruhe genommen, und die Terraingesellschaft wollte, was sie doch nicht verhindern konnte, die neue Strecke nicht als Friedhofsbahn bezeichnet wissen.
Der Bahnhof bestand aus zwei Bahnsteiggleisen mit einem Zwischenbahnsteig, einer Kehrgruppe mit zwei Gleisen, einer Bekohlungsanlage und einem Wasserkran. Die Westseite des Bahnsteiges hatte ein Ladegleis für die Leichen, daneben stand die Leichenhalle. Das Äußere des Empfangsgebäude (Architekt: Baurat Werner) war schlicht. Es sollte der »Würde des Ortes« entsprechen. Hieß der Bahnhof zuerst Stahnsdorf Friedhof, bekam er am 4. Mai 1926 den Zusatz »Reichsbahn«. Nach 1945 entfiel der Zusatz. 1928 wurde die Strecke elektrifiziert. Nach einem Plan von 1937 sollte sie bis Teltow verlängert werden, was aber wegen des Zweiten Weltkrieges unausgeführt blieb.
Die Friedhofsbahn büßte nach 1945 schon deshalb an Bedeutung ein, weil West-Berliner nur mit Passierschein den Friedhof besuchen und in die DDR reisen durften. Als am 13. August 1961 durch die »Grenzsicherungsmaßnahmen« West-Berlin auch vom Umland abgeschnitten wurde, mussten der Zugverkehr endgültig eingestellt und die Strecke unterbrochen werden. Der Bahnhof war nun ganz funktionslos geworden; das Bahnhofsgebäude wurde als Lagerhalle zweckentfremdet genutzt. Im Laufe der Jahre bemächtigten sich Leute der Hochbauten, um Baumaterial zu gewinnen. Derart geplündert, drohten die Gebäude zusammenzubrechen. 1976 vollendete ein Bagger den Abriss. Vom Bahnhof blieb nichts übrig; nicht einmal ein Foto war irgendwo aufzutreiben.

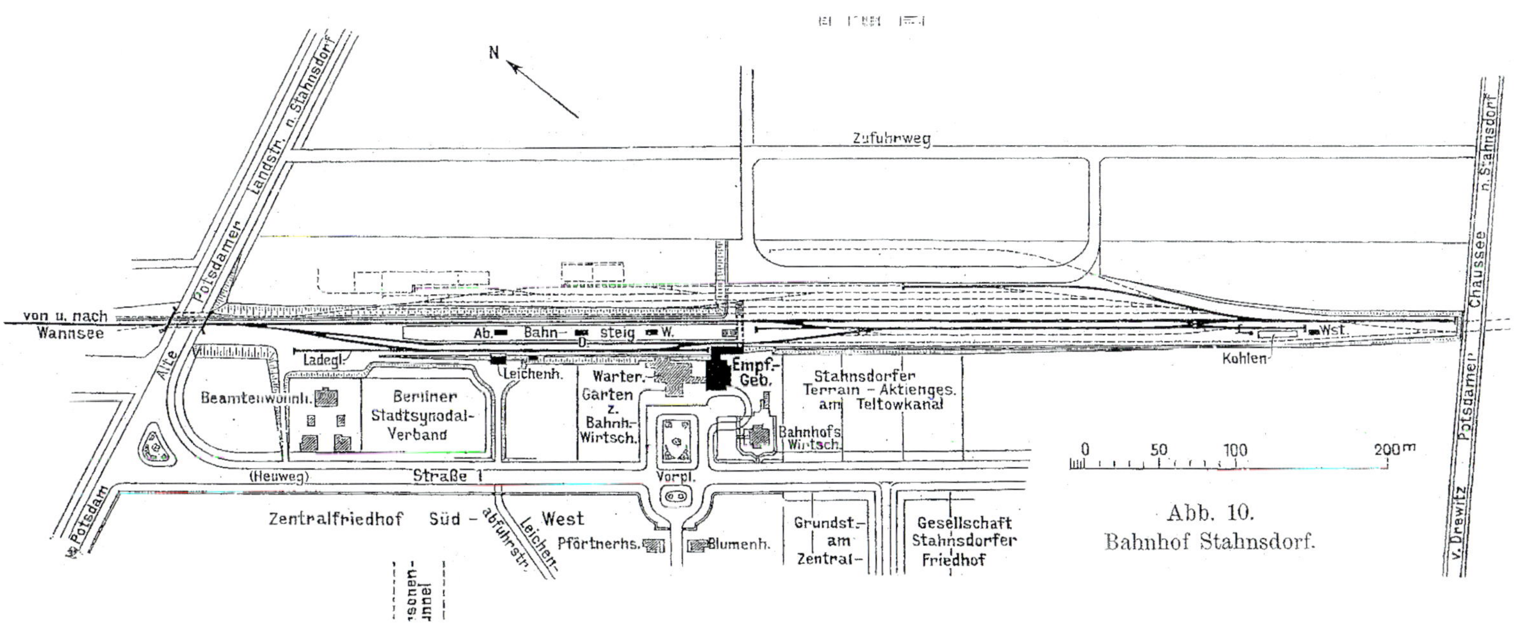

Abb. 10. Bahnhof Stahnsdorf.

Die Leichenhalle neben dem Bahnsteig. Hier kamen die Gestorbenen und die Trauernden an. Entnommen: Zentralblatt der Bauverwaltung 1914

Vienenburg

Bei der Diskussion, welches das älteste Bahnhofsgebäude in Deutschland sei, darf Vienenburg nicht fehlen. Im Internet lesen wir von einem Verein: »Auch in den neuen Bundesländern sind sehr alte Bahnhöfe erhalten geblieben.« Mit dieser allgemeinen Erklärung hat der Verfasser recht. Wir helfen ihm: Das in Wittenberg ist von 1840, das von Niederau aus dem Jahr 1842. Und das in Vienenburg?

Der Bahnhof liegt an der ersten deutschen Staatseisenbahn Braunschweig – Wolfenbüttel – Bad Harzburg. Der erste Regelzug kam am 31. Oktober 1841 von Schladen nach Vienenburg. Doch wurde bereits am 10. August 1840 von Vienenburg die Steilstrecke nach Harzburg mit Pferden bezwungen. Erst mit der Fahrt des ersten durchgehenden Dampfzuges von Braunschweig nach Harzburg am 8. November 1843 zog die Steilstrecke auch in die offiziellen Eisenbahnstatistiken ein.

Mit der Pferdebahn wurde das fragliche Empfangsgebäude errichtet, ein eingeschossiger Mitteltrakt mit beiderseits flankierenden zweigeschossigen Risaliten. Es ist tatsächlich das älteste in Deutschland, allerdings mit dem »Makel« behaftet, zuerst keiner einer »richtigen Eisenbahn« gedient zu haben, sondern einer Pferdebahn. Selbst wenn es zu Niederau stets hieß, es sei das Bahnhofsgebäude, das für diesen Zweck noch genutzt wird, besteht diese Eigenschaft seit 2000 nicht mehr. Auch die Bahnhofsanlage entspricht nicht mehr der früheren. In jeder Hinsicht ist das Vienenburger Bahnhofsgebäude das älteste.

Als der Bahnhof durch die Eröffnung der Strecken nach Goslar und nach Halberstadt zum Eisenbahnknotenpunkt geworden war, musste das Empfangsgebäude erweitert werden. 1844 wurde der Mittelbau aufgestockt. Später kamen eine asymmetrische Verlängerung, außerdem 1888, freistehend, der Kaisersaal hinzu – schließlich stiegen hier auf dem Weg zum damals weltberühmten Kurort Harzburg Allerhöchste Herrschaften um.

Der Kaisersaal verschmolz durch mehrere Anbauten mit dem Hauptgebäude. Diese und die 1934 ausgeführte Verbretterung verbesserten die Ästhetik des Bauwerks keineswegs. Schließlich verlotterte es durch unterlassene Instandhaltung. 1979 erhielt die Deutsche Bundesbahn die Abbruchgenehmigung, nutzte sie wegen fehlender Mittel jedoch nicht. Inzwischen beschäftigte sich das niedersächsische Institut für Denkmalpflege beschäftigte mit der Geschichte des Gebäudes. Unter anderem stellte es fest: Die ursprüngliche Holzbauart ahmte das Quadermauerwerk nach. Das war noch vorhanden, unter einer Verkleidung, die wie die Fenster und Türen seit vielen Jahren vor sich hin faulten. Dem »Kaisersaal« erging es nicht anders.

Das Institut überzeugte die Stadt Vienenburg praktisch in letzter Minute, das Bahnhofsgebäude zu kaufen und zu nutzen. Die späteren Anbauten wurden mit Ausnahme des Kaisersaals abgebrochen und das Bauwerk – auch im Zusammenhang mit dem 150jährigen Jubiläum der ersten deutschen Staatseisenbahn bis 1987 wiederhergestellt.

Am ältesten Bahnhofsgebäude in Deutschland wurde manches an- und umgebaut (um 1920). Slg. Blazek

Bund, Land und Stadt übernahmen je ein Drittel der Kosten von rund zwei Millionen Mark. In das Gebäude zogen das Verkehrsamt, die Stadtbücherei, ein Café an Stelle der früheren Bahnhofswirtschaft ein, und es entstand ein Eisenbahnmuseum.

Vor 1945 herrschte auf dem Bahnhof auch reger Fernreise- und Güterzugverkehr, der infolge der nahen Zonen- bzw. Staatsgrenze nicht mehr möglich war. Mit dem Wegfall der Grenze endete das beschauliche Dasein des Trennungsbahnhofs an der Strecke Braunschweig – Goslar/Bad Harzburg. Durch den »Lückenschluss« in Richtung Stapelburg – Wernigerode begann 1996 wieder der Ost-West-Zugverkehr und ist die Bahnhofsanlage erheblich verändert worden. Das erste Bahnhofsgebäude und der Name Vienenburg erinnern noch an die Frühzeit der Staatseisenbahn im Herzogtum Braunschweig.

Wangerooge

Was berechtigt diesen Bahnhof, im Abschnitt der Superlative aufgenommen zu werden? Er gehört zu den wenigen Inselbahnen, die es einmal auf fast allen den Ost- und Nordfriesischen Inseln gab, um die Einheimischen und die Feriengäste vom Bootsanleger zur Ortschaft zu fahren. Übrig geblieben sind die Bahnen auf Borkum, Langeoog und eine historische Pferdebahn auf Spiekeroog.

Die Inselbahn Wangerooge zeichnet noch etwas Anderes aus: Sie ist die einzige Schmalspurbahn der Deutschen Bahn. Während dieses Unternehmen sich mit Eifer von solchen Relikten früheren Verkehrs trennte, hält es an der Meterspurbahn und dem Schiffsbetrieb eisern fest. Das Verkehrsmonopol auf der autofreien Insel sorgt für Einnahmen, die man sich nicht entgehen lässt.

1890 schloss die Großherzogliche Regierung von Oldenburg mit zwei Braunschweiger Unternehmern einen Vertrag, nach dem sie quer über die Insel eine breite Straße bauen sollten. An diesem Gelände entstanden die Hotels, Wohn- und Logierhäuser, allerdings abgelegen von der Anlegestelle der Dampfschiffe. Für diese Verbindung vom Westanleger, ursprünglich Saline genannt, sorgte die am 3. Juli 1897 eröffnete 11,25 Kilometer lange Bahn. Im selben Jahr übernahm die Großherzogliche Eisenbahn den Betrieb dieser Bahn und den der Strecke Jever – Harle. Dank dieser Inselbahn entwickelte sich der Kur- und Badebetrieb.

Da es in der Harle immer Schwierigkeiten mit dem Fahrwasser gab, ließ die Regierung 1904 die Inselbahn zur Ostbake erweitern (eröffnet am 1. Juli 1904), und der Norddeutsche Lloyd baute den Ostanleger. Zu ihm konnten die Schiffe von Bremen, Bremerhaven und Wilhelmshaven und auch die Züge auf der 5,4 Kilometer langen Strecke in den Ort unabhängig von den Gezeiten fahren. Der Ostanleger musste 1958 wegen Versandung aufgegeben werden und wurde abgerissen.

Der Bahnhof von Wangerooge lag in der Zedeliusstraße unterhalb des Leuchtturms und unterhalb der bebauten Norddüne. Lokomotiv- und Wagenschuppen standen dort, wo später der Rosengarten angelegt wurde. Der Bahnhof wurde am 1. Juni 1906 geschlossen, weil für dessen Erweiterung mitten im Ort kein Platz war und die Gleise in der Zedeliusstraßen den Fußgängerverkehr behinderten.

Wieder nahe dem Leuchtturm ist 1905 der neue Durchgangsbahnhof mit dem Gleis zum Ost- und zum Westanleger gebaut worden. Östlich des Empfangsgebäudes entstanden der zweigleisige Lokomotivschuppen, eine Werkstatt und eine Bahnsteighalle für zwei Gleise, die 1945 zerstört wurde. 1935/1936 wurden eine zweigleisige Werkstatt gebaut und der bisherige Lokomotivschuppen abgerissen.

Das markante Bahnhofsgebäude verkörpert keine Bäder-, eher eine norddeutsche Backsteinarchitektur. Schmuckstück ist der Turm mit dem Treppenaufgang. Weniger gelungen sind die Veränderungen des westlichen Anbaus. Das waren die Gepäckhalle und die Güterabfertigung, ein anderthalbgeschossiger Bau mit tief heruntergezogenem Walmdach. Nach 1970 wurde dieser Gebäudeteil aufgestockt und die erste Etage mit blauem Schiefer verkleidet. Das Bauwerk wurde bei der Renovierung nach 2000 weiter verschlimmbessert, indem der Eingang zur Bahnhofshalle eine Landhaustür erhielt und die Verkleidung gegen graues Material ausgetauscht wurde.

Fast jeder Besucher der Insel betritt das Bahnhofsgebäude, in dem sich das Reisezentrum und das Verkehrsamt befinden. Hier muss spätestens zur Abreise die Kurtaxe entrichtet werden; sonst gibt die Sperre jenseits des Wattenmeers in Harlesiel den Ausgang nicht frei.

2003 wurde auf der Westseite des Gebäudes die Güterabfertigung angebaut. Denn außer jährlich rund 400.000 Fahrgästen werden 25.000 Tonnen Gut (»Alles, was auf der Insel gebraucht wird«) in Containern transportiert.

Fest im Griff der Deutschen Bahn ist der Inselbahnhof (2005).

Zugspitzplatt

In 2590 Meter Höhe gelegen, ist er der höchste Bahnhof Deutschlands auf Deutschlands höchstem Gipfel. Seit 8. Juli 1930 fuhren die Züge der Bayerischen Zugspitzbahn zum im 4500 Meter langen Tunnel gelegenen Bahnhof Schneefernerhaus, der es auf 2650 Meter Höhe brachte. Der Bahnhofsname kam vom Hotel mit 120 Betten. Damals schrieben die Zeitungen: »In seiner Größe und Bequemlichkeit übertrifft das Schneefernerhaus die Berghotels in den Schweizer und italienischen Alpen.«
Nicht jeder mit dem Zug der meterspurigen Zahnradbahn Ankommende gönnte sich den Genuss des Hotelaufenthalts mit Sonnenauf- und Sonnenuntergang. Die meisten Fahrgäste wollten zum Gipfel und mussten dazu die Seilbahn benutzen. Für die Rentabilität der Zahnradbahn, aber auch für die der Seilbahn vom Eibsee zum Zugspitzgipfel war das Zugspitzplatt immer wichtiger geworden. Auf ihm fanden die Skifahrer weit über die anderenorts dauernde Saison ihr Plaisier.
Das Platt ist eine 7 km^2 große Hochfläche des Gipfelkamms zwischen 2000 und 2700 Meter Höhe, der im oberen Teil ständig vergletschert ist. Der Schneeferner ist Deutschlands größter und höchstgelegener Gletscher. Damit er auch in ungünstigen Zeiten erhalten bleibt, wird er im Sommer abgedeckt. Spätestens im November beginnt auf ihm die Skisaison. Die Wintersportler ersetzten auf der Bayerischen Zugspitzbahn dann die Fahrgäste, die nur im Sommer wegen der Fernsicht zum knapp 3.000 Meter hohen Gipfel fahren.
Damit das Zugspitzplatt nicht mehr umständlich mit Hilfe der Seilbahn erreicht werden muss, ist an Stelle des Bahnhofs Schneefernerhaus (das unrentable Hotel war geschlossen worden und brannte 1994 ab) am 13. November 1992 der etwas tiefer gelegene Bahnhof Zugspitzplatt eröffnet worden. Zu ihm musste von der neuen Abzweigstelle Tu 700 Meter vor dem Bahnhof Schneefernerhaus ein 900 Meter langer Tunnel gegraben werden. Der Bau begann am 14. Juni 1985. Der Rosi-Tunnel ist nach seiner Taufpatin Rosi Mittermaier-Neureuther benannt.

Vor dem Wetter geschützt ist in 2590 Meter Höhe Deutschlands höchstgelegener Bahnhof (1989). Foto: Rossberg

Anhang

Literaturverzeichnis

[1] Berger, Manfred: Historische Bahnhofsbauten, Band I – III, Berlin 1980, 1988
[2] Schomann, Heinz (Hrsg.): Kulturdenkmäler in Hessen. Eisenbahn in Hessen, Wiesbaden 2005
[3] Schack, Martin: Neue Bahnhöfe. Die Empfangsgebäude der Deutschen Bundesbahn 1948 – 1973, Berlin 2004
[4] Erfurt verbindet, Teil 2: Von der Vision zur Realität, Erfurt o. J.
[5] Berlin und seine Eisenbahnen, Berlin 1886
[6] Rödel, Volker: Der Hauptbahnhof zu Frankfurt am Main, Stuttgart 2006
[7] Preuß, Erich und Reiner: Die Königlich Sächsischen Staatseisenbahnen, Berlin 1991
[8] Bahn & City, Konstanz 1997
[9] Preuß, Erich (Herausgeber): Sammelwerk »Archiv der deutschen Bahnhöfe«, München, 1996 ff.
[10] Sturm, Heinz: Die pfälzischen Eisenbahnen, Ludwigshafen 2005
[11] Rossberg, Ralf Roman: Grenze über deutschen Schienen 1990 – 1945, Freiburg 1991
[12] Schöning, Heinz H.: Von Niebüll zum Wattenmeer, Aachen 1986
[13] Eggers, Barbara: Der Kaiserbahnhof Wildpark in Potsdam, Potsdam 1999
[14] Bundesarchiv R 5-020750
[15] Rampp, Brian: »Erstes elektronisches Stellwerk der DB eingeschaltet«, in Lok-Report, Münster 3/1986
[16] Preuß, Erich: Die Bayerische Zugspitzbahn, Stuttgart 1997

Register

Faszination Eisenbahn

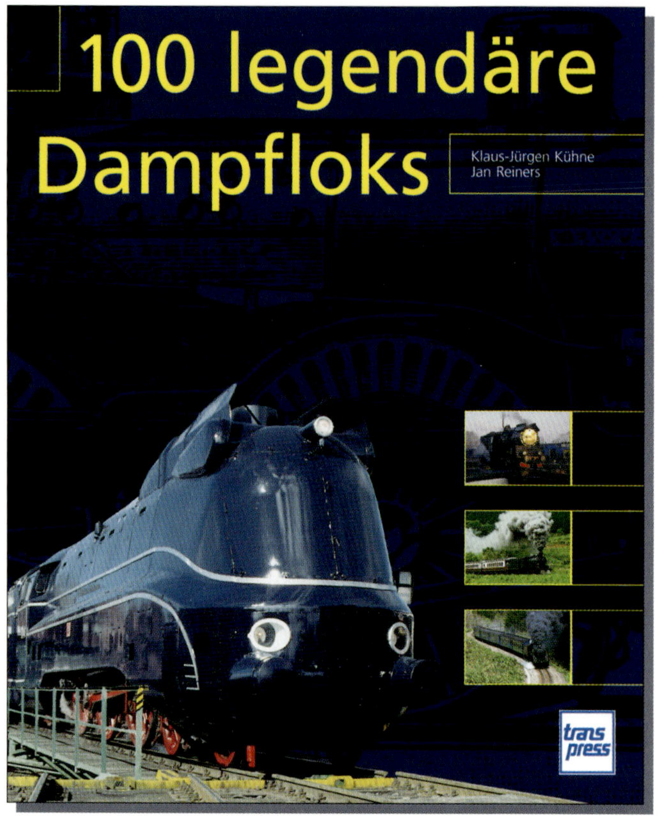

Klaus-Jürgen Kühne/Jan Reiners
100 legendäre Dampfloks
Ausgehend von der ungebrochenen Faszination der Dampflok berichtet dieses Buch mit einmaligen Bildern über die unterschiedlichsten Dampflokomotiven.

144 Seiten, 154 Bilder, davon 15 in Farbe, Format 235 x 290 mm

ISBN 978-3-613-71352-9 **€ 24,90**

Claus-Jürgen Jacobson
Deutsche Schnellzug Legenden
Dieser Titel beschreibt legendäre Züge wie den »Rheingold«, den »Fliegenden Hamburger« und weitere bekannte Reisezüge Deutschlands aus allen Epochen.

176 Seiten, 180 Bilder, 6 Zeichnungen, Format 230 x 265 mm

ISBN 978-3-613-71332-1
€ 29,90

André Papazian
100 legendäre Züge
Hundert legendäre Züge stellt dieser Prachtband vor. Der Reigen reicht vom deutschen Schienenbus bis zum Eurostar und umfasst die bekanntesten und gefragtesten Züge europaweit.

144 Seiten, 240 Bilder, 2 Zeichnungen, Format 235 x 290 mm
ISBN 978-3-613-71306-2
€ 24,90

Constantin Parvulesco
Orient-Express
Hier ist die Geschichte des »Orient-Express«, einer der legendärsten Reisezüge aller Zeiten. Vorgestellt wird auch die Museumsversion, die seit einigen Jahren unterwegs ist.

192 Seiten, 364 Bilder, Format 235 x 305 mm
ISBN 978-3-613-71305-5
€ 29,90

IHR VERLAG FÜR EISENBAHN-BÜCHER
Postfach 10 37 43 · 70032 Stuttgart
Tel. (07 11) 2 10 80 65 · Fax (07 11) 2 10 80 70
www.paul-pietsch-verlage.de

trans press

Stand August 2010
Änderungen in Preis und Lieferfähigkeit vorbehalten